HERMÈS
PARIS
Le temps suspendu
SWISS MADE
U0231692

图书在版编目（CIP）数据

国际腕表. 2012 : 汉英对照 / (美) 狄克尼 (Dickey,M.)，(美) 切德斯 (Childers,C.) 编著. -- 北京 : 中国书籍出版社, 2012.3

ISBN 978-7-5068-2730-0

Ⅰ. ①国… Ⅱ. ①狄… ②切… Ⅲ. ①手表－介绍－世界－汉、英 Ⅳ. ① TH714.52

中国版本图书馆 CIP 数据核字(2012) 第 023425 号

国际腕表2012

作　　者 / Michael Dickey　　Caroline Childers
出 版 人 / 王 平
协助出版 / 雷王（GSSI）行销公司
责任编辑 / 安玉霞
责任印制 / 孙马飞 张智勇
封面设计 / 闫红林
出版发行 / 中国书籍出版社
地址：北京市丰台区三路居路97号(邮编：100073)
电话：(010)52257142(总编室) (010)52257154(发行部)
电子邮箱：chinabp@vip.sina.com
经　　销 / 全国新华书店
印　　刷 / 北京利丰雅高长城印刷有限公司
开　　本 / 960毫米×1230毫米　1/16
印　　张 / 21
字　　数 / 82千字
版　　次 / 2012年03月第1版 2012年03月第1次印刷
定　　价 / RMB 125 / HKD 150

RICHARD MILLE
RICHARD MILLE
Lady RM 007
THE DIAMOND CRUNCHER
www.richardmille.com

CHANEL
J12
AUTOMATIC
SWISS
MADE

是时候了

THE TIME HAS COME

Modern Luxury Media 是全美最大的奢侈生活出版商，拥有超过30种不同的出版物。我们的地区刊物更是占领了美国各大主要都会区：纽约、洛杉矶、芝加哥、华盛顿、旧金山、迈阿密、亚特兰大、休斯顿、达拉斯，等等，引领着各地的奢侈生活方式。2012年，Modern Luxury Media 正式进军中国市场，欣喜万分地献出我们在中国的首本图书《国际腕表》，以此表达我们对中国读者的诚挚问候。

对于能够在中国出版《国际腕表》，并通华道书报刊发行(上海)有限公司合作出版发行，我们倍感荣幸。我们在此向中国书籍出版社，GSSI 等合作伙伴与友人的相助致以最真挚的感谢。Modern Luxury Media 的中国首航离不开各方面的努力与支持。

本刊的策划人 Caroline Childers 女士在《国际腕表中文版首卷》的问世过程中扮演了极为重要的角色。Caroline Childers 女士是奢侈钟表世界里的传奇人物，与世界各大知名钟表厂商建立有长期的合作关系。她对钟表专业知识的了解和良好人缘是本书的无价之宝。我们期望中国的读者能从这本 Caroline Childers 心血铸成的书中汲取无限的菁华。Caroline Childers 自 *Watches International* 英文版创办10余年以来一直着眼于亚太市场的发展。让我们用最热烈的掌声祝贺她的梦想终于成真，将这本内容丰富、集合世界顶级钟表品牌的图书带到这个充满勃勃生机的世界文明古国。

今天，无论你身在世界何处，一块精工打造的腕表绝对是尊贵奢华的象征。《国际腕表》向您呈上世上最为卓越的钟表作品。这些人间珍品展现着不可思议的创见、叹为观止的构造、出类拔萃的工艺，以及精准无误的机械，静候着成为你的最新收藏。尽情享受吧！

Michael Dickey

HUBLOT
GENEVE
7
上海　南京西路1266号恒隆广场B-112
北京　东长安街1号东方新天地首层AA01
北京　朝阳区建国门外大街1号国贸商城III期3L108号铺
大连　中山区解放路19号百年商城店
大连　中山区友好广场远洋洲际大厦B座6号
HUBLOT
宇舶表

arije

PARIS • LONDON • CANNES

在巴黎，Arije 已经超出了钟表店或展览厅的范畴。它已不仅仅是巴黎高级钟表界的代表，而是一个秘密，一个只在朋友间分享的秘密。Arije 的贵客们总是保护着其恪守已久的低调和内敛，却又迫不及待地要与朋友们讨论与分享。

Arije 洋溢着轻松和欢愉的氛围。在店内，时间骤然停止，Arije 讲述着时光，将时间精密仪器呈现。

Arije 店面坐落于乔治五世大道（Avenue George V），是巴黎以奢侈品购物举世闻名的“金三角”区域。当你踏入店门会立刻完全置身于“另外一个世界”。同时，占据地利的 Arije 开设于戛纳酒店 Grand-Hotel du Cap-Ferrat 之内，尽赏闻名遐迩的 Croisette 滨海大道；Arije 另一门店则位于伦敦中心地带斯隆大街（Sloane Street）。Arije 的店面皆位于世界级的卓越地段，展现着最负有盛名的近40个品牌，让钟表和珠宝爱好者们啧啧称奇。

如果 Arije 是一个秘密，那么秘密中的秘密就是 Arije 对于不同文化和价值的尊重。在这里，Arije 用各种语言服务着来自四面八方的贵客们。Arije 真心待客，无微不至，其待客之道已经成为其品牌的灵魂。

有人赞叹到 Arije 所拥有的世界最一流的钟表和珠宝品牌。虽然很难确定是否是世界最一流，不过可以肯定的是 Arije 对于品牌的选择绝对是最为严苛的，无论是在巴黎还是在任何地方。

Time Space Pink Gold
简依丽 (Guy Ellia)

arije
Cartier
Cartier
GIRARD-PERREGAUX
ROGER DUBUIS

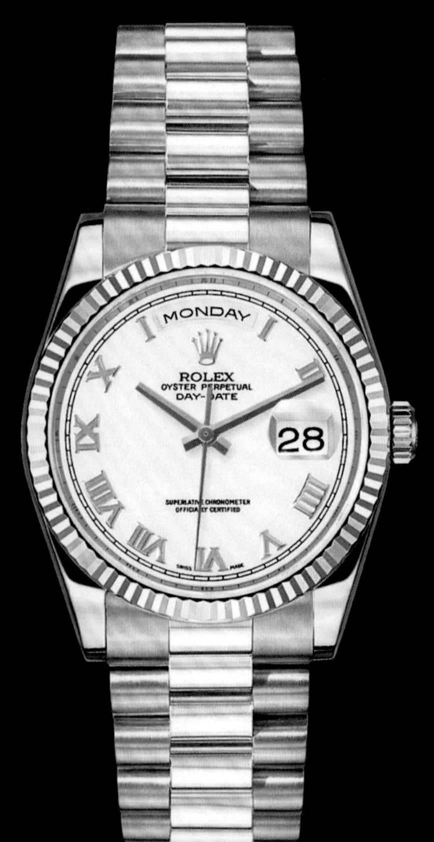

Oyster Perpetual
President 83208
劳力士 (Rolex)

Arije 在某种意义上就是高级钟表的代名词。钟表客们慧眼独具，总是准确地挑选着属于他们的钟表作品。他们总是被那些充满远见卓识兼具成熟品性和精湛工艺的钟表品牌深深吸引。

Arije 努力营造着典雅和精致的氛围，让贵宾们尽情地在享受这里的钟表之旅，去发现、去探索、去体会属于自己的钟表精品。

这款钟表领域的杰作如珍宝般珍贵而又独特，人们在这弥漫着典雅和精致氛围的环境中自由书写、讲述、体会着这一美妙的时刻。

当国际奢侈品行业变得越来越系统化和模式化，Arije 在 Carla Chalouhi 的经营下成为不折不扣的“异族”。Arije 决不放弃与顾客们的共同价值信念，同时亦以罕见表款、限量发行或独享系列回馈着他们。

Arije 的功成名就绝对离不开现任 CEO Carla Chalouhi 女士的心血和智慧。身为 Arije 创始人的女儿，Carla Chalouhi 凭借自己实力逐步成为跨国女商人，并发挥出巨大的影响力，成为隐藏在表后的女人。

Reine de Naples
宝玑 (Breguet)

Malte Tourbillon Regulator
江诗丹顿
(Vacheron Constantin)

Portofino Chronograph
Red Gold
万国表 (IWC)

Lange 1
朗格 (A. Lange & Söhne)

One-Minute Flying
Sapphire Carrousel
宝珀 (Blancpain)

腕表系列

A. Lange & Söhne •
朗格

Audemars Piguet ••
爱彼

Baume & Mercier ••
名士

Bell & Ross •
柏莱士

Blancpain •
宝珀

Breguet •
宝玑

Cartier ••
卡地亚

Chanel •
香奈儿

Chaumet •
绰美

Chopard •
萧邦

Dior •
迪奥

Ebel •
玉宝

Franck Muller •
法兰穆勒

Girard-Perregaux ••
芝柏

Glashütte Original •
格拉苏蒂

Guy Ellia ••
简依丽

Harry Winston •
海瑞温斯顿

Hautlence •

Hublot •
宇舶

IWC ••
万国表

Jaeger-LeCoultre •
积家

Jaquet Droz •
雅克德罗

Montblanc Montre •
万宝龙

Omega •
欧米茄

Panerai •
沛纳海

Parmigiani ••
帕玛强尼

Piaget •
伯爵

Pierre Kunz •
皮埃尔昆兹

Roger Dubuis ••
罗杰杜彼

Rolex •
劳力士

TAG Heuer •
豪雅

Tudor •
帝舵

Ulysse Nardin •
雅典

Vacheron Constantin •
江诗丹顿

Van Cleef & Arpels •
梵克雅宝

Zenith •
真力时

• Paris
• London
• Cannes

Ballon Bleu Pink Gold
卡地亚 (Cartier)

00
10
20
30
40
50
60
8
BVLGARI
1 3 5 7 9 11 13 15 17 19 21 23 25 27 29 31
Gérald Genta
CAL 7722

BVLGARI
Gerald Genta

《国际腕表》中文版首卷

WATCHES INTERNATIONAL IN CHINA VOLUME I

我总是执着于为广大的读者带来更多奢侈品的资讯。过去的13年里，自从我创办 *Watches International* 英文版以来，我一直秉承和实践着自己的梦想：让更多的人参与到这个在外界看来华丽无比却又有点雾里看花、变幻莫测的高级钟表领域，引导他们发现并热爱这些将时间概念和先锋科技结合起来的机械杰作，它们将历史、审美与科技革命完美地融合在了一起。

当年，几乎每一个人都认为这是一个疯狂十足的想法。试想，机械钟表制造业在70、80年代遭遇到声势浩大的石英革命的重创而式微。而在90年代，机械钟表凭借自身的历史积累和技术创新变成一种文化，才踏上漫漫复兴之路。在当时的媒体市场中，是否真的有读者愿意去阅读一本以钟表为主题的出版物呢？读者们是否真的关心那些古老的钟表品牌，或者哪一位制表师是明日之星，又或者是陀飞轮、万年历等等复杂功能呢？我的答案简单而明确：YES。如今，无论是本书所拥有的成千上万的读者群，还是这十多年间机械制表文化取得的举世瞩目的成功，都是对当年我这句“YES”的莫大肯定。伴随着这一股机械钟表的复兴浪潮，*Watches International* 将来自钟表界的丰富资讯用更为开放的态度和方式传播给广大的读者，积极地影响着、改变着高级制表业在社会中的形象和观感。

进入千禧年以来，高级钟表界又有一番风云巨变。中国经济的崛起成为时代风云的主旋律，书写着世界历史的进程，也重塑着高级钟表界的面貌。经济的腾飞，中产阶级的兴起，使人们对奢侈品的态度和观念发生了翻天覆地的变化。中国消费者前所未有地获得了发现、了解、学习，并逐步精通高级钟表的机会。随着消费者对于高级钟表认识的加深和需求的扩大，中国市场成为各个钟表品牌的兵家必争之地，各路人马卯足马力、尽善尽美，将卓越的钟表时计一一呈现。

对于那些技术非凡、美轮美奂的钟表作品的热烈拥趸，香港和中国大陆早已双双跻身成为世界上最重要的钟表市场。而我们，*Watches International*，也首次推出中文版，并命名为《国际腕表》，继在欧美市场取得成功之后，由此去影响、改变亚洲的消费者。在这本《国际腕表》中，你可以找到几乎全部你所需要的高级钟表资讯：世上最负盛名的钟表品牌的详细介绍，与高级钟表界领袖们的访谈录，巨细无遗的腕表技术信息，广泛而深入的术语表。这本《国际腕表》绝对值得成为你最佳的钟表参考资源，随时随地在关于钟表购买和收藏等方面给您提供协助。

我荣幸而又谦恭地向中国读者推荐我们的呕心沥血之作——《国际腕表》。我由衷地希望本书可以给你带来无限的欣喜和灵感，并帮助你寻觅到你心仪的钟表！

最后，感谢所有参与本书的钟表品牌，感谢所有参与出版的工作人员，是你们让这本《国际腕表》中文版变成可能。

Caroline Childers

VIII
SWISS
Dior
VIII

www.dior.com / 迪奥客服中心:400 122 6622

«JUMBO CHRONO»

WATCHES INTERNATIONAL 国际腕表®

Rich Heritage · Timeless Treasures | 终生财富 · 垂世瑰宝

中文版 2012

中国书籍出版社
北京市丰台区三路居路97号 (邮编：100073)
电话：(010) 52257142 (总编室) (010) 52257154 (发行部)
邮箱：chinabp@vip.sina.com

Michael Dickey
Caroline Childers
创办及策划人

安玉霞
策划编辑

涂苏婷 余龙 李清
特约编辑

闫红林
美术总监

李玉红
译者

展华
首席执行官

雷王 (GSSI) 行销公司
协助出版

华道书报刊发行（上海）有限公司
电话：+86 21 6138 1212 传真：+86 21 6138 1277

香港集思出版有限公司
电话：香港（852）68880672

统一定价：RMB 125 / HKD 150
出版：中国书籍出版社
发行：华道书报刊发行（上海）有限公司
印刷：北京利丰雅高长城印刷有限公司
国内统一书号：978-7-5068-2730-0
中国版本图书馆CIP 数据核字 (2012) 第 023425 号

COVER 封面：**浪琴表180周年纪念 LONGINES 180 YEARS**

声明：《国际腕表 2012》的内容由第三方提供。本卷对技术信息的准确性、可靠性不提供保证。本卷竭尽全力保证所有内容的版权归属，如有任何错误、遗漏，我们致以歉意，并会在以后的书卷中进行勘误和改正。

制版、印刷、装订：北京利丰雅高长城印刷有限公司 地址：北京市通州区光机电一体化产业基地政府路2号 (邮政编码：101111) 电话：+86 10 5901 1288 传真：+86 10 5901 1234/1233

RICHARD MILLE
A RACING MACHINE ON THE WRIST

Elegance is an attitude
Aaron Kwok
www.longines.cn

LONGINES
23

LONGINES
Walter von Känel
浪琴表行政总裁

一百八十年之精湛与优雅
180 YEARS OF EXPERTISE AND ELEGANCE

能够像浪琴表一样自创立以来从未间断生产的钟表品牌，在瑞士制表业实在是凤毛麟角。2012年，浪琴表在成功的商业光环和巨大的国际威望中，举行了规模盛大的周年庆典。

霍凯诺（Walter von Känel）1988年成为浪琴表全球总裁。当问到他如何看待自己操持的品牌之时，他脱口而出答道："首先，浪琴表是一个经过历史洗礼，享有盛誉的瑞士品牌；其次，浪琴表是一家经历了从市场适应技术到技术取悦市场两个时代的公司；此外，浪琴表本是一个家族企业，经过了若干兼并后于1984年成为世界最大的钟表集团 Swatch Group 的一份子。"除谈及历史沿革之外，霍凯诺先生还说到："浪琴表是中价位钟表产品的领军品牌，价格介乎800美金到4000美金之间，其性价比已经得到了市场上的一致认可和好评。"因此，霍凯诺希望浪琴表能够将其光辉的历史传统继续传承下去。

浪琴表的历史植根于安宁却崎岖的瑞士伯尔尼汝拉山区。浪琴表厂巨大的白色建筑坐落于环绕着农田和松树林的索伊米亚山谷之间，与繁忙而喧嚣的贸易中心相距甚远。表厂坐落于静谧的 Les Longines，并至今依然矗立在山谷之中。Les Longines 见证了浪琴第一枚机芯的跳动与第一款钟表的诞生，并最终演变成为品牌名称。

浪琴表厂，1886。

一八六七年登陆中国
IN CHINA SINCE 1867

今天，浪琴表的业务遍布全球，在一些国家的历史甚至超过一个世纪，例如于1867年进入中国，于1878年进入印度。作为世界上最大的钟表制造集团——Swatch Group 的一份子，浪琴表不但是集团的一块瑰宝，还是销售额最高的品牌之一。

浪琴表180年以来的悠悠历史缔造了今日的辉煌。浪琴表除了致力于追求精确的制表工艺外，仍然努力不懈地研究和开拓新的领域。15年以来，浪琴表提倡的“Elegance is an attitude”(优雅态度，真我个性)已经变成所有钟表爱好者耳熟能详的格言，反映了浪琴表品牌的精神，并被视为品牌营销中的准绳。

曾经是瑞士陆军将士、政治家和历史学家，并拥有众多头衔的浪琴表全球总裁霍凯诺是该公司的灵魂人物。霍凯诺于1969年加入浪琴表，从销售开始一直做到总裁，一干就是40年。霍凯诺的视野和经验帮助浪琴表成为 Swatch Group 三大核心品牌之一。和欧米茄(Omega)、天梭(Tissot)一样，浪琴表拥有功能强大，系列完整的腕表产品线，从运动到经典，包括女士系列和经典钟表系列等。

浪琴表也是极少数拥有自己博物馆的钟表品牌。浪琴表博物馆珍藏了许多无价之宝，包括出版物、经典钟表款式、以往的广告宣传等。数量众多的出版物由历史学家和研究学者编撰，内容包括钟表史，以及浪琴表厂所在地的地方史等。

奥古斯都·阿加西

精湛工艺贯穿始终
EXCELLENCE FROM THE BEGINNING

1832年，商人奥古斯都·阿加西（Auguste Agassiz）为浪琴表的诞生奠定了基础。阿加西通过与坐落于瑞士索伊米亚山谷小镇的小型钟表店合作，将新公司命名为阿加西公司（Agassiz & Compagnie）。在当时，手表的组装生产以古老的钟表生产模式为基础，即由不同家庭作坊分工作业，负责具体的一件零件或一个工序。而这位小公司的管理者则亲自订购和修理各种零部件、组装自己的钟表，并负责全部销售。当阿加西把生意继承给外甥欧内斯特弗兰西昂（Ernest Francillon）时，该公司已经在海内外声名鹊起。

为了优化和增加产量，弗兰西昂于1866年斥资在被当地人称为“Longines”（当地法语方言，意为长而狭的土地）的地方购买了两块土地用于兴建首家浪琴表厂房，所有工匠首次聚集在一起进行生产。在这一时期，弗兰西昂还聘用了年轻的机械师 Jacques David发明能够完善和优化钟表制造的机械结构。随着工业化时代的来临和大规模生产的普及，弗兰西昂的远见卓识收到了惊人的效益。在1876年的美国费城世界博览会上，美国钟表业工业化程度的大幅提高成为了瑞士钟表产业发展的催化剂。这无疑又一次证明了弗兰西昂的远见卓识。当所有钟表厂商都竞相整合生产线时，浪琴表已经先声夺人，在规模化生产上先行了一步。

第一个钟表注册商标
FIRST REGISTERED WATCH BRAND

浪琴表形成建构生产工序的想法，并最终形成了一套质量检查和控制的协议。浪琴表厂的档案馆保存了所有的机芯和钟表的详尽纪录。在1867年，浪琴表出现了第一款印铸有“飞翼沙漏”标识的钟表。这个标识从此以后从未改变，它显示了每一块钟表的出处。这个瑞士钟表业中最古老的注册品牌让弗兰西昂的愿望得以实现：通过一个识别系统对所有生产和出品的钟表进行追踪。浪琴表怀表机芯 Cali. 20A 引入品牌徽号来防止赝品。当时，假冒的浪琴表已相继出现。

在20世纪初期，浪琴表继续其工业化的征途，进一步增强其生产和研发的能力。尽管怀表机芯的生产仍然是主流，但已有为数不多的腕表机芯投入生产。为满足市场的需求，在当时的技术总监 Alfred Pfister 的英明领导下，浪琴表生产出了横椭圆形和长方形的机芯。1911年，浪琴表厂聘用的员工数已达到1100人，其钟表产品也远销海内外。尽管接下来的世界大战让钟表业进入短期的低潮，但钟表机械师们却对钟表产品的研发丝毫没有懈怠。

Anne and Charles Lindbergh, 1933。

Charles Lindbergh
Atlantic Voyage Watch

精准计时专家
SPECIALIST IN CHRONOMETRY

1878年前后，浪琴表在专注于具有复杂功能机芯的同时，也开始了了计时码表的生产。而计时码表随后也变成该品牌的特色产品。浪琴表 19CH 机芯安装有30分钟积算盘，拥有精确至五分之一秒的测量度。由于体育竞技的兴起，对于精确测量时间的需求日益剧增，浪琴表也顺势推出计时码表。而此复杂功能不久之后也变成了浪琴表的商标之一。当然，这也成为浪琴表引发大众关注和讨论的最佳宣传手段。浪琴表的成功基本归功于其精准计时的本领。到1929年巴塞罗那国际博览会为止的历次国家博览会上，浪琴表总共获得了十次以上的大奖和28枚金牌。

浪琴表还开发出满足飞行和导航需求的特种仪器。在1927年，飞行家 Charles Lindbergh 全球首次不停歇横跃大西洋（纽约至巴黎）的飞行中，浪琴表作为报时器总计工作了33小时30分钟。随后，这位传奇的飞行家从伴随他的浪琴表 Hour Angle 精密时计中得到启发设计了一款可以带在手腕上的导航表。这款表可以根据相关的信息与其他飞行仪器计算出准确的经度位置。此款腕表荣获众多殊荣，并受到飞行员的青睐。直到今天，一些更新的版本仍然以此腕表为雏形。

屹立前沿
ALWAYS CUTTING EDGE

浪琴表长期为体育赛事提供计时工具，务求更准确地记录每项赛事的成绩。因此，浪琴表总是系统性地推陈出新，将最新的技术工艺应用在最新产品中，以确保计时的精确度。浪琴表逐渐成长为真正的工艺标杆，并作为测时工具应用到体育竞技中。浪琴表的大师们还发明出一套可以同时具有计时功能及拍摄终点线功能的仪器。从1949年开始，浪琴表在运动专用石英手表开发、完善和生产方面的实力逐渐开始显现。斗转星移，浪琴表所发明的计时系统获得更为广泛的应用。浪琴表也成为了F1方程式、环法自行车赛和众多马术比赛等无数体育竞技赛事的计时提供商。技术上的转让甚至发生在浪琴表自己的钟表工坊之间。1969年，浪琴表推出的 Ultra Quartz 成为第一个应用于腕表的石英机芯。

今天，浪琴表依然延续着其运动计时的优良传统,并与包括法国网球公开赛、阿尔卑斯高山速降滑雪世界杯、世界艺术体操竞标赛、世界竞技体操竞标赛，以及射箭世界杯浪琴表特别奖等紧密联系在了一起。除此之外，浪琴表还赞助了肯塔基赛马会、法国戴安娜赛马大奖赛、迪拜赛马世界杯、英国皇家阿斯科特赛马会、墨尔本杯赛马节、浪琴表新加坡金杯等重大国际马术比赛。

印度宝莱坞女星艾西瓦娅·雷

独一无二的机芯
EXCLUSIVE CALIBERS

浪琴表坚持不懈地投入研发工作，生产出整系列的新款机芯。譬如，在2009年推出的独一无二的立轮式计时码表机芯。利用ETA（Swatch Group 成员之一）专为浪琴表开发的机械机芯作为产品开发的基石是浪琴表发展策略的一部分。这些独家为浪琴表开发的机械机芯中还应用在了浪琴表名匠系列（Longines Master Collection）的逆跳表款中。

如今，浪琴表的产品由四大系列组成：优雅系列(Elegance)、制表传统系列 (Watchmaking Tradition)、运动系列 (Sport)，以及经典复古系列 (Heritage)。

优雅系列旗下有黛绰维纳系列（Longines DolceVita）、心月系列（Longines PrimaLuna），以及向来销量第一的嘉岚系列（La Grande Classique de Longines）。“在过去的22年之间，嘉岚系列取得了举世瞩目的成功”，霍凯诺说，“在亚洲，嘉岚系列尤其受到欢迎”，“顾客通常买一对，一支给丈夫佩带，另外一支小的则给夫人佩戴”。

立轮式计时码表

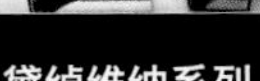
黛绰维纳系列

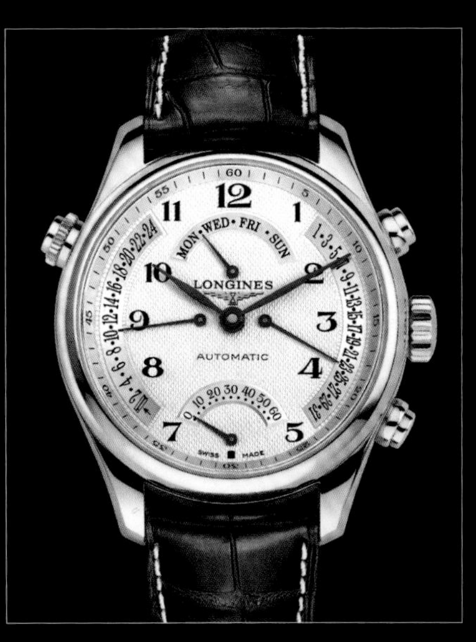

浪琴名匠系列逆跳表

浪琴典藏系列

制表传统系列旗下拥有众多功能复杂的腕表，有浪琴表名匠系列和浪琴表典藏系列（Longines Evidenza）。浪琴表名匠系列的逆跳表款拥有四个逆跳指针。制表传统系列展示着最为尖端的机械结构，堪称高级钟表臻品。

运动系列则有三个小的系列：康卡斯潜水系列（HydroConquest）用于探索海洋世界，以其高性能的旋转表圈和一流的防水性能著称；康卡斯系列（Conquest）则是汇聚了工艺、运动精神和优雅风度；浪琴表海军上将系列(Longines Admiral) 立志成为最时尚、最高贵的运动腕表。

最后，经典复古系列将浪琴表引以为傲的制表传统精髓发扬光大。

浪琴表的价格区间集中在800美金到4000美金之间，60%的浪琴表产品采用了其引以为傲的机械机芯。2012年，浪琴表在成立180周年之际推出了独一无二的机芯以及限量发行的表款。

康卡斯潜水系列

VACHERON CONSTANTIN

Juan-Carlos Torres

江诗丹顿首席执行官

高级钟表中的人性

THE HUMANITY OF **HAUTE HOROLOGY**

在 Juan-Carlos Torres 先生的领导下，江诗丹顿在商业上，尤其是在美国和中国市场取得了显著的成功。为了应对市场的强烈需求，江诗丹顿增大了兴建生产设施的投资，员工数量也将增加一倍。江诗丹顿将强大的人才储备与品牌创新相结合，在高级钟表界独占鳌头。

江诗丹顿的销量在全世界范围内取得高速增长。其中，在美国实现了55%的增长，而在中国市场的增长让品牌首席执政官 Juan-Carlos Torres 感慨万千："我们几乎可以将全部的生产资源投入去只满足中国的消费者。""目前我们决定维持现有的产品线和生产战略，并拓展销售渠道。"他解释道。

为了保持现有的增长势头，江诗丹顿于去年投资开设了新的生产作坊，位于瑞士汝拉山区的 Vallée du Joux，两个厂房分别建在 Plan-les-Ouates 和 Le Brassus。目标是以每年19000到33000只的产量生产腕表，捍卫并升华品牌的核心价值。

与此同时，江诗丹顿会积极加强在几个市场的分销网络，包括设有专门店的澳门、首尔、巴黎、台湾、洛杉矶以及圣保罗，当然还有拥有四家专门店的香港。

"新建制表工坊，决不新增机器"

Torres 并未采用大规模工业化的方式增加产量，而是借助传统方式将这个1755年诞生于日内瓦的品牌发扬光大。例如对于传统技艺，特别是纯手工工艺的尊崇。"手工工艺是未来的发展战略，会被继续加强，" Torres 说，"我们绝对不会新增机器来完成增产，反而只会招募制表师来组成新的制表工坊。"这也是在新的一年里面品牌在瑞士的团队会迎来一倍的人员增加，大规模机器化生产完全不可能发生。每一位工匠都会得到最好的培训，以确保他们的技艺在每个层面上符合江诗丹顿的严格要求。品牌向来注重内部培训，这也是为什么我们的制表学徒人数翻了一翻。

"从表款中见证
和感受人性。"

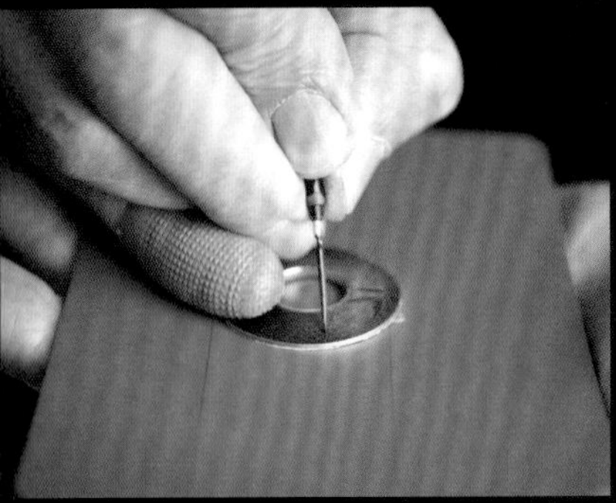

Symbolique des laques

江诗丹顿于2011年推出的表款清晰地描绘出品牌的未来发展趋势，堪称向高级钟表艺术的致敬之作。江诗丹顿制表工坊中的核心分支 Métiers d'Art 让才华横溢的艺术工匠们齐聚一堂，设计和生产出这款旷世杰作。江诗丹顿呈现了精湛的传统工艺，包括2007年的面具系列，2010年的 Symbolique des Laques 系列等。江诗丹顿同时首次参与了于2011年9月举办的 Only Watch 慈善拍卖会。由成群的鸽子图案组成的表盘运用了江诗丹顿四项装饰工艺：镌刻、刻格（guilloché）、钻石镶嵌以及珐琅工艺。表款的设计灵感来自荷兰艺术家 M.C. Escher 的重复图案，新的腕表系列也由此诞生——Métiers d'Art，也就是透视艺术，由此品牌开创出一种全新风格的刻格图案（guillochage）。非凡艺术在无数的设计图纸中出炉，注定要成为世间臻品。

江诗丹顿将继续采用四种装饰工艺，Métiers d'Art 系列中的夏加尔和巴黎歌剧院款将传统工艺演绎得出神入化。雕刻师用他们高超技艺在黄金上进行雕刻，同时保留着表盘之上原汁原味的 Grand Feu 珐琅工艺。

在2011年，江诗丹顿还另外推出两款全新腕表，这也是“阁楼工匠”（Atelier Cabinotiers）计划中的一部分。“阁楼工匠”计划始于2006年，是高级钟表界领域当仁不让的先驱。“阁楼工匠”旨在提供订制和独特的卓越钟表，保证了表款尊贵的独一无二和个性化。譬如，只有单指针在表盘上的 Philosophia，将佩戴者从无止境的精确度中释放，表盘只显示小时。当然，还可以应客户要求，三问报时功能可由三个音簧组成并准确地报出时间。另外，还可以加入复杂功能中最顶端的陀飞轮，让这块为客人量身定做的大师级表款横空出世。

这款被命名为 Vladimir 的表款将新兴科技和艺术工艺兼顾其中，是在“阁楼工匠”计划中诞生的第二款作品。多达891个零部件组成的机芯采用全手工装饰，表壳上还雕刻着曼妙的浮雕。此表款拥有多达17种复杂功能，经过长达四年的研发，成为目前市面上最为复杂精密的腕表之一。

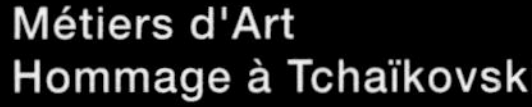

Métiers d'Art
Hommage à Tchaïkovski

传统，技术创新的源泉

江诗丹顿将其历史性的成就持续发展和壮大，这已经成为品牌的显著个性。早在1930年，江诗丹顿联手 Louis Cottier 成为首家开发出世界时间显示功能的钟表厂商。在前年的日内瓦钟表展上，江诗丹顿推出了 Patrimony Traditionnelle Heures du Monde，多达37个时区显示，甚至包括一些半时区和四分之一的时区显示，通通在一个表盘上显示。腕表开历史先河，完整地、全面地显示多时区时间，让人称奇。此腕表不负众望，荣膺 Montres 杂志年度表款的第二名。江诗丹顿凭借本身厚重的历史沉淀，不遗余力地进行技术创新，将传统重新演绎。

在2012年伊始，江诗丹顿将 Patrimony Traditionnelle 14日陀飞轮推出。创纪录的动力储存功能，偕同表款纯净和清新的圆形表壳，将表款的卓越尽显。

Patrimony Traditionnelle 14日陀飞轮腕表搭载着于业界首次亮相的江诗丹顿2260机芯。同时，Patrimony Traditionnelle 系列是江诗丹顿第一款受到最新日内瓦优质印章认证的时计，非凡意义，值得永久珍藏。

最新日内瓦优质印章——瑞士制表最高品质标准

最新日内瓦优质印章的出炉江诗丹顿功不可没。在迎来日内瓦优质印章诞生125年时，印章被修正“受到消费者的理解和期望”。最新日内瓦优质印章从仅对机芯的认证扩展到对成品钟表整体的认证。江诗丹顿成为最新日内瓦优质印章的全程参与者，彰显着品牌对高级钟表历史文化的尊崇以及对卓越和精湛工艺的追求。

2012年，江诗丹顿将整合产品线提上日程：更多产量，更多投资，新设两处制表工坊，再增大人才储备。Torres 解释道：“其实所有的决定都并非处于财政上的需求，更重要的是我们对产品质量的要求！”江诗丹顿品牌即是对自身出类拔萃的手工工艺的最好认证。我们现在要做的就是将这工艺做得更好，让更多的人看到。江诗丹顿着力打造复杂功能钟表，力求呈出垂世大作。

Patrimony Traditionnelle
Heures du Monde

1819年4月，François Constantin 开始掌管江诗丹顿的全球业务。这位高瞻远瞩的管理者曾经在意大利出差时致工厂的信函中提到“悉力以赴，精益求精”，这句话日后成为了江诗丹顿品牌的座右铭。

正是此座右铭和企业精神缔造了江诗丹顿的辉煌历史。时至今日，江诗丹顿仍不断创新，将制表工艺推向一个又一个高峰，为客户提供至臻至善的技术、美学设计和严谨工序的完美作品。

Patrimony Contemporaine万年历腕表

日内瓦印记，粉红金表壳，超薄自动上弦机械机芯，

型号1120 QP，月相盈亏。

编号：43175/000R-9687

源于1755年，日内瓦湖之岛，
至今屹立如昔

江詩丹頓

AUDEMARS PIGUET

Philippe Merk

爱彼行政总裁

Wolfgang Sickenberg

爱彼销售总监

运动优雅：皇家橡树40周年

SPORTY ELEGANCE: 40 YEARS OF THE ROYAL OAK

自2009年1月，Philippe Merk 先生成为爱彼行政总裁以来，对爱彼的影响已经相当深远。Philippe Merk 得到其得力商业伙伴 Wolfgang Sickenberg 先生鼎立相助，在经营中展现了他对家族式制表厂商的清楚认识和定位：立志将品牌卓尔不群的制表工艺运用到每一个系列上。在系列40周年前夕，两位品牌管理的核心人物连同开发者和设计者齐聚一堂，将品牌的旷世大作献上，让品牌的神髓尽显。

Wolfgang Sickenberg

2012年，爱彼品牌标志性腕表系列皇家橡树迎来了40周年的重要时刻。皇家橡树亮相于1972年巴塞尔国家钟表珠宝展。由于设计在当时过于前卫，并不被外界所看好，甚至许多业内人士认为此系列注定会成为失败之作。40年后，皇家橡树竟然成为了享誉全球的钟表传奇。40年的等待换来了诸多的惊喜。2012年，皇家橡树将成就不凡典雅，缔造制表巅峰。

如果要给一个钟表新手简单地解释爱彼，你会怎么告诉他呢？

Philippe Merk：爱彼历史悠久，至今仍被创始家族所拥有。时间的衡量必不可少，因为长久的历史的确给予我们在钟表领域最为重要的威信。同时，爱彼所具备的独立精神，超越了所有的趋势和潮流：数世纪所炼就的品牌工艺在接下来的几个世纪中将继续得到应用。爱彼关乎传统却也关乎创新。爱彼拥有不可思议的动力，驶向未来！

如果你向一个经济学家解释爱彼呢？

PM：整个集团拥有1100名雇员，其中800名位于瑞士。我们每年生产3万只手表，销售额在5亿瑞士法郎左右（约41亿5千万港币）。

不同市场的销售份额分别占多少成？

Wolfgang Sickenberg：我们的市场销售组成比较平均：欧洲35%、亚洲40%、美洲20%，剩余的份额在中东市场。这个局面对我们非常有利。从这里可以看出，爱彼是一个世界品牌。

这一次，中国对你们有多重要？

PM：大中华地区，包括香港和台湾，再加上新加坡和韩国等有许多华人居住的地方，占据我们全球销量的很大一部分。如果我们将华人在欧洲的购买量计算在内，华人将是爱彼表最重要的客户。

皇家橡树超薄腕表

“皇家橡树的设计原则是注重细腻和优雅。”

Philippe Merk

皇家橡树碳概念GMT陀飞轮腕表

皇家橡树计时腕表

看起来真是供不应求。

WS：我们必须注意：某些市场显然过热；有些市场则是由国际客户支撑，如瑞士。爱彼会继续活跃于每一个角落，力求贴近每一位客户。

那么爱彼会寄希望在今年显著地增长产量？

PM：经济危机对我们的影响不算太大，在经济衰退期间我们挺了过来。所以，恢复和增长产量对我们相对容易，在2011年我们已经看到了正增长。

WS：最难的是在正确的时间推出正确的产品，并且产品拥有正确的产量。爱彼从来没有问题去增产，可是我们要去维持平衡：太多的出产意味着品牌的贬值；太少的出产导致市场需求难以得到满足，消费者最终放弃等待。

如何探讨该品牌能真正给予的“实质”？

WS：我们总是给人们时间去发现爱彼品牌所呈现的细节。与我们的市场进行良好的沟通是我们的职责，让市场了解规模化生产和手工制作的差异。由于在过去十年间我们所取得的成功，我们可能忘记了要把交流放在首位。不过现在，我们已经回到了这个价值观上，着力于完整的营销策略。当然，这并不是唯一的重心，只是比较重要而已。

让我们来讨论下皇家橡树，这个系列在2012年迎来了40周年。

PM：我们会在全世界的主要城市举办巡回展览，以及一些针对各地不同市场的活动，都会出现在庆祝活动项目中。

WS：我们会主要聚焦在爱彼上，当然皇家橡树系列。这个系列本身经过40年的磨练，其本身就是一个传奇，其名号几乎和爱彼一样闻名遐迩。基于该系列的巨大成功，在新的一年，我们的目标是将皇家橡树系列优化升级，力求打造最出类拔萃的钟表系列。

皇家橡树时间等式腕表

皇家橡树的形象是否过于强烈？

PM：我们一直在为我们的产品线寻找更好的平衡，这是我们的重大目标之一。对于 Millenary 千禧系列推出后的市场反应，特别是关于特别和出众的造型，我们感到万分荣耀和欣喜。尽管我们绝对有能力出产相对新奇的表款，不过我们同时也深信我们可以出产更多经典表款。

爱彼会如何将运动型的皇家橡树纳入品牌未来的战略？

PM：为了进一步区分皇家橡树和皇家橡树离岸型，皇家橡树的设计原则是注重细腻和优雅。

WS：我们并不希望皇家橡树成为"经典样式"的表款，但是会把它打造成经典之作。追根溯源，皇家橡树脱胎于运动手表。虽然，现在，对比起皇家橡树离岸型，皇家橡树经过40年的岁月已经失去了它当年的强烈形象。现在，我们打算着手改进皇家橡树，让它重拾最初的审美：一样的大小，一样的品牌标识位置等。

所以，这是一个审美的回归吗？

PM：对，这是必然的。我们需要再一次地被启发。

WS：爱彼非常幸运，我们拥有许多交流平台。离岸型让我们着眼未来；Jules Audemars 让我们回味传统；Millenary 千禧系列则让我们活在当下。爱彼可以很好地驾驭和诠释过去、现在和未来。我们从来没有去抗拒潮流，正如我们一直采用品牌形象大使去推广产品一样，我们从中取得了许多成功。不过，简单而言，我们是在保持一个平衡：较少地植入生活方式，更多地忠实制表工艺。比如，我们近年来在产业上投资巨大，可是我们并没有着重宣传。

爱彼在近年来的大胆创新备受瞩目。所以你们是否打算收敛一些？

WS：我并不这么认为。我们只是去更好地发现一些领域，比如爱彼主导的一些专业研究。爱彼擒纵装置就是一个例子，它极具创造性，但由于并没有大规模使用，它并未得到应有的重视。不久的将来，爱彼擒纵装置的产量会从30件增加到3万件，这是一个巨大的挑战。而目前而言，这似乎有些过于大胆！

皇家橡树自动腕表

HUBLOT

Jean-Claude Biver

宇舶董事会主席

前瞻目光

LOOKING FORWARD

“宇舶推出的世界首创的抗刮18K黄金合金，是一项具有非凡前景的创新。”品牌主席Jean-Claude Biver 中气十足地说道。在推出合金之前，Jean-Claude Biver 还领衔宇舶完成了安提凯希拉机械装置（Antikythera Mechanism）项目和与法拉利合作的360°项目。该品牌的王者风范尽显，迈着豪迈的步伐挺进2012年。

人们都在议论这位主席会在 LVMH 集团并购宇舶之后急流勇退。不过四年以后，Jean-Claude Biver 显示出了更强的活力。宇舶原厂自制的 UNICO 机芯到2012年将达1万枚，同时还有一些全新的机芯在紧张地开发中。在销售拓展上，Jean-Claude Biver 今年的目标会全力集中在中国，目前中国市场的销售额仅占全部的3%而已。

宇舶在2011年有什么飞跃？——

增长超过30%，超过整个瑞士出口的增长量。全年的总产量将达3万只。

对2012年有什么展望？

以我们在美国市场和新兴国市场的增长，2012年会和2011年差不多。如果考虑到品牌在日本的发展，这里有很多理由让我们在2012年保持乐观。当然，我们绝不会低估欧洲政治因素可能带来的经济影响，不过很难预测到结局。

安提凯希拉机械装置
Antikythera Mechanism

UNICO 机芯

“我们的Magic Gold是自图坦卡蒙法老时期以来首次在黄金的创意上取得突破。”

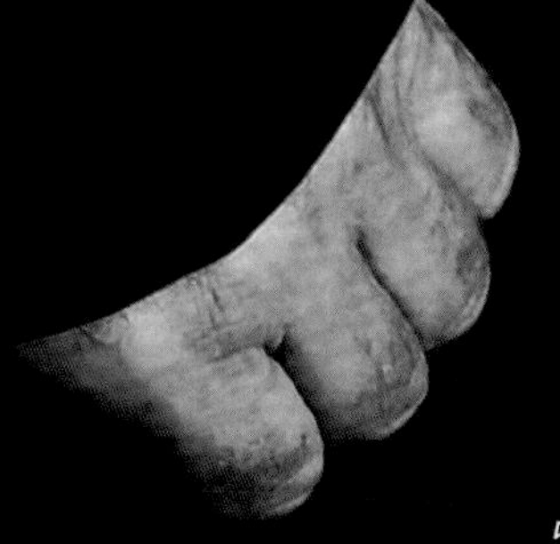

深海探险 (Oceanographic)
4000米潜水腕表

去年，你告诉我们你们会在中国开33个专门店。到目前，进展如何呢？

2011年底，我们在中国有总共9个专门店和销售点。外人看来，可能觉得我们的进展过慢。但是，如果我们开过多的专门店，我们会遭遇到严重的交货问题。不过，在2012年，中国绝对是我们的着力点，我们希望有10个以上的专门店或销售点能在今年开张营业。

目前中国市场的销售份额是多少？

2011年，中国市场占全部销售份额的3%。这个数字只是我们主要竞争对手的10%。宇舶在中国市场绝对有强劲的增长空间，所以2012年，我们会集中全力开发这里。

国际销售的分配是否满足宇舶？

除了中国和德国，基本上是满足的。所以我们在这两个国家会全力以赴。当然还包括意大利，我们正在重新拿回产品销售权。

在品牌动向方面，哪些是2011年的动作呢？

当然不得不提及安提凯希拉机械装置（Antikythera Mechanism），宇舶将其历史源渊回溯到比钟表起源的17世纪更早的公元前1世纪。另外一个大的举动就是我们的 Magic Gold 是自图坦卡蒙法老时期以来首次在黄金的创意上取得突破。此合金由宇舶独家拥有，是该品牌与洛桑联邦理工学院（EPFL）合作研发的成果，乃世界首创：不会被刮花也不会失色的金。想象一下，金链、金戒指或者金表，在百年之后，仍然没有一丝刮痕。我们在自己厂房的铸造车间制造出了这不可思议、独一无二的合金。

你如何看待此合金的潜力？

我们创新以及专利潜力巨大。这是一个轰轰烈烈的革命，是继古埃及法老时代第一次发明黄金合金之后的首次突破。18K黄金合金前景非凡，当然我们还为银、铂金和铝分别申请了专利和执照，这三种金属的前景更加广阔，特别是银和高科技铝。

还有其他项目你想提及吗？

我们与法拉利签署了五年的全方位合作伙伴关系。我们已经拥有了两个全新的合作项目，完全推翻传统的合作模式。

如何才能成为像法拉利一样负有盛名、备受追捧的品牌的合作伙伴呢？

很少有品牌在法拉利手表上取得成功。

为什么呢？

在我看来，都是因为至今所有的品牌都将注意力放在了特许经营和法拉利手表的制造上，而完全忽视，或者根本没有考虑到如何良好地运用法拉利的衍生效应。宇舶采用了和绝大多数品牌截然相反的办法，我们根本没有签署特许经营权的合同，而是签署了项目结盟的合同。此外，我们不仅成为了法拉利这个品牌的战略伙伴，而是与整个“法拉利世界”同行，这与战略伙伴的概念完全不同，其覆盖面更为广泛。法拉利是我们的盟友，我们竭尽全力从方方面面来发掘出法拉利的衍生效应，从技术到各种活动，还包括F1赛事和汽车销售商网络等。法拉利是我们的宣传大使，而我们是法拉利的钟表制造商。法拉利和宇舶一起开发新产品、新材料、新技术，同时一起协力进行市场营销和推广活动。最后，我们制造带有法拉利标识的手表。我们并没有开发一个系列，只是制造一块特别的腕表以纪念或庆祝相关活动，如传奇车型的周年特别款，F1赛事的胜利等。

这个结盟是否来之不易呢?

是。2005年，我们接触了时任法拉利行政总裁以及赛车部总经理的 Jean Todt。事实上，我们的 Big Bang 系列就为他设计的。可惜最终他没有选择我们。不过谢天谢地，我们将 Big Bang 编入我们自己的产品线中。到现在，每个人都清楚这个系列所取得的成功，了解其在制表界以及宇舶品牌中扮演的重要角色。

从这个合作关系中，从经济和产品层面上，有什么值得期待的呢?

5年是建立一段关系、一个形象、一个合作和一个盟友的最短期限。时间会让我们双方的关系变得巩固、坚强以及合理，我们会协力发掘和优化两个品牌共有的衍生效应。

宇舶 UNICO 计时机芯有什么进展吗?

稳步增长，明年的产量应该会达到1万枚。这的确让人欣喜，因为这款机芯运行相当出色，我们几乎没有什么“成长的烦恼”。在开发和增产过程中，UNICO 富有创见、性能卓著，让我们倍感骄傲。

目前宇舶的计时码表有多少成配置 UNICO?

在2012年，我们约可以达到50%，到最后，我们预估大概80%到85%的计时码表会配置 UNICO。

Big Bang 法拉利
陀飞轮计时码表

FREDERIQUE CONSTANT

Peter Stas

康斯登行政总裁

开疆辟土 EXPANDING THE RANGE

Peter Stas 及 Aletta Stas，康斯登集团创始人。

康斯登是中价位钟表品牌中的绝对领军者，2011全年销售量达到了120,000只。这一骄人的销售成绩得益于品牌创始人最初的战略布局，也是对其前瞻能力的完美肯定。来自荷兰的伉俪创始人，Peter Stas 及 Aletta Stas 立志设计和生产可以触及的经典奢侈品。除康斯登品牌外，这对伉俪创始人又推出了另外两个品牌，分别是以运动著称的 Alpina 和高端钟表品牌 Ateliers deMonaco：三个品牌协调发展，覆盖了康斯登集团所有的系列钟表产品。

Peter Stas 的成功绝非偶然。出生于荷兰、钟情瑞士钟表的 Peter Stas 于1988年创办了自己的品牌。品牌名称 Frédérique Constant 分别来自 Aletta 曾祖母的名字和 Peter 曾祖父的名字。Peter Stas 所命名的品牌被担任首席营运总监的 Aletta Stas 戏称为“听上去很日内瓦”(Sounded nicely Genevan)。自1997年以来，Peter Stas 夫妻移居瑞士，两人齐心协力，不懈地加强和提升自己创建的品牌。品牌自创始至今已经超过20年，伉俪创始人仍然是集团中的大股东，拥有95%股权，努力捍卫着独立钟表制造商的地位。

在1988年你创始康斯登之前，你当时的职业道路是怎样的？

在鹿特丹取得经济学硕士学位后，在纽约的一家咨询公司工作了两年多。之后，作为飞利浦的产品营销经理，先在荷兰工作，之后又被派去亚太地区待了六年。1988年，我和妻子创办了康斯登品牌。一开始，这只是一个“兼职”的事业，因为当时我尚未离开飞利浦。我们开始生产原型表并在1991年获得第一批来自日本的订单。我们用了一年的时间，在荷兰、日本和瑞士三方之间周旋，最后终于如愿交货。

创办钟表品牌的想法从何而来？

我对表情有独钟，而且从未放弃。每次家庭旅行去瑞士时，我都会面对各式钟表激动不已。另外，我总是想创造一些不一样的东西。我不打算投身金融业。我需要有实在的产品。在飞利浦工作，我学到很多，投资、科技、创新等。

康斯登 Tourbillon Manufacture Silicium 装载有原产机芯。

“每个品牌都
有不同的个性，
呈现给不同
的消费者。”

计时比赛冠军

作为制表界的翘楚，Swatch Group 的一举一动均备受世人关注。由 Nivarox 垄断生产的合金供应给大多数品牌，作为机械机芯中的关键部件之一擒纵机构的模组。这些都是众多证明其非凡之处的例证。

除了供应其他品牌零部件之外，Swatch Group 自己的产品也不遑多让。比如，以天梭名义进入市场的 ETA Caliber 2824-2 机芯，这个 Swatch Group 标准产品，获得了2011年 Chronométrie 世界计时大赛“经典”项目的冠军，此机芯尤以其克服极端的恶劣条件而计时准确著称。Swatch Group 除了大规模生产之外，亦着力于推出一流品质的产品，其品质已经被刚才举例的赛事所证明。

三张王牌

Marc A. Hayek 领军宝珀多时。在其祖父 Nicolas G. Hayek 于2010年6月去世之后，他还接管了宝玑和雅克德罗(Jaquet Droz)。Marc A. Hayek 作为 Swatch Group 董事之一，负责经营这三个集团中最为顶级奢侈的品牌，去为每个品牌制定出正确的方针。“每个品牌都有不同的个性，呈现给不同的消费者。”这样的战略是为了促进每个品牌的自身最大化发展以及彼此之间的竞争。三个品牌如王牌在手，皆传达着出神入化和不可抗拒的机械制表工艺。

宝玑挥洒着法国血统，有趋于保守却完美可靠的个性，当然也以其历史根源著称，历史上众多风云人物都是宝玑的忠实拥趸。除此之外，品牌的创始人宝玑先生是被众人所推崇的制表巨匠，其创见跨越年代，至今仍然在高级钟表界中扮演重要作用。所有的这一切相互结合造就了宝玑品牌，当然还有我们继续向前的远景，宝玑拥有一个高效能的研发部门。我祖父是个不折不扣的远见家，尤其他给宝玑留下的让我受益匪浅。同时，宝珀呈现出年轻化，有时会有点运动，有点反传统，可是品牌却是十足瑞士制造，生根于汝拉山区，并延续至今。我非常相信宝珀团队，特别是我在那里已经效力多时，很多团队领袖已经逐年成长起来，担当更多职责。至于雅克德罗，它就像一扇走进奢侈钟表世界的门。雅克德罗的定位低于宝玑和宝珀，在2011年品牌经过了许多调整，特别是产品分销和产品目录。这些改变和努力让销量节节攀升，大大超出我的预期，最后我们都尝到了成功的喜悦。2012年，这里会有更多的惊喜到来，手表中将融入更多“玩”味，这符合品牌同名创始人的一贯精神，他曾经设计了如此多的自动人偶钟表。

宝玑表厂

X Fathoms
宝珀 (Blancpain)

卓越表款

宝玑举办了一次小范围的预览，向大家展示尚未完工的卓越表款 —— Hommage à Nicolas G. Hayek, Ref.7887。此表款集合了所有的性能和品质，当之无愧地成为世上最复杂的腕表。表款在传统和创新之间寻求到最完美的平衡，在长达650页的文件上记载着26种专利申请！

在2011年的巴塞尔国际钟表珠宝展上，宝玑的主打产品乃 Classique Hora Mundi，献给所有世界旅行者们。表款允许佩戴者事前选择两个不同地区，然后按下8时位置的按钮，在主时区和第二时区这两个地方的时间显示瞬间对换。日期显示也自动地和所选地区保持一致。月相显示更为表款锦上添花，硅材质的擒纵器则将精确度保证。

宝珀在2011年10月于杜拜水族馆和海底公园推出了 X Fathoms，一时引起轰动。此表款让宝珀品牌著名潜水表的传统尽显无疑，拥有机械深度计，足以测量直达水下90米的深度，并配一个部分范围的深度显示（0到15米）。在正负30厘米以内，此深度显示由一个反方向的5分钟逆跳区间指示。X Fathoms 装置着 9918B 机芯，内有硅质游丝发条以及三发条系统，以保证长达五日的动力储存。

雅克德罗的产品名录经过了较大的改动。最大的看点无疑是推出了入门阶的精钢表款，定价低于9500瑞士法郎（约8万港币），如 Grande Seconde。新的变化带来了销售业绩的丰硕成果，市场需求明显大于厂商供应。最近，雅克德罗在拉绍封德（La Chaux-de-Fonds）的 Eplatures 区新建厂房，同时宣布品牌会竭尽全力支持关于 Pierre Jaquet-Droz 以及他的儿子 Henri-Louis 和 Jean-Frédéric Leschot 的展览。展览会在瑞士纳沙泰尔州三个主要城镇举办：洛可勒（Le Locle）、拉绍封德以及纳沙泰尔市(Neuchâtel)，时间为2012年4月28日至9月30日。

Grande Seconde Quantième
雅克德罗 (Jaquet Droz)

ZENITH

Jean-Frédéric Dufour

真力时首席执政官

领衔未来

LEADING THE FUTURE

2010年，真力时发表了 Christophe Colomb 系列，为时间艺术带来革新。基于航海计时器的原理，Christophe Colomb 系列采用回转仪机制以保持擒纵系统恒常处于水平状态下。2011年，Christophe Colomb Equation of Time（时间等式）首发。2012年，Christophe Colomb 系列新表款会更加精准，以维持恒常的扭矩。

真力时首席执政官 Jean-Frédéric Dufour 先生出生于1967年12月3日。现年四十余岁的他活跃于众多领域，目前正处于事业的巅峰时期。Dufour 才刚刚完成了真力时腕表系列的重新开发，现在又马不停蹄地投身于真力时厂房和作坊的整修。Dufour 在他的整个事业中始终展现着无限的活力和热情。他的钟表事业在1992年开端于萧邦（Chopard)。他在1997年帮助萧邦建立了位于 Fleurier 的L.U.C机芯制造厂。一年之后，成为机芯制造厂制作总监的 Dufour 接受了雅典（Ulysse Nardin）的聘用。新的挑战不断到来，他于2000年加入了 Swatch Group，在当时宝珀（Blancpain）首席执行官的 Jean-Claude Biver 监督下工作。他们齐心协力创建了 Léon Hatot 品牌。随后，Dufour 成为了除 Biver 之外在宝珀的第二号人物。Dufour 之后更重归萧邦品牌，一直担任产品开发总监至2009年他接手真力时担任主席兼首席执行官为止。

你从2009年6月以来担任现职。你是如何概括一下你在真力时三年的时间？你还有什么需要完成的事情吗？

真力时的腕表系列到2012为止已经变得非常成熟，拥有15条产品线，130个表款。真力时无疑已经成为业内超精度高频率计时码表的领军品牌，并且日趋完美。同时，真力时已经拥有146年历史，厂房的整修工作的正如火如荼地进行中，以确保品牌能顺利过渡到下个阶段。

那么下个阶段是什么呢？

目前，我们的工作室分散在19幢楼房中，这简直就是迷宫。所以我们决定整修真力时在 Le Locle 于1898年至1905年之间建成的历史性建筑，然后拆掉一些于近代建成的，但没有任何建筑学价值的建筑。你一定知道真力时是目前仍然矗立于品牌诞生地的钟表厂商之一。延续瑞士高级钟表的传统对于品牌来说至关重要。

Academy Christophe Colomb
Equation of Time

“真力时无疑已经成为业内超精度高频率计时码表的领军品牌。”

那么真力时是否仍在继续投资增加更多设备？

是，而且都是瑞士出产的设备。总投入大约两千万瑞士法郎（约1亿6千万港币）。

什么时候一切都能准备就绪？

我们计划2012年夏天进驻。

有计划出产比真力时目前年产30000只还多的腕表吗？

没有。我们仅仅出产我们需要的一个量。尽管我们的确正在经历销量的高增长，比我们想象中还快很多。我们的目标只是集中全力，优化资源，推出更棒的产品。

你刚才提过真力时是高频度计时码表的领军人物。真力时在2011年巴塞尔国际钟表珠宝展上推出的一款的原型表款正是做好的佐证。相较于一般腕表3赫兹或者4赫兹的频率，此原型款有高达50赫兹的振动频率（每小时360000次）。目前这款表的进展如何？

还在进行研发中。整个项目十分复杂，就像高空走钢丝的杂技一样。我们正在尝试使用硅。我们的团队很优秀，目前已经取得十分可喜的进展。

此原型表最终会成为一个新的腕表系列吗？

此表款太过专业了。很难想像你会开着F1赛车去买面包。就算我们会出产一个系列，应该只会限量发行100只。想像一下：本表款在完全上链的情况下有4.8公斤的扭矩力，对比下我们的明星产品 El Primero 的机芯只有800克的扭矩力。你很容易想象到我们所遇到的挑战吧。

你对制表业的前景怎么看？

1980年代中期，钟表业几乎遭遇到毁灭性的打击。当时，钟表已经从必需品变成一种情感的需求。那些适应了这一重大转变的钟表厂商在此次危机中突出重围，并延续至今，而其他很多的钟表厂商却早已不复存在。今天，机械表介乎于艺术品和工业产品之间。钟表不是一幅画作，也不是一辆车。如果你可以为钟表增加情感诉求，如果你可以让钟表成为想像的天空，这样的钟表才有明天，才有未来。

那反应在实在的产品上会是怎样的呢？

这取决于时尚和潮流。近几年来，真力时已经变回成新古典主义，这个风格经过了时间和市场的考验。当然，任何可以预见未来的人都是相当聪明的。

许多品牌都在研发上痛下血本，例如，采用硅以及其他应用于与擒纵机构有关的磁领域。是否制表业的未来是属于这些科技创新呢？

磁的确让人我们梦想迸发，同时的确展现了使用它们的品牌实力。可是我并不会说这是一个突破，因为这里太多各种各样的问题了。

那对于你而言什么是真正的突破？

硅的确是。但是我觉得制表界未来的竞争还是集中在功能上。我们的全新表款 Captain Windsor 所拥有的精密日历只需要每年手动调节一次。这才是钟表界需要的！

在2010年，真力时推出了精彩绝伦的 Academy Christophe Colomb，限量发行75只，其中25只玫瑰金，25只白金，25只黄金，每一只售价21万瑞士法郎（约174万港币）。都销售一空了吗？

是，这个系列也结束了。我们现在有了全新的表款 —— Academy Christophe Colomb Equation of Time（时间等式），这是另一款具有恒常扭矩的 Christophe Colomb 腕表，绝对有创新工艺出现。

真力时系列中的另一种陀飞轮，El Primero 陀飞轮腕表，你们是否有新的款式出产？

我们有新的表盘，但是没有新的表款。

El Primero 陀飞轮系列对于名牌而言同时对于你自己而言意味着什么？

非常简单，El Primero 陀飞轮腕表是市面上唯一的计时码表搭配陀飞轮和日期显示。没有其他品牌推出了这样的功能组合，所以对于真力时来说，这个系列非常之独有。El Primero 陀飞轮腕表每小时振动频率360000次，相当与众不同。

下一年，真力时会推出什么新产品吗？

我们会集中精力开发航空表款。Pilot 大型飞行员系列是三个最老的航空计时器中之一。我们发现航空先驱 Louis Blériot 曾经向真力时借了测天仪和时计。我们始终致力于开发大型飞行员系列，在1970年代我们曾经成为意大利空军的装备，在1997年又成为法国空军的装备。我们正在准备设计和出产一个小型的飞行员系列。

继莫斯科、迪拜、上海、武汉、北京之后，真力时又在香港开了一家专门店。真力时的下一步是什么？

首先在日内瓦的 Rue du Rhône 大道上开一家专门店，然后是圣保罗。我们计划每年新设3到4家专门店。

所以新设专门店意味着不再青睐拥有多品牌的综合钟表店？

不，我们需要它们。但是我们更需要品牌的真正拥趸，会为了品牌而战，会对待钟表如艺术品一般进行销售。那些只会打开钟表包装和打开收银机的商人们对我们来说远远不够。

哪些钟表市场在增长呢？

当然，众所周知，亚洲是所有增长极中最快的。

所以在亚洲，在中国之后，你们下一步大动作会是哪里？我们听说你们有计划进军越南？

缅甸也充满希望。这里有很多处女地尚待开发。但是有一点是肯定的：但凡现在是商品主要生产国的地方，未来几年都会有强劲的增长。

譬如说？

俄罗斯，中东，还有南美。

El Primero Tourbillon

时间测量简史
A BRIEF HISTORY OF TIME MEASUREMENT

机械式计时器见证人类发展

作为一门科学，时间测量术的历史源远流长，贯穿于整个人类社会的发展。对于季节交替、月相变化、昼夜轮回，人们曾一度长期迷信于是神灵的干预。但随着社会的发展与技术的演进，人类逐渐放弃了古老的信念并将目光投向科学。光阴似箭，月落晨起，如今一些让人惊叹的钟表杰作正逐渐浮出水面，并被人们所熟知：Richard Mille为纳达尔（Rafael Nadal）设计的重量不到20克的RM027陀飞轮手表,是在 Swatch Group 生产线上配备的具有蓝牙技术的新一代手表，也是当今世上最为复杂的手表百达翡丽（Patek Philippe）设计的Caliber 89。这款由1728个组件组成的手表向人们展示了在机械表中能够想象到的所有复杂功能。Caliber 89 主要有三个功能：日历、计时和报时，此外还具备了一系列天文复杂功能。Caliber 89 不但能够显示恒星时和格里历，还绘制有天文星图，观察者能够通过此功能辨别北半球天空中2800颗星星的位置和亮度。在这些复杂的系统中，最为罕见的莫过于 Caliber 89 的复活节预测功能了：当日期显示为12月31日午夜时，该功能将确定下一年的复活节日期。人类是如何一步步将时间测量术发展到如此高度的呢？

1528年诞生的天文地理日晷，外观精致无比，具有多个测量功能，并具有各种时间转换表。

著名的 Caliber 89，
由百达翡丽设计。

巴比伦将时间分为24小时

时间单位的诞生与天文历法有着密不可分的联系，因此复杂的天文功能在当今制表业中依然占据着重要地位。阿兹特克、玛雅和埃及文明孕育出了人类历史上最早的历法，它们都是那些地位崇高的祭司对天文长期研究所取得的成果。祭司们很快掌握了农业生产与某些特定天文现象之间的规律。在古埃及，每年发生的尼罗河泛滥和每364天发生一次的天狼星偕日升（清晨时与太阳在同一方位升起）相吻合。古埃及人将日历中的一年定义为“为收获所需的时间”。通过相应的月亮周期，一年被分为12个月，每个月30天，被称为“epagomenal”的5日则被放在年末。

被认为最早的“尖碑”可以追溯到公元前2000年，埃及人利用尖碑的阴影来测量时间。

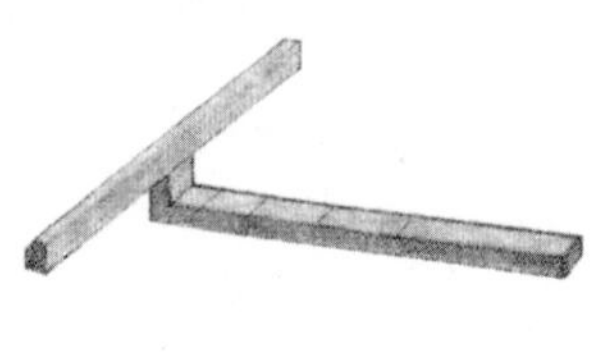

最早所知的日晷之一，公元前15世纪，埃及。垂直柱在晷盘上投下阴影来测量时间。

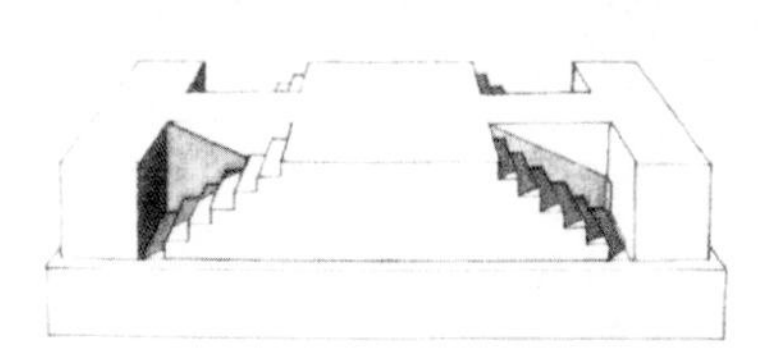

埃及的阶梯日晷。

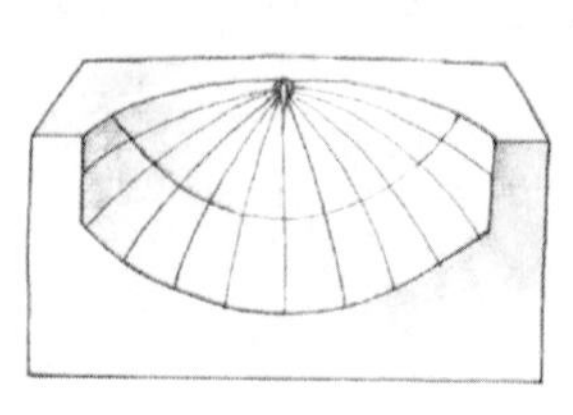

悬挂日晷，大约公元100年，埃及。

印度修行人的日晷被称为“苦行僧手杖”。季节更替，手杖上木钉的投影在手杖上八个尺度之上产生移动。

人类开始迫切地意识到精确测量时间的必要性

埃及人在金字塔上修建阶梯，并根据落在阶梯上的阴影确定时间。

“小时”的概念在古文明时期就已初现端倪。以数学上六分等圆的60进制为基础，巴比伦人将1天分为24小时，1小时有60分，1分有60秒。随后，古埃及人和希腊人采用了这种做法，进一步划分出白天12个小时和夜间12个小时的概念。一日之内的时长并不是固定的，随着季节变化。

古罗马人也仿效着用仪器来测量时间。他们将夜间分为四个时段，将白天分为午前和午后两个时段。在农业社会中，日出而作，日落而息，对于时间的测量并不精确。当人类社会的组织形式变得更为复杂时，随着城市的兴起以及政治参与的需求，对时间进行更为精确的计算便成为了一件十分必要的事情。于是，为了满足社会进步的需要，人们开始着手研究并开发各种测量时间的仪器。

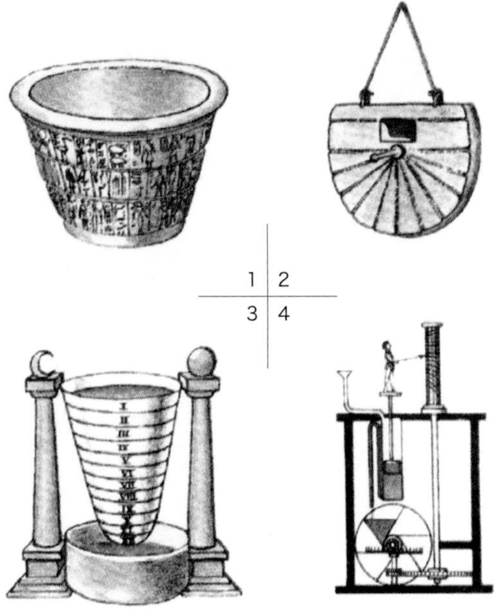

1. 埃及人设计的最早、最精致的水钟之一，公元前14世纪。
2. 古罗马日晷的经典样式之一。
3. Klepsydra，一种古老的水钟，同时也是极具视觉冲击力的装饰物。
4. Ktesibios 水钟结构图，公元前2世纪。水轮随着时间刻度转动产生的浮动机制来带动人体雕像。通过特殊装置将石头弹入内置旋转圆盘，进行“小时”制报时。

IWC葡萄牙系列.
专为航海设计.

IWC
SCHAFFHAUSEN
SINCE 1868

永恒之作。

葡萄牙万年历腕表，型号5032：从以前直到今日，万国表一直力求进步。1868年，佛罗伦汀·阿里斯托·钟斯在沙夫豪森创立了万国表，自此，我们的工程师为男士创制无数高品质的时计，并一直坚持万国表的制表哲学“Probus Scafusia”——源自沙夫豪森的优良精湛工艺。万国表所流露的非凡优雅与其超群技术，相形见拙。**IWC万国表。专为男士而设。**

万国表自制机械机芯 | 比勒顿自动上链系统 |

七日动力储备显示 | 万年历 (见图) |

万年月相显示 | 防反射蓝宝石玻璃表镜 |

蓝宝石玻璃底盖 | 防水压力达3巴 | 18K玫瑰金

如欲得到我们限量精致的产业目录或询问有关产品，详情可致电 (852) 2829 2729或电邮到infohk@iwc.com。
www.iwc.com

测时文物

指时针是第一个人造器具，专用于指示一日之内时间的变化。安插在地面上的立竿借助太阳位移的影子变化来测量时间。这个设备几乎在每一个大陆的古文明中都以大同小异的形式出现过。随后，指时针演变成为完整的日晷形式。这种时间测量工具很可能由埃及人首先发明。晷针平行于地球自转轴，并穿过圆盘的中心，通过日影投射在日晷面盘上的规则刻度来显示时间。日晷对于时间的测量已经到达足够的精确度，这也是为什么日晷可以经历数世纪的考验，继续被人类社会所采用的原因。直到中世纪时，日晷还是测量时间的唯一手段。甚至在当今社会，日晷依然是部分人倚赖的测时仪器。

象牙雕刻的小时象限简易日晷，出现时间约在1510年。这一装置根据太阳地平线上的位置来测量时间。

油钟，十八世纪。依靠燃烧来得知时间，是古罗马人早期油灯的近代版本。

"风之塔"，位于雅典，古代文明钟最大的水钟之一。

象牙雕刻日晷，出现时间约在1599年。在水钟发明之前或之后，日晷都是最为广泛实用的时间测量仪器。

然而，日晷具有天生的缺陷，它们不能在夜间使用。因此，包括漏壶和水钟在内的各式计时仪器不断涌现，以克服这个缺陷。水钟原本被用来测量相对比较短的时间，但后来发现这种装置可以24小时不间断地使用，因此立即被推广开来。直到18世纪，根据桨轮原理、沿旋转轴回转的水钟仍然被生产和使用。但由于水流的速度受到温度影响，水钟的精确度并不能得到保证；同时，在水资源并不丰富的地区，水钟的应用也有一定的困难。沙漏的发明很好地弥补了水钟的缺点，它们制作简单，价格低廉，完全不受温度变化的影响。这种时间测量装置随后被迅速被采用，成为海军计速的必备。

古代中国，专职的更夫在每个整点时辰打更，来指引人们的日常生活。

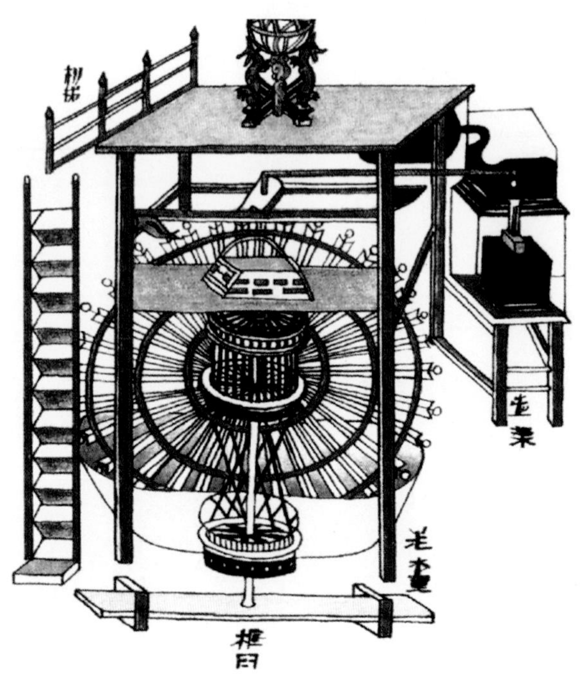

中国古代水钟，公元11世纪。高度复杂的水钟是宋朝之后第一个擒纵机构计时器的雏形。

时间观念的革命

直到16世纪，小时才被准确地定义为太阳连续两次通过天顶之间时间的二十四分之一。这一历史时期还见证了时间测量技术的重大突破。机械计时仪器的发明，用固体的机械构造取代了液态的水。不仅如此，这种“机械装置”还展示了几项重大创新，擒纵机构即是其中之一。最初的擒纵机构形式是由一个落锤产生的重力所释放的旋转力来驱动、释放齿轮。而调控则是通过原始平衡摆的振荡器、具有相当重量垂直杆上的水平部分或安装有两个擒纵叉的边缘（两个擒纵叉和齿轮交替着抓紧、放松，同时接受必要的冲击来保持原始平衡摆的稳定摆动）。

带有星盘，附有旅行式外箱的圆形时钟，1525年。铁金属制成，皮革加工外箱。16世纪，当旅行变得频繁，可携带的钟表仪器成为必需品。

现代复制版 De Dondi 天文钟。De Dondi 于1348年至1364年之间设计和制作了这一仪器。

尽管这种全新的测量方法在最初并不准确，每天的变化率甚至可以达到数小时，但它的确是一场时间测量史上的革命。人类的时间观从日期和季节交替变化、周而复始的圆形思维转化成为连续时刻不断向前的线性思维。钟表按照人类的知识理论所决定的机械原则进行操作，以测量每一个稍纵即逝的时刻点。如果15世纪古登堡的印刷术被视为文明史的重大里程碑，那么机械钟表仪器的出现则见证了人类社会进步的关键阶段。

铁壁钟，哥特式钟盘，可移动的月相盘，大约1584年。早期的钟通常由铁匠用铁金属制成。

椭圆形文艺复兴颈表，配闹钟，带黄金制水平式日晷，大约1590年。

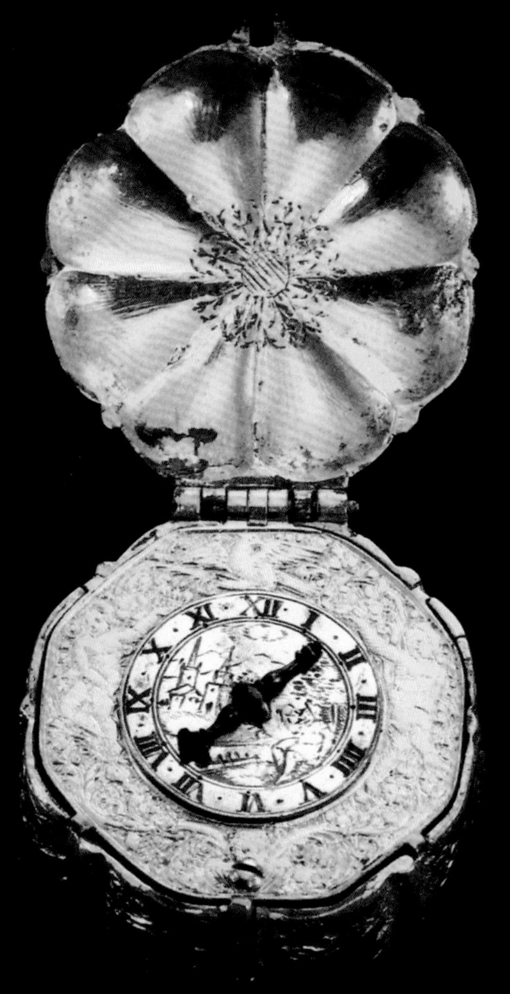

瑞士钟表，17世纪初叶。机芯签名 Martin Duboule —— 当时十分重要的日内瓦钟表师之一。表盘上刻有日内瓦圣彼得大教堂图案。围绕表盘中央雕刻有花叶、两个孩童、鸟、面具，具有显著的路易十三世时期特征。

尽管钟表制作术取得了一系列重大进步，民用时并没有被正式采纳，直到18世纪末期才成为天文时以外的另一选择。随着19世纪工业革命和铁路运输的蓬勃发展，地方时已经无法满足社会发展的需求，建立标准民用时系统的需求随之呼之欲出。1884年，在华盛顿举行的国际会议决定将经过英国格林尼治天文台的子午线定位经度起点，称为本初子午线。在此之前，已经有超过三分之二的船舶使用该线作为参考子午线。本初子午线的确立，意味着时间被划分为0时到23时的24个小时。1911年于巴黎召开另一国际会议正式批准了格林尼治子午线作为本初子午线的地位，并将地球划分为24个时区，每个时区覆盖15个经度面积，由西向东进行0－23编号。

这台拥有音乐机构的行星时钟出自19世纪初叶。时钟有两个签名：钟表匠 Antide Janvier 和 Raingo。时钟由拥有柱头的四根柱子制成，支撑着圆形顶部并雕刻有十二宫标记。

海军的核心作用

海军对钟表精确度的提升扮演了至关重要的作用。准确地计算出经度位置对于那个时代的航海者来说无疑是一项十分艰巨的任务，航海家们需要精确度得到保证的计时仪器，但是这种仪器却非常稀缺。由于可以通过对太阳正午位置和北极星午夜位置的推算，确定纬度位置都相对简单。可是，对于经度位置，却没有同等的参照指标。因为由此必然涉及到关于船舶航行中两点的距离的确定，可是这样的推算手段必须得借助于可靠时间测量手段。海军对于钟表仪器的渴求都源于其本身牵涉的巨大风险。掌握了时间，才能称霸海洋，从而控制在16世纪迅速扩大的国际贸易。在航海过程中确定经度的最好办法就是携带钟表仪器上船。从前采用的方法是在船上安装一个带有指南针的日晷。1658年，惠更斯基于对摆轮和游丝装置的研究，制作一个满足航海需求的摆钟，它是航海时计的前身。然而，这个的绝妙主意未能带来理想的效果，因为如何克服温度的变化对游丝发条的弹性所产生的不良影响在当时是无法逾越的难题。

天文台钟

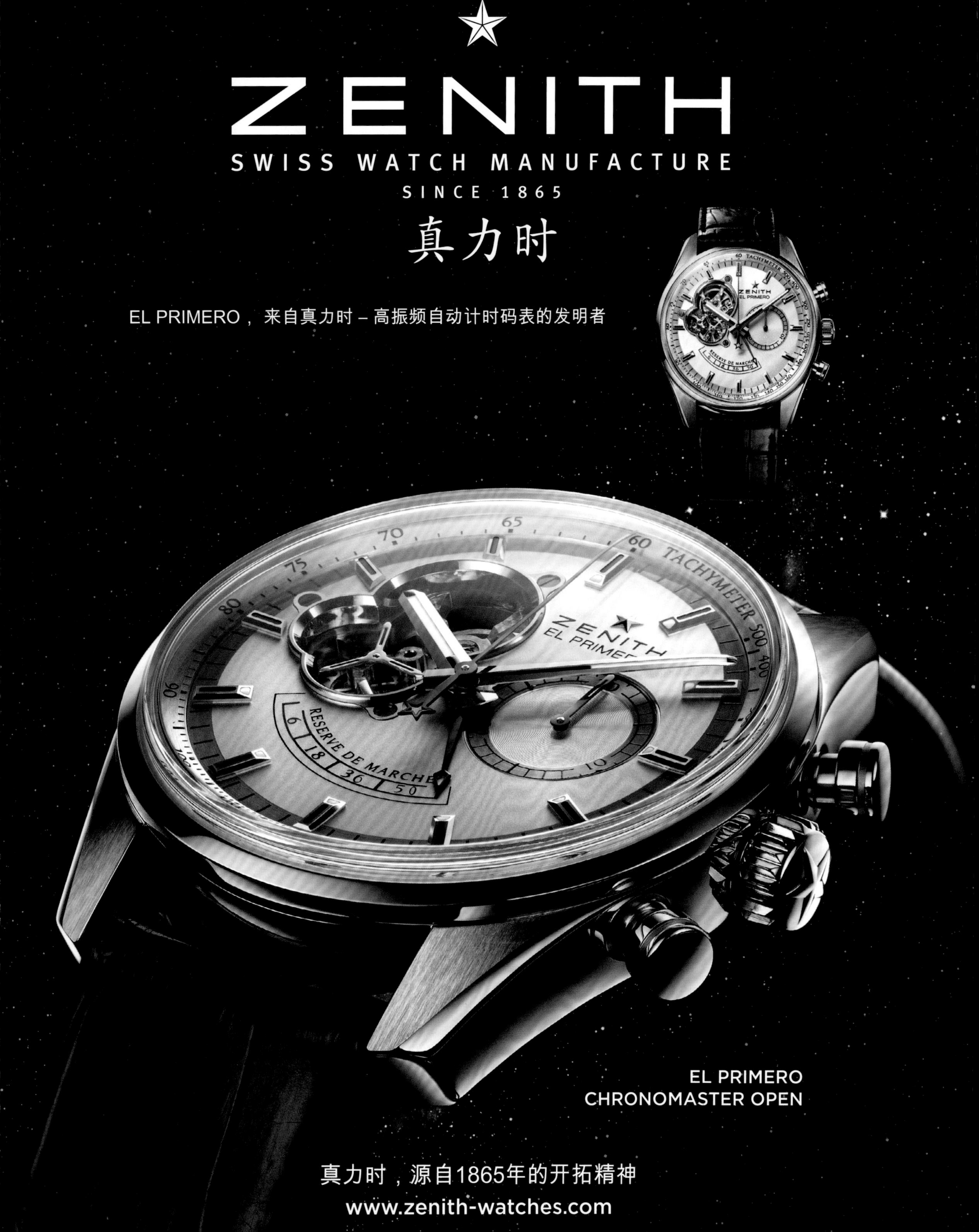
ZENITH
SWISS WATCH MANUFACTURE
SINCE 1865
真力时
EL PRIMERO，来自真力时 – 高振频自动计时码表的发明者
EL PRIMERO
CHRONOMASTER OPEN
真力时，源自1865年的开拓精神
www.zenith-watches.com

经度法案

于1667年成立的巴黎天文台，主要致力于经度研究，以试图解决船舶航行的定位问题。格林尼治天文台也随后在1675年成立。可是，这一切并未能有效阻止四艘英国战舰在康沃尔海岸遇难。这次本可避免的海难直接导致2000名水手丧生。这一奇耻大辱迫使英国议会颁布了《经度法案》。他们悬赏两万英镑（在当时绝对是一笔巨款）来奖励发明测定经度方法的人，以保证英国船队能顺利航行于大不列颠群岛与西印度群岛之间。此外，巴黎学术院也于1718年开始了这一领域的研究。经度之战一触即发，英法双方均倾尽全力，竞争逐渐进入白热化。

一群高级制表师对航海计时器的发展和完善作出了巨大的贡献。他们的目标有三个：制造有效的擒纵机构，创造不受温度变化影响的游丝发条，以及在长距离的颠簸航行中稳定的计时仪器。最后，英国制表师 John Harrison 偕同一名木匠在1734年制作了一个重达32公斤的巨大航海计时仪器。随后，他们不断完善这种航海计时仪器，在1744年一个为期两个月的航程中，这种计时器计算出来的经度误差仅仅只有5.2秒，相当于1850米的距离。

此外，对于经度测量这一极具挑战的探索，法国人 Pierre Le Roy 设计出一个“制动擒拿”的机制，非常适用于航海计时，并在1766年制作出完整的原型机，它包含了应对温度变化的补偿体系。这些航海计时仪器均按照十分苛求的技术规格而生产，制作工坊包括朗格（A. Lange & Söhne)、Henri Perregaux、Constant Girard-Perregaux 和江诗丹顿 (Vacheron & Constantin)。同一时间，在英格兰，John Arnold 将自己的一些发明创造注册成专利，包括具有同心设计的圆柱形游丝发条，这一装置让芝柏表 (Girard-Perregaux) 在1880年开发出具有高精度的三金桥陀飞轮。

在格林尼治天文台，蓝色激光线代表着本初子午线。1884年在美国华盛顿召开的国际会议确定了这一条本初子午线的地位。

首台便携式钟表

首台便携式钟表出现在16世纪初叶。游丝的发明促使了台钟的发展。根据钟表史学家的看法，文艺复兴时期，商人需要一个可以在经商旅程中随身携带的计时器，这种需求直接催生了怀表的问世。由于机芯尺寸不断缩小，人们可以制造出吊坠表和随后出现的怀表。可是，值得注意的是，由于早期钟表行业中制作各个零部件的工匠被严格分工，早期钟表中很少带有制表师的签名。直到19世纪，制表师匿名制造钟表作品的做法才发生变化，这预示着钟表品牌的诞生。

文艺复兴的表款无疑展现了机械时间测量仪器的一个高峰，开辟了科学研究的全新领域，包括天文学、物理学和数学，同时也提升了钟表的艺术造诣。可以说，钟表业掀起了对于科技和艺术追求的新篇章。在1500年到1700年之间，制表业逐步发展为一个成熟的行业，并在欧洲各地形成了制表中心，包括有布卢瓦、里昂、斯特拉斯堡，以及伦敦和尼德兰。由于制表工业拥有了自己的市场，尤其是在贵族阶层，制表行业逐步采用公司的组织方式展开经营。机械制表蓬勃发展，屡创高峰。随后的两个世纪，钟表制作更加致力于钟表的精确度，包括惠更斯的游丝发条等在内的发明创造都将制表师对精确度的追求变成可能。

表盘有24个小时显示的怀表，可区分昼夜时间。

吊坠表，日内瓦钟表师H. Robert 作品，1835年至1840年间。装饰有雕镂、珐琅、珍珠。

各项功能日新月异

同一时期，钟表的功能性开始逐步突显。除了显示小时，部分钟表开始显示分钟，也有极少钟表甚至显示秒钟。计时器也开始出现了一些特别的功能，譬如自动的或应要求的报时功能，以及在夜间有小时报时和触读功能，不用点蜡烛也可以得知时间。后来，由于格里历的引进，日历和天文功能也开始盛行。在那个人类对科学知识跃进的大时代，钟表师的杰作们对于传播天文科学知识作出了卓越贡献。月相、星图、时差、黄道十二宫等都成为基本日历显示功能以外的新功能。这些历史岁月悠久的计时器通常都将历法功能和天文功能结合。这些具有复杂功能的钟表作品，显然是为了满足当时社会中上层阶层的需要。直到今天，人们依然能在欧洲各个宫廷中欣赏到这些计时装置。同时，这些已经变成古董的计时器仍然启发着当代的钟表师去开发各种超复杂腕表。

文艺复兴的钟表不仅展示了一部技术传奇的史诗，也丝毫没有掩盖它们作为价值连城价值连城的装饰品的艺术性。画家、雕刻家、木匠、金匠、珐琅师都倾注心血，尽情地发挥各自才华，将钟表作品，无论是机芯还是外饰，打造成名副其实的艺术精品。其中，珐琅成为独树一帜的艺术门类。钟表作品通过珐琅工艺复制着伦勃朗、拉斐尔、佩鲁吉诺、达芬奇等等艺术大师的巨作。珐琅艺术由此伴随机械制表直到当代，尽管由于市场需求的萎缩，人们开始付出努力去保护这有灭绝危机的古老工艺。那个时代的少数机械钟表，不仅具有极高的欣赏价值，甚至在三个世纪后，仍然运行良好。接下来的两个世纪以内，钟表师用有限的方法不断创造着钟表巨作，积极地影响那个年代人们的生活，甚至直到今天，这些卓越的钟表师和他们的件件巨作仍然得到世人的崇敬和膜拜。

钟楼的内部机械结构，公元1530年。钟表工业从这些庞然大物开始。

Tellurium Johannes Kepler，雅典(Ulysse Nardin)，1990年。作为雅典最负盛名“时间三部曲”的一款，堪称天文功能之巨作，由 Ludwig Oechslin 设计。表款的珐琅表盘几乎囊括了人类所能观察到的全部宇宙。

火药筒和内置日晷相结合的独特钟表作品，约1590年。

俄罗斯
18世纪的聚宝盆

正如上文所提及，欧洲各国的帝王对高级钟表作品投入了强烈的关注和热爱。神圣罗马帝国皇帝鲁道夫二世（1552年－1612年）在他最为人所知的“珍奇百宝屋”（Cabinet of Curiosities）中收藏了大量的台钟和机械星球仪。当时许多钟表大师也的确专门设计超复杂的钟表仪器来取悦这位精通钟表的鲁道夫二世。除了鲁道夫二世，俄罗斯罗曼诺夫王朝开创者米哈伊尔·罗曼诺夫沙皇（1596年－1645年）拥有超过2万个进口钟表，甚至特别聘请当时最为杰出的大师来建造可以演奏宗教圣歌的巨大钟楼。

此钟摆展示了钟表巨匠宝玑的两项专利发明：恒动擒纵机构和陀飞轮调速器。

« CIRCLE »
GUY ELLIA
www.guyellia.com
ON SALE AT
SINCERE
391 Orchard Road - #01-12 Ngee Ann City - Singapore 238872 - Telephone +65.6733.0618
www.sincere.com.sg

一个世纪之后，俄罗斯女沙皇叶卡捷琳娜二世更是在莫斯科设立了专属的钟表作坊。第一个制表厂是一对来自日内瓦的亲兄弟于1773年创立，这预示着俄罗斯和钟表业的蜜月期已经到来。从18世纪到19世纪，俄罗斯成为众多钟表师展现才华的主要舞台。一代钟表巨匠宝玑先生作为御封的“Horologer”（钟表师），常年为俄罗斯皇室和帝国海军效力。“宝玑”这个名字在俄罗斯甚至变成航海计时仪器的代名词。同时，爱彼(Audemars Piguet) 创始人之一的年轻钟表师 Louis Audemars 也获封“宫廷钟表师”的殊荣。而百达翡丽 (Patek Philippe) 也从1848年开始与俄罗斯皇室和贵族进行频繁的生意往来。其他的制表公司，例如天梭(Tissot)、Louis Brandt（欧米茄前身）、真力时（Zenith）等等纷纷效法。俄罗斯钟表业的鼎盛时期一直延续到俄国十月革命。

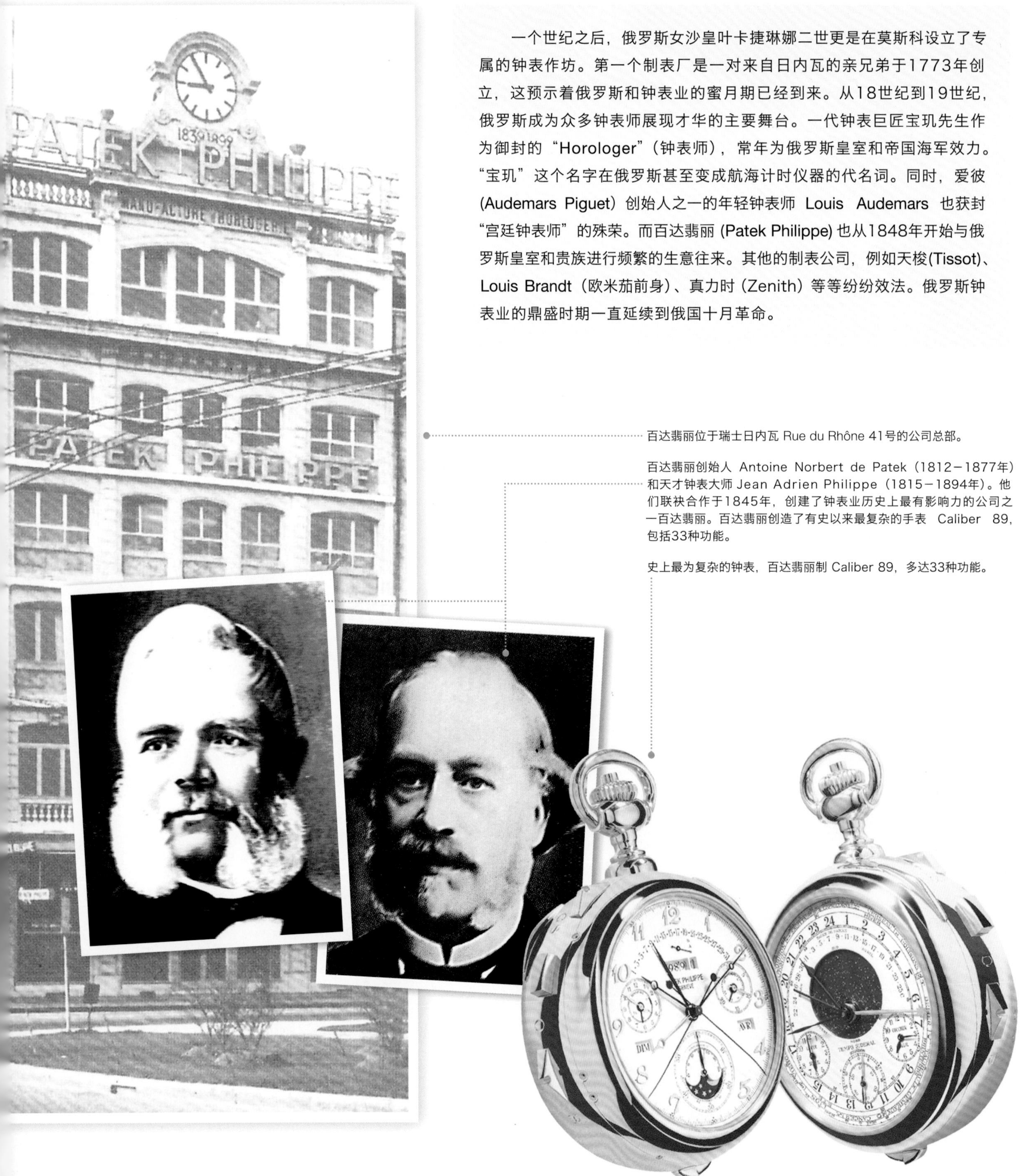

百达翡丽位于瑞士日内瓦 Rue du Rhône 41号的公司总部。

百达翡丽创始人 Antoine Norbert de Patek（1812－1877年）和天才钟表大师 Jean Adrien Philippe（1815－1894年）。他们联袂合作于1845年，创建了钟表业历史上最有影响力的公司之一百达翡丽。百达翡丽创造了有史以来最复杂的手表 Caliber 89，包括33种功能。

史上最为复杂的钟表，百达翡丽制 Caliber 89，多达33种功能。

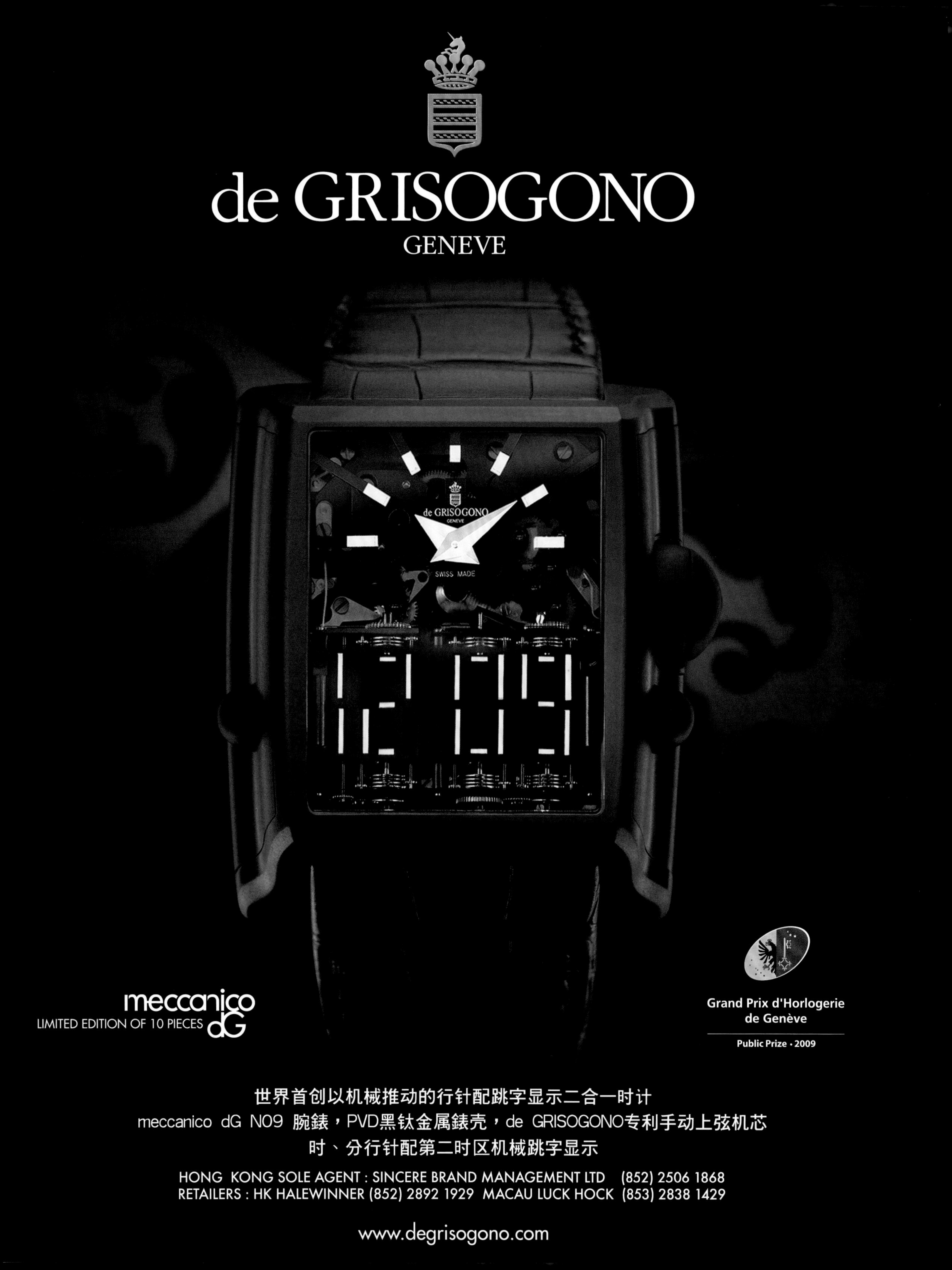

de GRISOGONO
GENEVE
de GRISOGONO
GENEVE
SWISS MADE
meccanico dG
LIMITED EDITION OF 10 PIECES
Grand Prix d'Horlogerie de Genève
Public Prize · 2009
世界首创以机械推动的行针配跳字显示二合一时计
meccanico dG N09 腕錶，PVD黑钛金属錶壳，de GRISOGONO专利手动上弦机芯
时、分行针配第二时区机械跳字显示
HONG KONG SOLE AGENT : SINCERE BRAND MANAGEMENT LTD (852) 2506 1868
RETAILERS : HK HALEWINNER (852) 2892 1929 MACAU LUCK HOCK (853) 2838 1429
www.degrisogono.com

黄金桥陀飞轮，芝柏表 (Girard-Perregaux)。

1856年 Marie Perregaux 和 Constant Girard 联姻促成了芝柏表的诞生。

第一款自动表的发明人伯特莱，1770年。他的发明意味着钟表可以通过自然力自动上链。两百余年后，此表的自动上链机仍然运行精确。

横跨整个19世纪，人们对于钟表的装饰效果显示出极大热情。宽大的腕带成为珠宝师、刻花师、雕镂师、珐琅师等一展才华的创意空间。腕表的时间功能反而变得次要，因为当时的小尺寸，表壳身很容易被取下，使腕带本身成为一件项饰。直到19世纪80年代表盘才恢复了原本的重要性，这个时期腕表已经可以进行标准化的生产，目标客户群仍是着眼于妇女阶层。已知的唯一例外是德国海军在1880年向芝柏表订制了2000枚计时码腕表。

1904 年卡地亚为航空之父 Santos Dumont 创作的腕表款式，成为不朽的经典之作。

卡地亚，一九零四，开创 Santos 经典表款。

由于知识产权的立法，第一批腕表专利在世纪之交被注册，特别是在瑞士，自1889年就开始全面实施。同时，各类钟表广告开始出现在商业杂志上。数量可观的钟表厂商纷纷投身于钟表大发展的时代浪潮之中。尽管钟表业革新并非彻底的技术革命，且并没有与当时包括审美观在内的惯常规则彻底决裂，但一些国家仍然对其加以抵制。例如，钟表品牌 Gallet et Cie 送去纽约代理的钟表款式，由于市场上无人问津而遭到退货。

尽管毁誉参半，但钟表业人士依然没有停止革新的步伐：浪琴表开始供应女士表款给 Baume et Cie 公司，并将公司名字更新为当代更为人知的名士（Baume & Mercier）；欧米茄则在1902年开始批量出产并丰富其腕表系列，在1905年提供男士表款。同年，Hans Wilsdorf 意识到，当钟表戴在手腕上，钟表即刻变成时尚的配饰。因此，通过雇佣在 Biel 的钟表师 Herman Aegler，Hans Wilsdorf 开始大量产出品质一流的腕表，商业版图从伦敦开始辐射到整个大英帝国，并且延绵到远东各地。1904年，卡地亚为航空之父 Santos Dumont 设计了一款全新的腕表，无可挑剔的外观让此表款成为腕表历史上不朽的经典之作。

瑞士乡间农夫的怀表，银色内表壳，龟壳式外表壳。

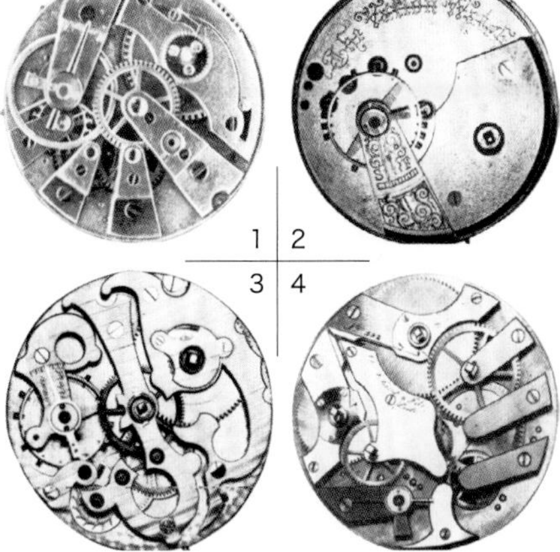

1. 螺旋传动，Ferdinand Melly 制作，1837年。
2. “波士顿杠杆”机芯，Cortébert 为美国市场特制，19世纪末。
3. 别具一格的条状机芯，G. Favre-Jacot 制作。
4. 独立长秒针机芯半成品，Ch.-E. Tissot & Fils 制，1853年。

PLANCHE VIII

GRAND BOTTIN COMPLET DE L'INDUSTRIE HORLOGÈRE

LA MERVEILLEUSE

Montre unique extra-compliquée

AMI LECOULTRE-PIGUET, CONSTRUCTEUR

LE BRASSUS, VALLÉE DE JOUX (SUISSE)

A VENDRE
Prix 20.000 Francs

A VENDRE
Prix 20.000 Francs

CLICHE J.SPRENGER.

Montre 20 lignes à grande sonnerie, sonnant les heures et les quarts automatiquement, permettant de répéter à volonté les heures, quarts et minutes. Avertisseur-réveil-matin. Chronographe avec compteur des minutes et rattrapante, ces mécanismes permettant de faire simultanément plusieurs observations. Double tour d'heures et aiguille de seconde trotteuse. Quantième perpétuel, indiquant les jours de la semaine, le quantième du mois, les phases lunaires et l'année bissextile. Remontoir au pendant à triple effet et mise-à-l'heure double. Aiguille indicatrice du développement du ressort. Mécanisme isolateur du sautoir des minutes, système Ami Lecoultre-Piguet. Echappement à ancre Balancier compensé.

"La Merveilleuse"超复杂怀表的广告，拥有22种功能，由 Ami-LeCoultre Piguet 生产。

瑞士钟表业发端

1685年，南特敕令（Édit de Nantes）被路易十四废除，这个历史事件无疑为瑞士钟表业的兴起奠定了基础。在废除令之后一段时间内，20多万新教徒由于政治原因被迫流亡海外。其中许多教徒流亡到瑞士。正如历史学家 David S. Landes 所描述的那样，这些人建立起了一条"有朝一日会主宰世界的山地产业带"。从19世纪中叶开始，电力让瑞士钟表业经历了一个工业化的高速发展阶段。同时，造成瑞士钟表业繁盛的原因还包括高出生率为工业领域带来充足的劳动力。进入自由贸易时代后，瑞士钟表业通过商品流通逐步获得了全球范围内的认可，其他竞争者从此被越抛越远。

具有中世纪建筑风格的巴塞尔市政厅是年度狂欢节的中心地带。三天的狂欢节是瑞士最大的狂欢节，各种兴致激昂，丰富多彩的庆祝活动——展开

onze
douze
deux
trois
quatre
cinq
six
sept
huit
neuf
dix
DEWITT
Golden Afternoon

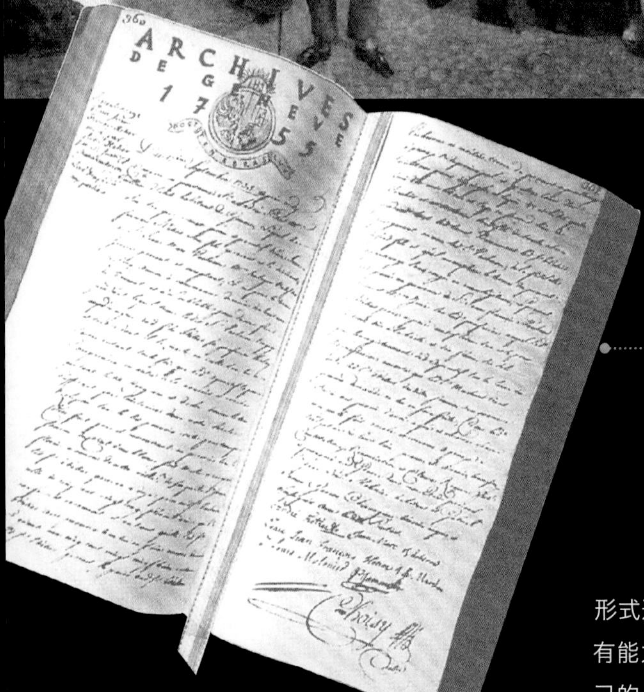

江诗丹顿 (Vacheron Constantin) 玫瑰金镂空陀飞轮，带双发条盒机芯。调速装置、擒纵机构、摆轮齿轮被安置在一个每分钟旋转的陀飞轮框架之上。蓝宝石表盘上刻有罗马数字和安置有位于12时位置的动力储存显示器。江诗丹顿的镂空陀飞轮腕表限量发行300枚。

日内瓦商业中心 Place du Molard，H-G Lacombe 绘制，1843年。

江诗丹顿的贸易活动文件，1755年。

自1870年起，瑞士钟表业的生产沿着两条平行路径进化：一方面，通过横向的产业组织形式进行大规模的零部件产出，最终由产品链条终端的组装者进行销售；另外一方面，一部分有能力生产全部钟表零部件的工业实体开始整合整个生产链条，以生产独家的机芯并最终以自己的品牌名称进行销售。在1907年，七大钟表制造厂商雇用的从业人员占了全部产业工人的十分之一。这些厂商包括了直到今日仍然在高级钟表业驰骋天下的浪琴表、欧米茄、真力时等。这是瑞士钟表业飞速发展的阶段：其从业人员总数从4万名跃进到超过6万2千名；而随后的32年之间，瑞士钟表业销往国外的钟表数目足足增长了四倍。

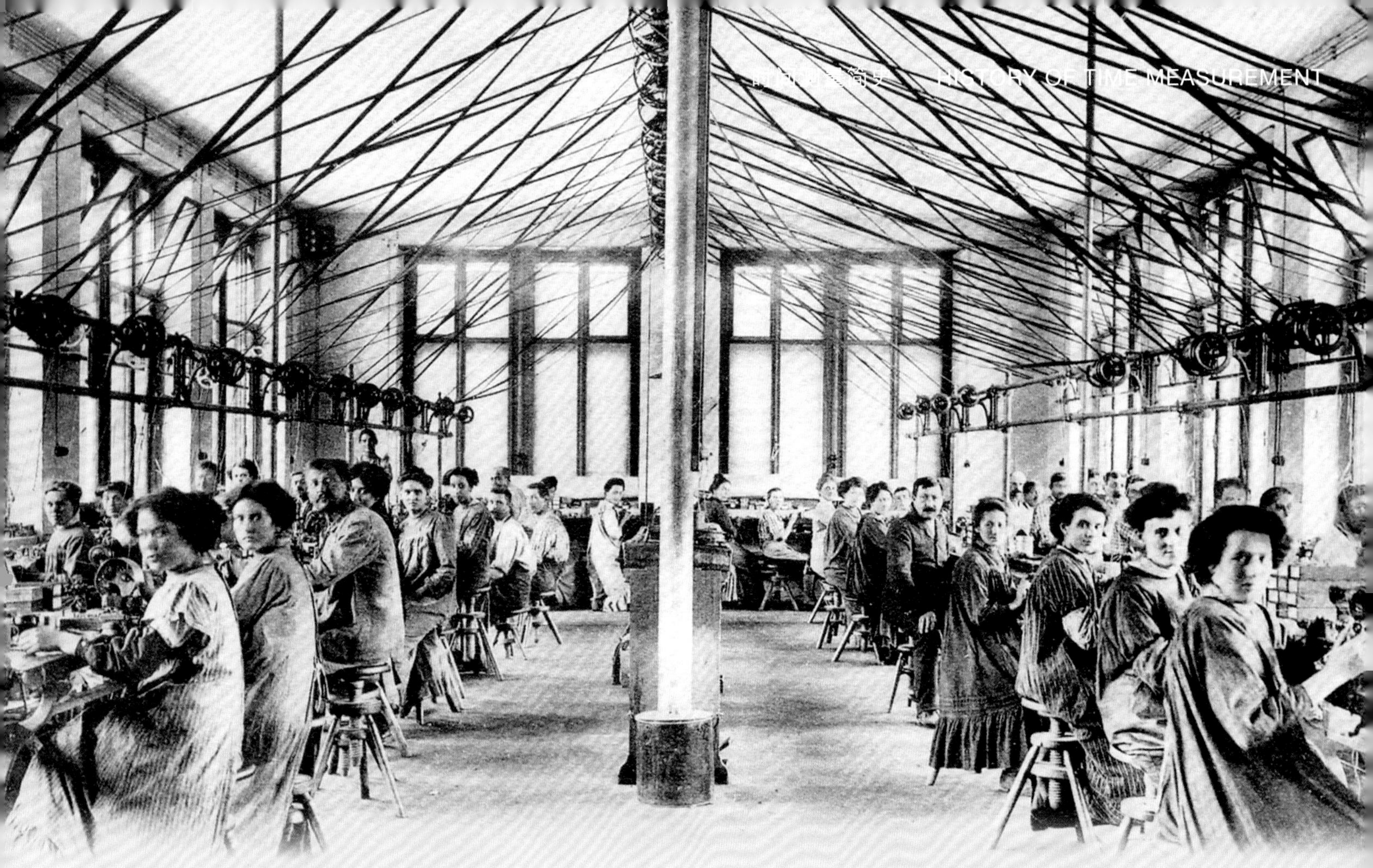

两次世界大战之间
钟表业的首次重大危机

两次世界大战之间的岁月让瑞士钟表业遭遇到生死存亡的重大危机。接二连三的沉重打击让瑞士钟表业腹背受敌：俄罗斯的广大市场因十月革命所终止；德国市场也好景不长，大幅的货币贬值使钟表市场几乎殆尽；同时，严重依赖出口市场的钟表业遭遇到再度兴起的贸易保护主义的致命一击。1920年和1921年前后，瑞士手表和机芯出口下降超过43%，局面一片萧条。钟表行业被迫削减工作岗位，并大量抛售股票，可是部分生产者依然难逃破产的噩梦。起初，瑞士钟表业曾一度试图凭借自身的努力摆脱困境，但最后还是不得不动用国家机器来阻止该产业的整体崩溃。政府的干预促成了钟表业规管条约 Statut de l'horlogerie 的建立，迫使钟表业在国家的救助和监督下进行必要的调整。

经过多方努力，解决危机的方案终于得以出炉：将钟表公司重组成四个信托公司，并由控股公司 Société Générale de l'Horlogerie Suisse SA. 进行有效督促。由于资金短缺，新成立的控股公司不得不求助瑞士联邦政府提供的援助。这个救市方案重塑了瑞士钟表业的面貌，其规定的原则性条款也一直被沿用，这种局面一直到20世纪瑞士钟表业遭遇到另外一次打击为止。虽然这些为救市出台的垄断性条款如今已经被完全废除，但它们的确曾将瑞士钟表业从水深火热之中解救出来。20世纪60年代，瑞士联邦法对于“Swiss Made”（瑞士制造）定义有所放松，Statut de l'horlogerie 条款才被彻底废止。

19世纪中叶，瑞士钟表业经历了工业化洗礼，出现了首批规模化产出的钟表工厂。

精确的石英机芯已成为体育赛事计时的首选。

石英机芯在振动时的爆炸式视图。

石英革命

瑞士钟表业在二战之后经历了长达30年的“盛世”，出口从1945年的5亿瑞士法郎攀升到1974年的30亿法郎。可是，随后，另一场更加深重的危机悄然到来，对瑞士钟表业再一次施以沉重打击。1970年到1976年间，瑞士制表业多达40%的工作被削减。许多因素导致了这一次深重的危机，包括持续不断的石油危机、瑞士法郎相对主要货币，尤其是美元的不断升值等等。1970年到1974年之间瑞士法郎兑美元上升了58%，虽与品质无关，但却严重地影响了瑞士钟表在国际市场的竞争力。

更值得注意的是，瑞士钟表业由于 Statut de l'horlogerie 规定的垄断性条约而得到的价格保护变得自满麻痹起来，对于石英革命显得漠不关心，虽然这一个更为经济的技术最初在瑞士被研发诞生。由于石英革命，手表从一件贵重的长期必需品变成大众快速消费品，石英革命带来的价格、技术双重优势让人们可以随时更换手表，甚至视手表为一次性商品。在机芯内置的石英电子电路以3000赫兹常规速率振动下，石英手表的准确度将机械手表远远抛下，甚至号称每六年只有一秒种的变差！可是机械钟表品牌却低估这一全新技术的重要性，导致其自身遭遇到不可避免的恶性后果。瑞士制表公司在1970年到1980年的10年间从1618家急剧下降到861家。

康斯登
FREDERIQUE CONSTANT
GENEVE
FREDERIQUE CONSTANT
GENEVE
SWISS MADE
FC-310SQ2PD4
瑞士日内瓦制造
康斯登代言人 舒淇
康斯登全新“Amour”腕表
舒淇亲自设计的康斯登限量版女装腕表名为「Amour 心跳系列」，以「爱」为设计灵感；与她代言的 LOve 腕表系列遥相呼应。
腕表的特别之处，是表盘中央以钻石镶嵌 Amour 字样，字母「o」字更以「心型」替代并镂空形成视窗，透视自动机芯之心脏 — 擒纵系统。以机芯比喻为一颗跃动的心扉，让人怦然心动，触动每一颗女人心。
查询电话：(852) 2581 4000
www.frederique-constant.com
Live your passion
with Amour Heart Beat

“瑞士制造”再创辉煌

在石英革命的阴霾下，瑞士钟表业并没有偃旗息鼓。20世纪70年代的重大危机的确严重影响到机械表的生产，可是该产业最终得以延续。多亏了风靡全球的 Swatch，印有“瑞士制造”的电子钟表成为高品质的代名词，让瑞士钟表业一洗石英革命以来的颓势。同时，瑞士的钟表业人士也冀望重塑高端制表业的传统，以重现昔日的辉煌。瑞士制表业凭借出众的品质，以及勇于探索的创新精神，成功地建立起一个几乎囊括全世界所有知名品牌的钟表王国。可以说，“瑞士”两个字本身就是钟表卓越性能和完美做工的代名词。不过，瑞士的钟表业并没有因此而固步自封。如今，它们又将目光投向了近年来财富不断增长的新兴市场。

在过去十年中，尽管遭遇到2008年秋季次贷危机所引发的经济衰退，总体而言，瑞士制表业处于攀升阶段，取得了空前成就。2008年度，瑞士成表出口达到历史最高纪录 —— 170亿瑞士法郎，比前五年增长53%。在2009年，瑞士成表的出口额回落至132亿瑞士法郎。然而，短暂的出口下滑被迅速遗忘，在随之而来的2010年，瑞士钟表创下了162亿瑞士法郎的出口量，比起前一年增幅达到22.1%。也是在2010年，瑞士制表商们一共出口了2600万只成表，比去年整整多出400余万只。

2011年瑞士钟表业继续辉煌，仅在前11个月，2008年的历史纪录就被打破。2011年是瑞士钟表业又一突破之年，具有里程碑的意义。从1月到11月，瑞士手表出口就达到174亿瑞士法郎 —— 新的纪录诞生了。另一个破纪录之举是在在2011年11月，成表的月出口量即超过20亿瑞士法郎。2011年11年成为瑞士制表史上最多出口量的一个月。

Swatch 手表在1983年问世，品种众多，在世界市场上取得显著的成功。

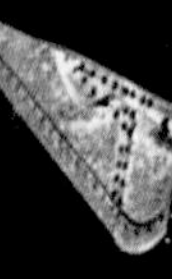

Jules Audemars 小秒针腕表　Jules Audemars 超薄腕表　Jules Audemars 两地时间腕表　Jules Audemars 星期日期月相腕表

Jules Audemars 腕表系列堪称爱彼追本溯源之作。爱彼向来实而不华，Jules Audemars 腕表系列以简约取胜，效忠品牌精神，致敬创办人。Jules Audemars 腕表系列虽然自豪地推出添加了最新科技的新表款，可是始终舍弃冗赘、花哨的装饰，让表款同时散发优雅感和现代感。

Jules Audemars 超薄腕表，具备世界上最纤薄的自动上链机芯之一，自然流露着高贵气息。Cal.2120机芯的纤薄着实让人难以置信此腕表所展现的卓越性能。很少有腕表可以做到如此：在非常之有限的机芯中容纳如此多的高性能模组，相互协动，以保证卓著的性能。

Jules Audemars 小秒针腕表不追求锦上添花，而是彰显女性的天生丽质。修长的表圈凸显了和缓的圆形表壳，也维持了表盘的敞开式设计。6时位置，小秒针低调地出现在清脆的银色背景中。爱彼具备着在细微之间捕捉优雅的能力，Jules Audemars 小秒针腕表如失重一般，轻盈地漂浮着。而配备的Cal.3090机芯是献给所有热爱尖端机械机芯的女士们的最好礼物。

Jules Audemars 两地时间腕表，一如既往忠于该腕表系列的视野，表盘清晰易读，圆形表壳优雅万分，表圈呈流行型。尽管 Jules Audemars 两地时间腕表包含了日期显示、动力储存显示、昼夜显示，以及第二时区时间显示，可是此表款却保持着内敛和精致。Jules Audemars 两地时间腕表尊崇着经典的审美观，同时亦作为具有现世功能的表款，献给今天那些穿梭来回世界各地的繁忙人们。

Jules Audemars 星期日期月相腕表诗意盎然地唤起人们对于现代钟表源于航行海洋的记忆。装饰圆角包围着日期显示、星期显示，以及月相显示，突出了制表业传统。同时，表款的美丽在表盘之下也毫不逊色，精心做工的机械日历巧妙灵动，让人爱不释手。

此外，爱彼推出 Millenary 千禧4101腕表，让高级钟表鉴赏家们大饱眼福。Millenary 千禧4101腕表，独特的机芯与椭圆的表壳精密结合，交织出视觉感官享受。此表款将跳动的机芯“破面而出”，让机芯在 Millenary 千禧4101腕表的表盘上一览无遗。横椭圆形的Cal.4101机芯，采用扭转乾坤的设计，对表款的设计起到关键作用。

Millenary 千禧腕表系列还迎来另一名新成员 —— Millenary 千禧手动上链三问腕表。腕表采取3D立体设计，展示着精致机芯视觉上呈现的欢娱，包括全新擒纵系统和双游丝。制造腕表的每个工序都力求完美，严格地遵守了瑞士制表业的最高标准。与此同时，声音报时的装置是对于这一钟表史上最古老的复杂功能的致敬。

最新加入爱彼三大经典系列的全新表款，虽各有千秋，却都非同凡响。爱彼，不负众望，向众人展示着傲视群雄的高超钟表工艺，对于兼容并蓄腕表性能和优雅的努力永不停息。

Millenary 千禧手动上链三问腕表

Millenary 千禧4101腕表

SELFWINDING ROYAL OAK

皇家橡树自动上链腕表　参考编号: 15300ST.OO.1220ST.01

机芯：自动上链专利3120机芯；厚度4.26毫米；60小时动力储存；每小时振动频率21 600次；钻石打磨倒角处理夹板；平面摆轮止动装置；可变惯性摆轮节奏；22K黄金摆陀装在陶瓷球轴承上；装饰有 Audemars 和 Piguet 两家族徽章；镀铑，"Côtes de Genève"日内瓦波纹和珍珠圆点纹。

功能：小时、分钟、秒钟；日期显示位于3时位置。

表壳：精钢；直径39毫米；螺旋式表冠；抗反射蓝宝石水晶表镜和表底；50米防水性能。

表盘：银色；独家传承刻格处理"Grande Tapisserie"大型格纹装饰；镶嵌白金时标；皇家橡树经典指针，覆夜光涂层。

表链：精钢；AP字样折叠表扣。

参考价：RMB 114 000
HKD 121 000

另提供：蓝色或黑色表盘。

SELFWINDING OPENWORKED ROYAL OAK

皇家橡树自动上链镂空腕表　参考编号: 15305ST.OO.1220ST.01

机芯：自动上链专利3129机芯；厚度4.31毫米；60小时动力储存；可变惯性摆轮节奏；手工绘制夹板和主机板；亮面抛光；平面摆轮止动装置；22K黄金摆陀；"Côtes de Genève"日内瓦波纹。

功能：小时、分钟、秒钟。

表壳：精钢；直径39毫米；18K白金固定螺丝；透明蓝宝石水晶表镜和表底；50米防水性能。

表盘：无烟煤色；镶嵌11个琢面18K白金时标；皇家橡树经典指针，覆夜光涂层。

表链：精钢表带；透视AP字样折叠表扣。

参考价：RMB 275 000
HKD 291 000

另提供：18K玫瑰金表壳和棕色皮表带。

ROYAL OAK CHRONOGRAPH

皇家橡树计时码表　参考编号: 25960OR.OO.1185OR.03

机芯：自动上链2385机芯；厚度5.5毫米；40小时动力储存；每小时振动频率21 600次；整合式计时码表机芯；立轮式计时码表；18K黄金摆陀；镀铑，"Côtes de Genève"日内瓦波纹和珍珠圆点纹。

功能：小时、分钟；小秒针显示；日期显示位于4时30分位置；计时码表功能。

表壳：18K玫瑰金；直径39毫米；螺旋式表冠；抗反射蓝宝石水晶表镜；50米防水性能。

表盘：棕色；独家传承刻格处理"Grande Tapisserie"大型格纹装饰；双色积算盘；镶嵌18K玫瑰金时标；皇家橡树经典指针，覆夜光涂层。

表链：18K玫瑰金表带；AP字样折叠表扣。

参考价：RMB 413 000
HKD 437 000

另提供：镀银表盘；镀银表盘和黄金表链。

SELFWINDING ROYAL OAK EQUATION OF TIME PERPETUAL CALENDAR

爱彼皇家橡树日出日落时间等式天文月相万年历腕表

参考编号: 26603OR.OO.D092CR.01

机芯：自动上链专利2120/2808机芯；超薄；厚度5.35毫米；40小时动力储存；每小时振动频率19 800次；可变惯性摆轮节奏；悬浮发条盒；22K黄金摆陀；显著特征 —— 凸轮（日出日落时间）和凸缘（时间等式：显示实际太阳时与平均太阳时之间）在绝大数地理位置（北纬56度与南纬46度之间）能为计算；镀铑，"Côtes de Genève"日内瓦波纹和珍珠圆点纹。

功能：小时、分钟、秒钟；日出日落时间显示；时间等式显示；万年历；天文月相显示。

表壳：18K玫瑰金；直径42毫米；18K玫瑰金固定螺丝;抗反射蓝宝石水晶表镜和表底。

表盘：镀银；独家传承刻格处理"Grande Tapisserie"大型格纹装饰；镶嵌18K玫瑰金时标；皇家橡树经典指针，覆夜光涂层。

表带：手工缝制深棕色大方格鳄鱼皮表带；18K玫瑰金AP字样折叠表扣。

参考价：RMB 968 000
HKD 1 024 000

另提供：镀银表盘和黑色皮表带。

*价格如有变动，请以品牌公布价为准。

ROYAL OAK OFFSHORE CHRONOGRAPH

皇家橡树离岸型计时码表　参考编号：26400SO.OO.A002CA.01

机芯：自动上链专利3126/3840机芯；厚度7.16毫米；60小时动力储存；每小时振动频率21 600次；可变惯性摆轮节奏；钻石打磨倒角处理夹板；倒角处理并饰有蜗形螺纹；平面摆轮止动装置；22K黄金摆陀装在陶瓷球轴承上；"Côtes de Genève"日内瓦波纹。

功能：小时、分钟；小秒针；日期显示位于3时位置；计时码表功能。

表壳：精钢；直径44毫米；黑色陶瓷表圈；螺旋式表冠和按掣；精钢按掣保护盖；抗反射蓝宝石水晶表镜；钛金属蓝宝石水晶表底；100米防水性能。

表盘：镀银；独家传承刻格处理"Grande Tapisserie"大型格纹装饰；黑色积算盘；镶嵌白金时标和皇家橡树经典指针，覆夜光涂层；黑色凸缘。

表带：黑色天然橡胶表带；钛金属针式表扣。

参考价：RMB 244 000
HKD 259 000

另提供：黑色表盘和锻造碳表壳；黑色表盘和18K玫瑰金表壳。

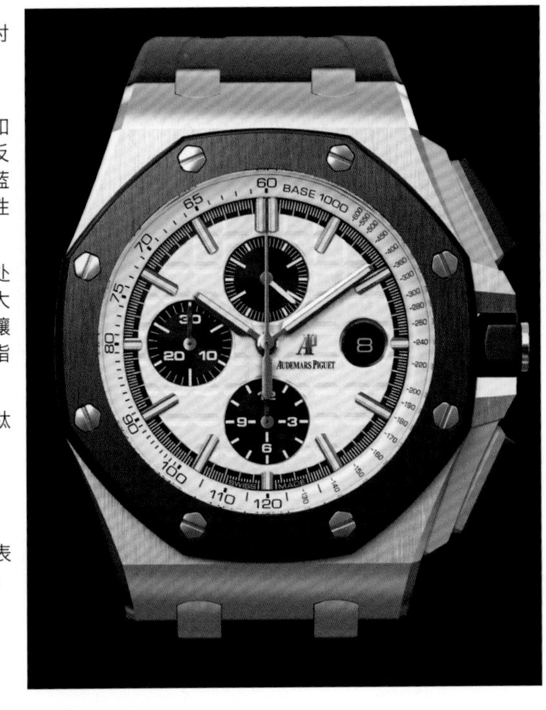

HAND-WOUND ROYAL OAK OFFSHORE TOURBILLON CHRONOGRAPH

皇家橡树离岸型陀飞轮计时码表　参考编号：26288OF.OO.D002CR.01

机芯：手动上链专利2912机芯；厚度10.67毫米；10日动力储存；每小时振动频率21 600次；整合式计时码表机芯；立轮式计时码表；双发条盒；黑色阳极去氧化铝制夹板；珍珠圆点打磨机板；外缘线条经手工锉磨；双发条盒经微珠打磨并饰以蜗形螺纹装饰及带有 Audemars Piguet 字样；"Côtes de Genève"日内瓦波纹。

功能：小时、分钟、秒钟；陀飞轮；计时码表功能 —— 30分钟积算盘位于3时位置。

表壳：18K玫瑰金；直径44毫米；锻造碳表圈；黑色陶瓷表冠和按掣；抛光精钢组装螺丝；抗反射蓝宝石水晶表镜和表底。

表盘：黑色；蜗形螺纹装饰及镂空处理位于6时、9时、12时位置；镶嵌18K玫瑰金数字时标和皇家橡树经典指针，覆夜光涂层。

表带：手工缝制黑色大方格鳄鱼皮表带；18K玫瑰金AP字样折叠表扣。

参考价：RMB 2 404 000
HKD 2 543 000

SELFWINDING ROYAL OAK OFFSHORE DIVER

皇家橡树离岸型 DIVER 自动上链潜水腕表

参考编号：15703ST.OO.D002CA.01

机芯：自动上链专利3120机芯；厚度4.25毫米；60小时动力储存；每小时振动频率21 600次；钻石打磨倒角处理夹板；平面摆轮止动装置；可变惯性摆轮节奏；22K黄金摆陀装在陶瓷球轴承上，刻有 Audemars 和 Piguet 两个家族徽章；镀铑，"Côtes de Genève"日内瓦波纹和珍珠圆纹。

功能：小时、分钟、秒钟；日期显示位于3时位置；潜水时间测量。

表壳：精钢；直径42毫米；抛光精钢组装螺丝；抗反射蓝宝石水晶表镜；300米防水性能。

表带：黑色；独家传承刻格处理"Grande Tapisserie"大型格纹装饰；内旋转圈有潜水刻度；镶嵌白金时标和皇家橡树经典指针，覆夜光涂层。

表带：黑色天然橡胶；加大精钢针式表扣。

参考价：RMB 139 000
HKD 147 000

SELFWINDING LADIES' ROYAL OAK OFFSHORE DIAMOND-SET CHRONOGRAPH

皇家橡树离岸型女装计时码表　参考编号：26048SK.ZZ.D010CA.01

机芯：自动上链2385机芯；厚度5.5毫米；40小时动力储存；每小时振动频率21 600次；整合式计时码表机芯；镀铑，"Côtes de Genève"日内瓦波纹和珍珠圆纹。

功能：小时、分钟；小秒针显示；日期显示位于4时30分位置；计时码表功能 —— 12小时积算盘位于9时位置，30分钟积算盘位于3时位置，长计时秒针。

表壳：精钢；直径37毫米；镶有32颗明亮切割（brilliant-cut）钻石（1.25克拉）；精钢组装螺丝；包覆白色橡胶表圈、表冠和按掣；抗反射蓝宝石水晶表镜；50米防水性能。

表带：镀银；独家传承刻格处理"Grande Tapisserie"大型格纹装饰；黑色数字时标和皇家橡树经典指针，覆夜光涂层。

表带：白色天然橡胶；精钢AP字样折叠表扣。

参考价：RMB 209 000
HKD 221 000

另提供：黑色表盘和黑色皮表带。

*价格如有变动，请以品牌公布价为准。

SELFWINDING EXTRA-THIN JULES AUDEMARS
JULES AUDEMARS 超薄腕表
参考编号: 15180OR.OO.A002CR.01

机芯：自动上链专利2120机芯；超薄；厚度2.45毫米；40小时动力储存；每小时振动频率19 800次；亮面抛光；21K黄金摆陀；镀铑，“Côtes de Genève”日内瓦波纹和珍珠圆纹。

功能：小时、分钟。

表壳：18K玫瑰金；直径41毫米；抗反射蓝宝石水晶表镜和表底。

表盘：黑色；镶嵌18K玫瑰金时标和指针。

表带：手工缝制黑色大方格鳄鱼皮；18K玫瑰金针扣。

参考价：RMB 178 000
HKD 188 000

另提供：镀银表盘和棕色皮表带；镀银表盘和18K白金表壳。

JULES AUDEMARS SMALL SECONDS
JULES AUDEMARS 小秒针腕表
参考编号: 77239OR.ZZ.A088CR.01

机芯：手动上链专利3090机芯；厚度2.8毫米；48小时动力储存；每小时振动频率21 600次；每个部分都精致打磨和装饰；钻石打磨倒角处理夹板；珍珠圆纹打磨主机板；镀铑倒角处理夹板，饰有蜗形螺纹和“Côtes de Genève”日内瓦波纹。

功能：小时、分钟；小秒针显示位于6时位置。

表壳：18K玫瑰金；直径33毫米；表圈镶嵌有60颗明亮（brilliant-cut）切割钻石（0.52克拉）；蓝宝石水晶表底。

表盘：镀银；镶嵌18K玫瑰金时标和指针。

表带：手工缝制棕色大方块格纹鳄鱼皮表带；18K玫瑰金针扣。

参考价：RMB 173 000
HKD 183 000

另提供：18K白金表壳和黑色皮表带。

JULES AUDEMARS DUAL TIME
JULES AUDEMARS 两地时间腕表
参考编号: 26380BC.OO.D002CR.01

机芯：自动上链2329/2846机芯；厚度3.3毫米；38小时动力储存；每小时振动频率28 800次；平面摆轮止动装置；22K黄金摆陀装在陶瓷球轴承上；珍珠圆纹打磨、倒角处理主机板；夹板饰有“Côtes de Genève”日内瓦波纹。

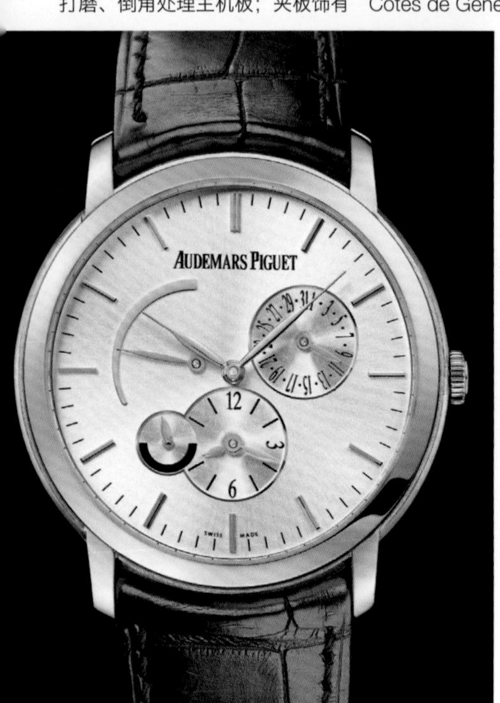

功能：小时、分钟；日期显示位于2时位置；弓形动力储存显示位于9时和11时之间；两地时间显示；日夜显示。

表壳：18K白金；直径41毫米。

表盘：镀银；镶嵌18K玫瑰金时标和指针。

表带：手工缝制黑色大方块格纹鳄鱼皮表带；18K白金AP折叠表扣。

参考价：RMB 277 000
HKD 294 000

另提供：18K玫瑰金表壳和棕色皮表带；18K玫瑰金表壳和黑色表盘。

SELFWINDING JULES AUDEMARS PERPETUAL CALENDAR
JULES AUDEMARS超薄万年历腕表
参考编号: 26390OR.OO.D08CR.01

机芯：自动上链专利2120/2802机芯；超薄；厚度2.45毫米；40小时动力储存；每小时振动频率19 800次；21K黄金摆陀；悬浮发条盒；镀铑，“Côtes de Genève”日内瓦波纹和珍珠圆纹。

功能：小时、分钟；日期显示位于3时位置；星期显示位于9时位置；万年历；月相显示。

表壳：18K玫瑰金；直径41毫米；抗反射蓝宝石水晶表镜和表底。

表盘：镀银；镶嵌18K玫瑰金时标和指针。

表带：手工缝制棕色大方格鳄鱼皮表带；18K玫瑰金AP字样折叠表扣。

参考价：RMB 578 000
HKD 612 000

另提供：棕色表盘。

*价格如有变动，请以品牌公布价为准。

HAND-WOUND JULES AUDEMARS LARGE DATE TOURBILLON
JULES AUDEMARS 大日历陀飞轮腕表

参考编号：26559OR.OO.D002CR.01

机芯：手动上链专利2909机芯；厚度6.53毫米；72小时动力储存；每小时振动频率21 600次；可变惯性摆轮节奏；手工打磨夹板和主机板；抛光倒角打磨，珍珠圆点打磨上方，亮面抛光打磨下方；"Côtes de Genève"日内瓦波纹。

功能：小时、分钟；日期显示位于12时位置；陀飞轮位于6时位置。

表壳：18K玫瑰金；直径41毫米；抗反射蓝宝石水晶表镜。

表盘：黑色；镶嵌18K玫瑰金时标和指针。

表带：手工缝制棕色大方格鳄鱼皮表带；18K玫瑰金AP字样折叠表扣。

参考价：RMB 1 795 000
HKD 1 899 000

另提供：镀银表盘和棕色皮表带。

HAND-WOUND JULES AUDEMARS CHRONOMETER (WITH AP ESCAPEMENT)
JULES AUDEMARS 计时码表（配备爱彼独家擒纵系统）

参考编号：26153PT.OO.D028CR.01

机芯：手动上链专利2908机芯；厚度8.11毫米；56小时动力储存；每小时振动频率43 200次；爱彼独家擒纵系统；双发条；平面摆轮止动装置；双发条系统；白金主机板饰有"barleycorn"大麦粒图纹；"Côtes de Genève"日内瓦波纹。

功能：小时、分钟；小秒针显示；动力储存显示。

表壳：950铂金；直径46毫米；蓝宝石水晶表镜和表底。

表盘：白色珐琅；黑印数字时标；白金小秒针副表盘和蓝色精钢指针。

表带：手工缝制蓝色大方格鳄鱼皮表带；950铂金AP字样折叠表扣。

参考价：RMB 2 589 000
HKD 2 739 000

SELFWINDING MILLENARY 4101
MILLENARY 千禧 4101 腕表

参考编号：15350OR.OO.D093CR.01

机芯：自动上链专利4101机芯；横椭圆形；厚度7.46毫米；60小时动力储存；每小时振动频率28 800次；主机板正面横向饰有"Côtes de Genève"日内瓦波纹，背面施以珍珠圆点打磨；红宝石装配孔缘施以钻石亮面打磨；每颗螺丝头及螺丝孔外围皆饰以钻石抛光镜亮打磨处理；AP字样；摆陀上刻有Audemars和Piguet两家族徽章；镀铑夹板经倒角处理，饰有蜗形螺纹、横向及环形"Côtes de Genève"日内瓦波纹，并施以珍珠圆点打磨。

功能：偏心小时和分钟位于3时位置；偏心小秒针显示位于7时间位置。

表壳：18K玫瑰金；47毫米x42毫米；抗反射蓝宝石水晶表底。

表盘：无烟煤镀银；镶嵌18K玫瑰金罗马数字时标和指针。

表带：手工缝制棕色大方格鳄鱼皮表带；18K玫瑰金AP字样折叠表扣。

参考价：RMB 295 000
HKD 312 000

另提供：精钢表壳和黑色皮表带。

HAND-WOUND MILLENARY MINUTE REPEATER (WITH AP ESCAPEMENT)
MILLENARY 千禧手动上链三问腕表（配备爱彼独家擒纵系统）

参考编号：26371TI.OO.D002CR.01

机芯：手动上链专利2910机芯；横椭圆形；厚度10.05毫米；165小时动力储存；每小时振动频率21 600次；爱彼独家擒纵系统；双发条；平面摆轮止动装置；所有组件皆经手工装饰；手工倒角；凹角打磨；蜗形螺纹装饰；直纹抛光打磨；机板横向饰以"Côtes de Genève"日内瓦波纹及珍珠圆点纹。

功能：偏心小时和分钟位于3时位置；偏心小秒针显示位于7时间位置；三问报时功能（启动三问报时功能的滑杆位于7时位置）。

表壳：钛金属；直径47毫米；蓝宝石水晶表底。

表盘：无烟煤色；镶嵌18K玫瑰金罗马数字时标和指针；镀银小秒针副表盘。

表带：手工缝制黑色大方格鳄鱼皮表带；钛金属AP字样折叠表扣。

参考价：RMB 3 486 000
HKD 3 688 000

* 价格如有变动，请以品牌公布价为准。

BEDAT & C° 宝达
GENEVE

闪钻登场
光照万世

THE SHIMMERING TICK OF INFINITY

宝达将瑞士汝拉山区源远流长的制表工艺与当代装饰艺术（Art Deco）完美地融为一体，进一步巩固了全球最知名钻石制表商的地位。

源于对奢华审美传统的尊崇，宝达由 Simone Bédat 女士与其子 Christian 于1996年创建，并始终恪守严格的制表标准。每一枚宝达腕表均有“瑞士原产认证”—— Swiss Certified Label of Origin (A.O.S.C.®)，以确保每个部件与生产过程都具有纯正的瑞士血统。

宝达创办15年以来，始终以各种创新型思维作为强大的推动力，坚持走品牌的差异化路线。宝达腕表系列的名称均以编号命名，赋予其连续性和统一性。编号的命名法十分方便记忆，并已经超出其本身而变成一种哲学或审美原则。宝达之旗舰系列No.8的数字8由两个向外突出的“B”形组成不但象征着创始该品牌的母子二人，更是暗喻着高级钟表和顶级钻石的隽永。沙漏时计提醒着人们时间在分秒之间流逝，并将传统瑞士钟表与象征着宇宙的平衡演绎得淋漓精致。

Extravaganza ref.883.555.910
总重达到10.85克拉的腕表，拥有隐藏式表冠，名副其实乃宝达集大成之作，是精湛的宝石学和纯粹的瑞士钟表学的完美嫁接。

宝达最早亮相于瑞士和美国市场，最近更是在亚太市场取得了巨大的成功。宝达已经连续两年摘得吉隆坡“穿越时空之旅”(A Journey through Time) 钟表珠宝展览会“最受女性喜爱的腕表”的头衔。在吉隆坡宝达的首间专门店于2008年盛大揭幕。

源于纯净的灵感，闪烁着迷人的宝石，凭借精湛的技艺以及瑞士制造的传承，宝达推出脱胎于No.8系列的高级珠宝腕表Extravaganza（技术编号：883)。腕表美轮美奂，精美的钻石镶嵌将奢华尽显，再现了20世纪30年代装饰艺术 (Art Deco) 的全盛时期。由12个珍珠母贝组成的花环表盘仿若异乎寻常平静的水面与其波澜壮阔的外表形成鲜明对比。直径34.7毫米的圆形表壳的一周镶嵌着265颗钻石和6颗长阶梯形，并由白金圈环绕，璀璨如星空，蕴含着无穷的神秘。同时，606颗钻石镶嵌在表链上随时装点着女性的手腕。表链上一格一格的连接镶嵌着长阶梯形钻石，最后被一个受启发于数字8的雅致扣环相连。每一格连接闪烁耀眼，似乎都在朗诵着圣洁的诗歌；各个链格连在一起将光辉相连，流光溢彩，夺人眼球。两个蓝钢指针带夜光小时标记在表面上轻盈起舞。唯一的一个小时时标采用了宝达品牌象征性的数字8，将腕表的个性恰如其分地张扬。

N°3

真正的宝达时尚就是将女性现代美的菁华留给欣赏者。美丽的菁华是威风凌厉的银色表盘配变形的罗马数字并与品牌经典的蓝钢指针鲜明对比？还是No.3系列镶嵌有125颗钻石的酒桶型躯体所经营的奢华趣味，闪耀着无穷的光芒，但有点迷失？抑或是 Mille Mailles 锁扣表链的材质和几何将人催眠，沉湎在表扣到表圈的旅程之中？又或者是指针每一次周而复始之中诞生的新的喜爱？不用担心，正如同低调的数字“8”在表盘上暗示着那样：时间隽永，决定不必匆匆而下，尽情享受吧！

EXTRAVAGANZA

参考编号: 188.550.910

机芯：石英 ETA $4\frac{7}{8}$ E01.001 机芯；Swiss A.O.S.C.® 瑞士原产认证。

功能：小时、秒钟。

表壳：18K钯金；方形；31.70毫米x33.00毫米；镶嵌496颗圆形钻石(约重2.34克拉)及34颗方形钻石(约重3.27克拉)；隐藏式表冠；防反光蓝宝石水晶镜面；防水深度50米。

表盘：12片扇形珍珠贝母；宝达夜光蓝钢指针。

表带：丝缎；18K钯金针扣镶嵌共66颗钻石。

备注：总钻石约5.87克拉。

参考价：RMB 628 300
HKD 598 000

EXTRAVAGANZA

参考编号: 288.450.910

机芯：手动上链 ETA $7\frac{3}{4}$ 2660 机芯；Swiss A.O.S.C.® 瑞士原产认证。

功能：小时、秒钟。

表壳：18K玫瑰金；椭圆形；38.00毫米x44.00毫米；镶嵌957颗钻石；隐藏式表冠；防反光蓝宝石水晶镜面；防水深度50米。

表盘：12片扇形珍珠贝母；宝达夜光蓝钢指针。

表带：丝缎；18K玫瑰金针扣镶嵌共66颗钻石。

备注：总钻石约4.75克拉。

参考价：RMB 617 790
HKD 588 000

NO.1

参考编号: 118.020.100

机芯：自动上链 ETA $8\frac{3}{4}$ 2000 -1 机芯；约42小时动力储存；Swiss A.O.S.C.® 瑞士原产认证。

功能：小时、分钟、秒钟；日期显示位于6时位置。

表壳：精钢；方形表壳内弯于3时和9时位置；34.30x40.50毫米；内表圈磨砂处理；外表圈镶嵌78颗钻石；隐藏式表冠；防反光蓝宝石水晶表镜；50米防水性能。

表盘：乳白色扭索饰纹；黑色罗马数字时标；宝达夜光蓝钢指针。

表带：手工缝制鳄鱼皮表带；精钢折叠扣。

备注：总钻石约0.805克拉。

参考价：RMB 77 750
HKD 74 000

NO.2

参考编号: 227.051.909

机芯：石英 ETA 5½ 976.001 机芯; Swiss A.O.S.C.® 瑞士原产认证。

功能：小时、分钟。

表壳：精钢；椭圆形；直径26.5毫米；内外表圈镶嵌共145颗钻石；隐藏式表冠；蓝宝石水晶表镜；50米防水性能。

表盘：珍珠母贝；10颗钻石小时刻度；宝达蓝钢指针。

表链：Mille Mailles 精钢；精钢折叠扣。

备注：总钻石约1.37克拉。

参考价：RMB 85 320
HKD 81 200

另提供：手工缝制鳄鱼皮表带配精钢折叠扣。

＊价格如有变动, 请以品牌公布价为准。

NO.3

参考编号: 384.031.600

机芯: 石英 ETA 976.001 机芯; Swiss A.O.S.C.® 瑞士原产认证。

功能: 小时、分钟。

表壳: 精钢; 纤长酒桶形, 6点与12点位置内弯, 3点与9点位置外弯; 表圈镶嵌125颗钻石; 半隐藏式表冠; 蓝宝石水晶表镜; 50米防水性能。

表盘: 银色表盘; 黑色罗马数字刻度; 宝达蓝钢指针。

表链: Mille Mailles 精钢; 精钢折叠扣。

备注: 总钻石约0.87克拉。

参考价: RMB 66 510
HKD 63 300

NO.8

参考编号: 828.041.600

机芯: 自动上链 ETA 11½ 2892.A2 机芯; Swiss A.O.S.C.® 瑞士原产认证。

功能: 小时、分钟、秒钟; 日期显示位于3时位置。

表壳: 精钢; 圆形; 直径36.5毫米; 表圈与表冠护桥镶嵌151颗钻石; 蓝宝石水晶表镜; 50米防水性能。

表盘: 乳白色扭索饰纹; 黑色罗马数字刻度; 宝达蓝钢指针。

表链: Mille Mailles 精钢; 精钢折叠扣。

备注: 总钻石约1.50克拉。

参考价: RMB 107 800
HKD 102 600

另提供: 手工缝制鳄鱼皮表带配精钢折叠扣。

NO.8

参考编号: 828.070.600

机芯: 自动上链 ETA 11½ 2892.A2 机芯; 约42小时动力储存; Swiss A.O.S.C.® 瑞士原产认证。

功能: 小时、分钟、秒钟; 日期显示位于3时位置。

表壳: 18K玫瑰金表壳; 圆形; 直径36.5毫米; 18K玫瑰金表冠护桥镶嵌17颗钻石; 防反光蓝蓝宝石水晶表镜; 50米防水性能。

表盘: 乳白色扭索饰纹; 黑色罗马数字刻度; 宝达蓝钢指针。

表带: 手工缝制鳄鱼皮; 精钢折叠扣。

备注: 总钻石约0.112克拉。

参考价: RMB 64 100
HKD 61 000

NO.8

参考编号: 831.020.100

机芯: 自动上链 ETA 11½ 2892.A2 机芯; 约42小时动力储存; Swiss A.O.S.C.® 瑞士原产认证。

功能: 小时、分钟、秒钟; 日期显示位于3时位置。

表壳: 精钢; 圆形; 直径41.5毫米; 磨光表圈; 表冠护桥镶嵌22颗钻石; 防反光蓝蓝宝石水晶表镜; 50米防水性能。

表盘: 乳白色扭索饰纹; 黑色罗马数字刻度; 宝达蓝钢指针。

表带: 手工缝制鳄鱼皮; 精钢折叠扣。

备注: 总钻石约0.111克拉。

参考价: RMB 40 460
HKD 38 500

* 价格如有变动, 请以品牌公布价为准。

BLANCPAIN
1735

非凡创新 生生不息

INNOVATION IS A WAY OF LIFE

宝珀从百年的品牌历史积淀中吸取丰富灵感，坚定不移地迈向制表产业的前沿地带。

出众的性能，精准的走时造就了宝珀令人称奇的表现，确立了该品牌在高级钟表界至高无上的领军地位。自动上链机芯 4225G 装备了浮动陀飞轮和双圆盘大日历显示系统，同时在机芯背面的摆陀上配备了精巧的七日动力储存系统。

作为瑞士的制表先驱，宝珀推出的 Villeret Running Equation of Time 限量版，重现了时间等式这一最负盛名的计时工艺。时间等式功能解决了因每日时长不同而引起的计时问题。这种天文时差是由地球自转平面和公转的轨道平面之间23°夹角引起的。Villeret Running Equation of Time 的蓝色小指针可即刻显示时偏差，让人一目了然。宝珀的这个带有创新性的复杂功能由一个极其精密的椭圆形凸轮驱动。太阳时指针的驱动与标准时指针（由分针的传动机构驱动）互不干涉，由凸轮所控制，以反映出时间的变化。如此复杂的构造要求机芯有两个不同的动力来驱动行星轮系（太阳时指针的传动链）的凸轮和驱动表盘面轮系的驱动源（就是手表分钟指针的传动链）。行星轮系能够自由地向前或者向后转动，而不受分针运动和分针传动链的干扰。

新款 Villeret 腕表将复杂工艺发挥到了极致：两个时间等式显示、舷窗显示精密复杂的时间等式机制、万年历都被尽收于白色 Grand Feu 珐琅工艺弧面表盘之中。自动上链的尊贵表款只采用贵金属表壳，铂金和玫瑰金。Villeret Running Equation of Time 将对天文的诉求和万年历的神髓呈现，反应了宝珀创新实力的最新高度。

Villeret Running Equation of Time
双时间等式显示、肾形凸轮、万年历功能以及月相显示集合成的钟表大作拥有金质上链转子。

L-EVOLUTION, ONE-MINUTE FLYING SAPPHIRE CARROUSEL

参考编号: 00222-1500-53B

机芯：手动上链 22T 机芯；直径33.5毫米，厚度6.01毫米；120小时动力储存；209个组件；43颗宝石；蓝宝石机芯；纳米技术处理上层夹板。

功能：小时、分钟；陀飞轮。

表壳：钯金属；直径43.5毫米，厚度13.5毫米；白金表耳；蓝宝石水晶表底；30米防水性能。

表盘：蓝宝石。

表带：黑色鳄鱼皮。

备注：限量发行50只。

参考价：请向品牌查询。

L-EVOLUTION FLYBACK CHRONOGRAPH

参考编号: 560STC-11B30-52B

机芯：自动上链 F185 机芯；直径26.2毫米，厚度5.5毫米；40小时动力储存；308个组件；37颗宝石。

功能：小时、分钟；小秒针显示位于6时位置；日期显示位于12时位置；飞返计时码表 —— 12小时积算盘位于9时位置，30分钟积算盘位于3时位置，长计时秒针。

表壳：磨砂精钢；直径43.5毫米，厚度12.8毫米；蓝宝石水晶表底；100米防水性能。

表盘：黑色。

表带：黑色鳄鱼皮。

备注：限量发行275只。

参考价：请向品牌查询。

L-EVOLUTION TOURBILLON LARGE DATE

参考编号: 8822-15B30-53B

机芯：自动上链4225G机芯；直径27.6毫米，厚度8.68毫米；168小时动力储存；414个组件；46颗宝石。

功能：小时、分钟；日期显示位于6时位置；陀飞轮；动力储存显示位于摆陀之上。

表壳：缎面打磨白金；直径43.5毫米，厚度14.9毫米；蓝宝石水晶表底；30米防水性能。

表盘：黑色。

表带：黑色鳄鱼皮。

参考价：请向品牌查询。

另提供：缎面打磨玫瑰金款配棕色鳄鱼皮表带（参考编号：8822-36B30-53B）。

TRIBUTE TO FIFTY FATHOMS AQUA LUNG

参考编号: 5015C-1130-52B

机芯：自动上链 1315 机芯；直径30毫米，厚度5.65毫米；120小时动力储存；227个组件；35颗宝石。

功能：小时、分钟、秒针；日期显示位于3时位置。

表壳：磨砂精钢；直径45毫米，厚度15.4毫米；单向旋转表圈；蓝宝石水晶表底；30米防水性能。

表盘：黑色。

表带：黑色鳄鱼皮；折叠表扣。

备注：限量发行500只。

参考价：请向品牌查询。

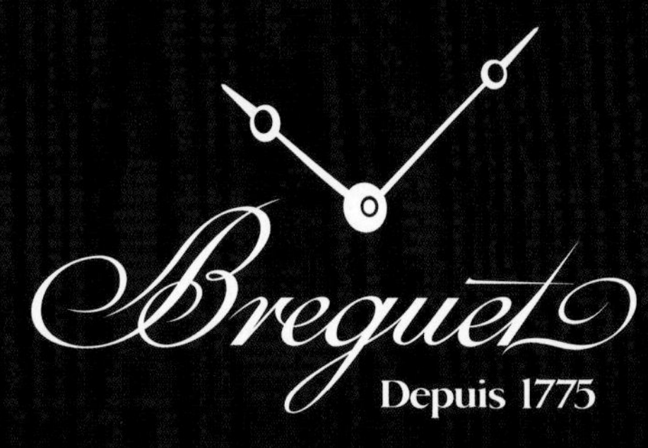

卓越工艺 献世传奇 A LEGEND AT WORK

只需要轻轻地拨动下华美的表冠，宝玑就能将高级钟表化为瞬间跳转的时光机。

Classique Hora Mundi 所拥有的瞬间跳转时区显示让佩戴者能以不可思议的神速“穿梭”于地球各个时区。此表款之 77F0 自动上链机芯乃世界首创，配备硅质擒纵机构和游丝发条，拥有一个创新的同步模组，支持佩戴者在位于6时位置的24时区城市列表上预选两个城市，随后按下位于8时位置的表冠，就可以立刻完成所有时间从一个城市到另一个城市的转换。作为革命性双时区显示，Classique Hora Mundi 的瞬间跳转时区机制纳入可重新编程的机械技艺轮组，同步地完成所有时间显示在时区之间的切换，从表盘中央的宝玑指针到位于12时位置的日期显示和位于4时位置的实心金手工镌刻日夜显示。除此之外，扁长的日期显示盘连续显示最近三日的日期。表盘下隐藏的指针用以框出当前的时间。该指针会在一天结束时从日历盘上逆跳，用以框出新的日期。此表款拥有特别设计，宝玑提供三种不同的地球图案作为选择。每一种表盘均经过铭刻，以创造出海洋中的“波浪”图案。

Classique Hora Mundi
提供950铂金款或18K玫瑰金款，亦有三种表盘作为选择：亚太地区、欧洲及非洲地区，或美洲地区。

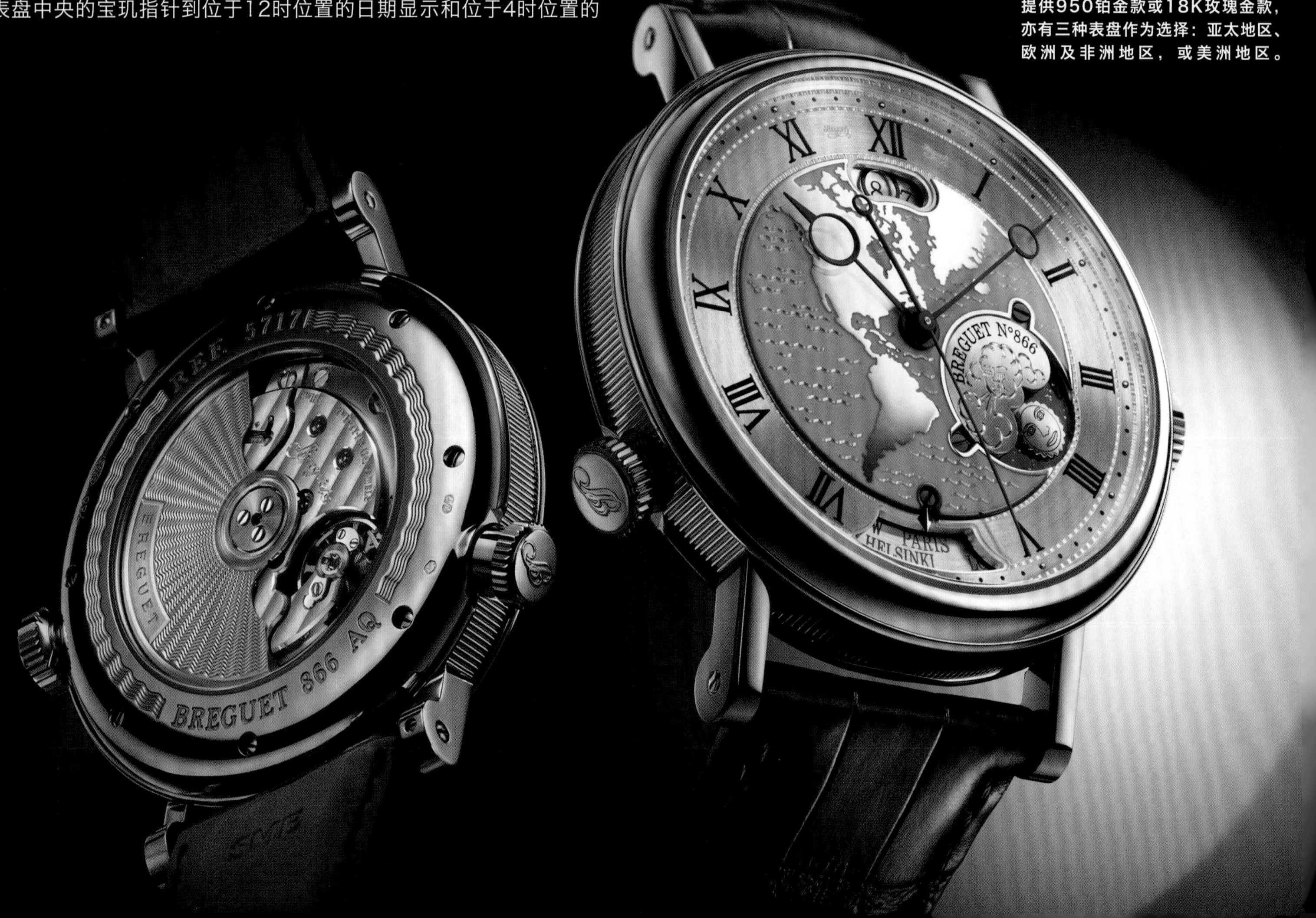

宝玑隆重推出高级珠宝腕表 Crazy Flower，让人们领略到十八世纪品牌初创的巴黎时光。品牌创始人宝玑先生当时向法兰西王室成员提供的钟表大作，让他们为之疯狂。在最新推出的 Crazy Flower 中，品牌一展惊人的钻石镶嵌，让倾慕者拜倒在她的裙摆之下。她在风中飞舞的花瓣中翩翩起舞，光彩夺目地跳着芭蕾。116颗可移动的长阶梯切割钻石形成表圈，优雅地把人们引入表盘之上。在弧形表盘上，映入眼帘的是宝玑标识型的蓝色指针，以及206颗反向钻石和20颗长阶梯切割钻石；同时，还有宝玑的签名和独立编号。Crazy Flower 腕表拥有18K白金表壳，并配置着自动上链586机芯，为这款奢华无比的钻石镶嵌表款锦上添花。表壳上每一寸摇曳的花瓣随着机械运转起舞，让人无限沉醉。

Crazy Flower
充满想象、精工镶嵌，表款由116颗长阶梯形钻石组成迷人的表圈，让花瓣随着机械摇曳摆动。

如果钻石是美丽永恒的象征，那么陀飞轮就是高级钟表光荣的勋章。Marine Tourbillon High Jewelry Chronograph 将钻石和陀飞轮完美联姻，将美丽的象征和光荣的勋章尽收其中，对制表大师宝玑于1801年的伟大发明顶礼膜拜。位于12时位置的镂空窗口展现的陀飞轮框架部分由钛金属制成，并搭载着小秒针显示，加上长计时指针和位于3时和6时位置的积算盘，最终组成了18K镀银黄金的表盘。表盘由手工雕刻并镶嵌132颗钻石，此外展示着蓝色罗马数字以及宝玑标志色彩的旋转显示功能。为了让此陀飞轮腕表更为奢华，厂家在表圈和表壳中间，以及表耳、按钮和表冠上镶嵌了186颗长阶梯切割钻石。

闻名遐迩的高级钟表品牌宝玑借其传奇历史和开创工艺，全新推出三款卓越腕表，挥洒着品牌的创新血液，继承着品牌的贵族门第。

Marine Tourbillon High Jewelry Chronograph
明亮切割钻石的优美和世界巅峰的制表工艺汇聚一堂，由手动上链 554.4 机械机芯驱动，配置硅材质擒纵机构和游丝发条。

CLASSIQUE HORA MUNDI

参考编号: 5717BR

机芯：自动上链宝玑 77F0 机芯；55小时动力储存；12法分；43颗宝石；每小时振动频率28 800次；宝玑平衡摆轮带调节螺丝；18K金质摆陀，手工刻格处理(guilloché)；平面式游丝发条；硅质瑞士直线型杠杆式擒纵机构；经六方位调校。

功能：小时、分钟、秒钟；瞬跳时区显示系统，搭配同步日期；日夜及城市显示；月相显示位于3时和4时位置之间。

表壳：950铂金；直径44毫米；旋入式表冠位于3时位置；圆形表耳；按掣位于8时位置；蓝宝石水晶表底；30米防水性能。

表盘：18K金；波浪饰纹，上覆半透明亮漆；标有罗马数字表盘字圈；针尖缕空的宝玑蓝钢指。

表带：黑色鳄鱼皮。

参考价：请向品牌查询。

另提供：欧洲或亚洲表盘；18K玫瑰金款配亚洲、美洲或欧洲表盘。

CLASSIQUE 7337

参考编号: 7337BR

机芯：自动上链 502.3QSE1 机芯；45小时动力储存；12法分；35颗宝石；每小时振动频率21 600次；宝玑平衡摆轮；18K金质摆陀，手工刻格处理（guilloché）；备有独立编号及宝玑签名；经六方位调校。

功能：偏心时针、分针位于6时位置；小秒针显示位于5时位置；日期位于2时位置；星期位于10时位置；月相显示位于12时位置。

表壳：18K玫瑰金；直径39毫米；圆形表耳；蓝宝石水晶表底；30米防水性能。

表盘：镀银18K金；标有罗马数字表盘字圈；刻格处理(guilloché)十字交织饰纹；针尖缕空的宝玑蓝钢指。

表带：棕色鳄鱼皮。

参考价：请向品牌查询。

另提供：18K黄金款(参考编号：7337BA/1E/9V6)；18K白金款(参考编号：7337BB/1E/9V6)。

CLASSIQUE MOON PHASES

参考编号: 7787BR

机芯：自动上链宝玑 591 DRL 机芯；38小时动力储存；11法分；25颗宝石；每小时振动频率28 800次；宝玑平衡摆轮带4颗调节螺丝；18K金质摆陀，手工刻格处理（guilloché）；平面式游丝发条；硅质瑞士直线型杠杆式擒纵机构；经六方位调校。

功能：小时、分钟、秒钟；动力储存显示位于5时与6时位置之间；月相显示位于12时位置。

表盘：镀银18K金；标有罗马数字表盘字圈；针尖缕空的宝玑蓝钢指；备有独立编号及宝玑签名。

表带：棕色鳄鱼皮。

参考价：请向品牌查询。

另提供：18K白金款配刻格处理（guilloché）表盘(参考编号：7787BB/12/9V6)；18K玫瑰金款配 Grand Feu 珐琅表盘（参考编号：7787BR/29/9V6)；18K玫瑰金款，表圈和表耳镶钻，Grand Feu 珐琅表盘（参考编号：7788BR/29/9V6 DD00)。

CLASSIQUE 5177

参考编号: 5177BR

机芯：自动上链 777Q 机芯；55小时动力储存；12法分；26颗宝石；每小时振动频率28 800次；宝玑平衡摆轮带4颗调节螺丝；18K金质摆陀，手工刻格处理（guilloché）；平面式游丝发条；硅质瑞士直线型杠杆式擒纵机构；“Côtes de Genève”日内瓦波纹装饰；备有独立编号及宝玑签名；经六方位调校。

功能：小时、分钟、秒钟；日期显示位于3时位置。

表壳：18K玫瑰金；直径38毫米；圆形表耳；蓝宝石水晶表底；30米防水性能。

表盘：18K玫瑰金；标有罗马数字表盘字圈；针尖缕空的宝玑蓝钢指。

表带：棕色鳄鱼皮。

参考价：请向品牌查询。

另提供：黄金或白金表盘；Grand Feu 珐琅表盘(参考编号：5177BR/29/9V6)。

＊价格如有变动，请以品牌公布价为准。

MARINE TOURBILLON CHRONOGRAPH

参考编号: 5837PT

机芯：手动上链 554.4 机芯；50小时动力储存；12法分；28颗宝石；每小时振动频率21 600次；宝玑平衡摆轮；硅质瑞士直线型杠杆式擒纵机构；经六方位调校。

功能：小时、分钟；小秒针显示在陀飞轮上位于12时位置；计时码表功能 —— 12小时积算盘位于6时位置；30分钟积算盘位于3时间位置，长计秒。

表壳：950铂金；蓝宝石水晶表底；30米防水性能。

表盘：镀银，铂金涂层；标有罗马数字表盘字圈；针尖缕空的宝玑蓝钢指，指尖经夜光处理；备有独立编号及宝玑签名。

表带：黑色橡胶。

参考价：请向品牌查询。

MARINE LADIES' CHRONOGRAPH

参考编号: 8827BB

机芯：自动上链条 550 机芯；45小时动力储存；10法分；47颗宝石；每小时振动频率21 600次；18K金质摆陀，手工刻格处理（guilloché）；瑞士直线型杠杆式擒纵机构；平面式游丝发条；环形平衡摆轮；备有独立编号及宝玑签名；经五方位调校。

功能：小时、分钟；小秒针与日期显示位于6时位置；计时码表功能 —— 12小时积算盘位于9时位置，30分积算盘位于3时位置，长计秒针。

表壳：18K白金；直径34.6毫米；表冠镶嵌有半圆切割蓝宝石；波浪纹计时码表按掣；蓝宝石水晶表底；50米防水性能。

表盘：天然珍珠母贝；标有宝玑罗马数字表盘字圈；18K宝玑指针，指尖经夜光处理；备有独立编号及宝玑签名。

表带：白色橡胶；MARINE表扣及两个金质表带扣环。

参考价：请向品牌查询。

另提供：18K玫瑰金款（参考编号：8827BR/52/586）。

TYPE XX I

参考编号: 3810TI

机芯：自动上链 584Q/1 机芯；45小时动力储存；13法分；25颗宝石；每小时振动频率28 800次；瑞士直线型杠杆式擒纵机构；平面式游丝发条；备有独立编号及宝玑签名；经五方位调校。

功能：小时、分钟；小秒针显示位于9时位置；日期显示位于6时位置；计时码表功能 —— 12小时积算盘位于6时位置，日夜显示位于3时间位置，长计时秒针。

表壳：钛金属；直径42毫米；黑色抛光钛金属单向旋转表圈带数字刻度；旋入式表冠；圆形表耳；100米防水性能。

表盘：哑光黑色；标有宝玑罗马数字表盘字圈；夜光指针和时标；宝玑签名。

表带：黑色小牛皮。

备注：飞返功能 —— 下方位按掣可让计时码表瞬时归零和重新计时间。

参考价：请向品牌查询。

另提供：钛金属表链（参考编号：3810TI/H2/TZ9）。

REINE DE NAPLES

参考编号: 8918BR

机芯：自动上链537/1机芯；40小时动力储存；8法分；20颗宝石；每小时振动频率21 600次；18K金质摆陀，手工刻格处理（guilloché）；瑞士直线型杠杆式擒纵机构；平面式游丝发条；备有独立编号及宝玑签名；经五方位调校。

功能：小时、分钟；小秒针显示位于6时位置。

表壳：18K玫瑰金；36.5 x28.45毫米；表圈和外缘镶嵌117颗钻石（0.99克拉）；表冠镶嵌一颗钻石（0.26克拉）；蓝宝石水晶表底；30米防水性能。

表盘：镀银18K金；天然珍珠母贝插片；标有宝玑罗马数字表盘字圈；针尖缕空的宝玑蓝钢指针，指尖经夜光处理；备有独立编号及宝玑签名。

表带：天然黑色缎面；折叠扣镶嵌26颗钻石（0.13克拉）。

参考价：请向品牌查询。

另提供：18K玫瑰金表链（参考编号：8918BR/58/J20DOOO）；18K黄金款（参考编号：8918BA/58/864DOOD）；18K白金款（参考编号：8918BB/58/864DOOD）。

＊价格如有变动，请以品牌公布价为准。

Grande Sonnerie
Perpetual Calendar

BVLGARI

人间瑰宝 巧夺天工 EMBLEMS OF EXCELLENCE

从1884年创办到迈入21世纪，宝格丽在漫长的历史长河中大展雄心壮志，其腕表以技术先进的机芯和大胆前卫的风格闻名于世。

宝格丽的创作引领时代，开创潮流，其钟表作品极富品牌个性，代表着现代化的风尚。宝格丽倾注全力为男士和女士打造卓越的钟表作品，将尖端的机械机芯与非凡的独特设计尽收其中。宝格丽由此晋身世界顶级奢侈腕表品牌，将品牌强大的创新动力呈现于众。

宝格丽立志将珠宝和腕表结合，打造出世间臻品。宝格丽历久弥新的品牌标识即是其超群技艺的最好认证。宝格丽其中一个标识是相衬 Serpenti 系列的蛇形标志，反映了爬行动物在人类文明中的重要性和普遍性。蛇形元素在宝格丽的各种表款中出现，从品牌最具标志性的 Tubogas 腕表和高级订制“神秘”珠宝腕表。Bulgari Bulgari 腕表系列则作为品牌的另一重要标识，广受喜爱。

宝格丽为绅士们所推出的 Octo 腕表系列堪称本世纪初最具视觉吸引力的表款造型。Octo 腕表系列即非传统亦非另类，其表款八角形的躯壳将独树一帜的建构和性能卓著的机芯统一其中，提供广泛的复杂功能，从相对基本的功能一直发展到尖端。在去年，宝格丽推出了一系列形神兼备的腕表，包括堪称最为精密复杂的 Grande Sonnerie Perpetual Calendar 和 Endurer Chronosprint 腕表，特别打造给最为挑剔的钟表鉴赏家和收藏家。然后，这些巧夺天工的人间瑰宝始终遵循着宝格丽品牌一贯的钟表创作原则：大胆创新，与众不同，卓尔不群。

Saphir Tourbillon

Diagono Calibro 303

早在20世纪之交，宝格丽所出产的珠宝和钟表作品已经自成体系。宝格丽腕表在早期只采取订制服务，将所向披靡的制表技术与纯粹的希腊罗马美学风格正式结合。20世纪60和70年代宝格丽首次批量生产腕表，忠贞地传承着品牌的美学流派，成为女性的挚爱。宝格丽采用制表业中如雷贯耳的制造商为其量身定做的机芯装置于珠宝身躯内，展现着珠宝的熠熠生辉，同时尊崇着顶级珠宝的生产原则。

接下来的20年中，宝格丽迅速成长，走过一个一个重要阶段，成为名副其实的高级钟表制造品牌。宝格丽创造了注定要成为其标志性的腕表系列 Bulgari Bulgari，此命名与圆柱形的表壳上完美镌刻的双标识呼应。Bulgari Bulgari 腕表系列在1977年推出，是至今仍然在生产的少数20世纪经典表款之一。20世纪90年代见证宝格丽成为了大胆创新的制表品牌。其推出的表款采用了当时非同寻常的新材料，如铝和天然橡胶等，进一步增强了宝格丽品牌独树一帜的品性，并为奢侈腕表掀起了竞相采用新材料的风潮。进入千禧年之后，宝格丽历久弥新，经过长时间的努力成功地整合了制表生产流程。借助集中式的生产部门，宝格丽力求每一个细节的完美，持续开创最新最特别的审美风范。最不凡的技术和宝格丽式美学孕育的 I Calibri di Manifattura 系列就是品牌成长的丰硕成果。于是，再一次实现华丽转身的宝格丽，打开了全新局面。

Octo Grande Sonnerie Tourbillon

Octo Bi-Retro Steel Ceramic

OCTO BI-RETRO
OCTO 双逆跳计时腕表

参考编号: BGOP43BGLDBR

机芯：自动上链 GG 7722 机芯；直径25.6毫米，厚度5.53毫米；45时动力储存；35颗宝石；每小时振动频率28 800次；饰有鱼纹，经仿古镀金处理。

功能：跳时显示；逆跳分钟和日期显示。

表壳：18K玫瑰金；直径43毫米，厚度12.35毫米；18K玫瑰金表冠镶嵌缟玛瑙；透明表底部；抗刮双面防反光蓝宝石水晶表镜；18K玫瑰金丝锻制成透明表底；100米防水性能。

表盘：黑色漆面、景泰蓝漆以及刻格处理；琢面镀玫瑰金镂空时针和分针。

表带：黑色鳄鱼皮表带；18K玫瑰金折叠表扣。

参考价：RMB 273 000
HKD 264 000

OCTO CHRONOGRAPH QUADRI-RETRO
OCTO 四逆跳计时腕表

参考编号: BGOP45BGLDCHQR

机芯：自动上链 GG 7800 机芯；38小时动力储存；45颗宝石；每小时振动频率21 600次；饰有鱼纹，经仿古镀金处理。

功能：跳时显示；逆跳分钟；小秒针显示位于12时位置；逆跳日期显示盘位于6时位置；导柱轮计时码表功能 —— 12小时积算盘位于9时位置；30分钟积算盘位于3时位置，长计时秒针。

表壳：18K玫瑰金；直径45毫米；陶瓷表圈；表冠上嵌入陶瓷；透明表底部；100米防水性能。

表盘：景泰蓝漆面；抗刮防反蓝宝石水晶百表镜保护。

表带：黑色鳄鱼皮表带；18K玫瑰金三折叠表扣，带安全按钮。

参考价：RMB 431 000
HKD 416 000

GEFICA HUNTER
GEFICA HUNTER 双逆跳腕表

参考编号: BGF47BBLMPGM

机芯：自动上链GG1006机芯；直径25.6毫米，厚度5.98毫米；45小时动力储存；41颗宝石；每小时振动频率28 800次；饰有鱼纹，经仿古镀金处理。

功能：跳时显示；逆跳分钟和长秒针；GMT位于7时位置；月相显示位于4时位置。

表壳：喷砂处理青铜和缎面处理钛金属；直径46毫米，厚度19.3毫米；蓝宝石水晶钛金属表底；100米防水性能。

表盘：黑色多层；黑漆和缎面处理；大号镂空分针。

表带：黑色鳄鱼皮表带；三刃式钛金属折叠表扣。

备注：限量发行。

参考价：RMB 146 000
HKD 140 000

ENDURER CHRONOSPRINT ALL BLACKS SPECIAL EDITION
ENDURER CHRONOSPRINT ALL BLACKS 特别款腕表

参考编号: BRE56BSBVDCHS/AB

机芯：自动上链 DR 1306 机芯；45小时动力储存；饰有鱼纹和“Côtes de Genève”日内瓦波纹，经倒角处理。

功能：小时、分钟；小秒针显示位于6时位置；大窗口日期显示位于12时位置；Chronosprint 功能。

表壳：精钢经黑色 DLC (Diamond Like Carbon) 处理；直径56毫米；透明表底镌刻“1905 All Blacks®”标识。

表盘：毛利人纹身图案。

表带：黑色橡胶；精钢 Ardillon 阿狄龙表扣经黑色DLC处理。

参考价：RMB 112 000
HKD 107 500

*价格如有变动，请以品牌公布价为准。

GRANDE LUNE
GRANDE LUNE 腕表

参考编号: BRRP46C14GLDMP

机芯: 手动上链 DR 2300 机芯; 40小时动力储存; 饰有鱼纹和“Côtes de Genève”日内瓦波纹, 经倒角处理。

功能: 小时、分钟; 三臂式小秒针位于9时位置; 日期显示盘位于5时位置; 天文月相显示。

表壳: 18K玫瑰金; 直径46毫米; 透明表底。

表盘: 多层次漆面经垂直缎面处理; 手工镶嵌18K玫瑰金时标。

表带: 棕色鳄鱼皮; 18K玫瑰金 Ardillon 阿狄龙表扣。

参考价: RMB 258 000
HKD 242 000

PAPILLON CHRONOGRAPH
PAPILLON 计时码表

参考编号: BRRP46C14GLCHP

机芯: 自动上链 DR 2319 机芯; 38小时动力储存; 饰有鱼纹和“Côtes de Genève”日内瓦波纹, 经倒角处理。

功能: 跳时显示; Papillon分钟系统; 小秒钟显示; 立轮式计时码表 —— 12小时积算盘位于10时位置, 30分钟积算盘位于1时位置, 长计时秒针。

表壳: 18K玫瑰金; 直径46毫米; 透明表底。

表盘: 多层次漆面经缎面处理。

表带: 棕色鳄鱼皮表带; 18K玫瑰金折叠表扣。

参考价: RMB 387 000
HKD 363 000

SAPHIR TOURBILLON
陀飞轮蓝宝石腕表

参考编号: BGGW53GLTBSK

机芯: 手动上链 GG 8000 机芯; 70小时动力储存; 蓝宝石夹板。

功能: 小时、分钟; 陀飞轮。

表壳: 18K白金; 直径53毫米; 蓝宝石水晶表壳中件前后两侧透过专门支柱分别与表圈与表底嵌合。

表盘: 镂空蓝宝石水晶。

表带: 黑色鳄鱼皮; 18K白金折叠扣。

参考价: RMB 1 800 000
HKD 1 738 000

IL GIOCATORE VENEZIANO
IL GIOCATORE VENEZIANO 腕表

参考编号: BGGW53GLTBSK

机芯: 手动上链 DR 7300 机芯; 48小时动力储存; 饰有“Côtes de Genève”日内瓦波纹, 经倒角处理。

功能: 掷骰人偶; 三问报时; 小时、分钟。

表壳: 18K玫瑰金; 直径46毫米; 5个人偶; 透明表底。

表盘: 18K玫瑰金; 独一无二手绘珐琅工艺。

表带: 黑色鳄鱼皮; 18K玫瑰金折叠表扣。

参考价: 请向品牌查询。

*价格如有变动, 请以品牌公布价为准。

CHANEL

大胆前卫与专业技术

香奈儿腕表以大胆独特的创新结合精湛制表工艺与高级珠宝设计，完美呈现极致计时瑰宝。

J12: 21世纪的制表典范

嘉柏丽尔·香奈儿热衷于突破传统事物的形式与功能，赋予其全新的意义及价值。传奇经典的香奈儿5号香水和2.55手袋，正是当时突破传统流行的创新典范，受到世人的追捧。J12 腕表系列再次对香奈儿的这一设计理念作出完美诠释。

J12 系列腕表诞生于第3个千禧年伊始，2000年，设计灵感源自海洋，已成为21世纪高级腕表的代表作。传承了香奈儿女士突破传统、不愿随俗的一贯作风，J12 开创了以高科技精密陶瓷作为制表珍贵材质之先河，将高科技精密陶瓷经久耐用的特性与香奈儿永恒优雅的品牌气质巧妙地融为一体，为世界制表业树立了新典范。

从2000年问世时的纯黑腕表，到2003年的首款白色腕表，J12系列腕表的黑白主题象征着黑夜与白昼，刚强与温柔，神秘与清新，阴柔与阳刚，堪称机械腕表中的代表作！

2011年，香奈儿在高科技精密陶瓷的基础上再次创新，推出全新色彩的 J12 Chromatic钛陶瓷系列腕表。新款系列在视觉与触觉上，都令人耳目一新。高科技精密陶瓷与钛金属的完美融合赋予了腕表别具一格的色彩与轻盈质感，钻石粉抛光技术令腕表闪耀着独特的光芒。

PREMIERE: 极致婉约的时计

御繁于简，只取精粹，一直是香奈儿的一项重要法则。香奈儿在1987年推出的第一款腕表取名为Première:既代表着它是首款腕表的逻辑，亦树立了一个新传统。这款Première腕表外形象征着品牌精神，也隐含深意。

Première腕表让人联想起巴黎市中心几何造型的壮丽地标——腕表表面的八角形，如同具体而微的芳登广场，而计时的指针，正像是广场中央的青铜纪念柱，映着阳光，随时间的推移，在广场地面投下阴影，如同古代的日晷。同时，Première腕表的八角形表壳，正与嘉柏丽尔·香奈儿所设计的5号香水的瓶盖如出一辙。

Première系列腕表，融合了香奈儿传统的简约风格及持之以恒的创新精神，外观设计拥有一种难以言喻的魅力，传递着永恒的时间讯息。无论是K金还是精钢材质，密镶钻石还是高科技精密陶瓷，珍珠母贝还是皮穿链表带，每款腕表的设计都历久弥新。

专业制表

瑞士的拉夏德芳（La Chaux-de-Fonds），有37000名居民，为世界顶级制表工匠最密集的聚居地。因此，被誉为瑞士高级钟表业摇篮的拉夏德芳，理所当然地被香奈儿选为腕表生产基地。从设计到最后的组装，香奈儿的团队肩负起构思、设计、铸模、模塑、抛光、组装、调校和校准每一个钟表零件的所有工序，其中当然也包括装配在享有盛名的J12系列高科技精密陶瓷表壳中的各种机械机芯零件。

创新位居制表的核心

创新是香奈儿的精神核心。创新的指导原则恒久不变：不随流俗，改变事物的原有定位，跳脱固有思维，探索未知领域。同样，这也适用于制表界。

香奈儿的第一个创新是把陶瓷转变为一种珍贵的材质，从而革新了制表的概念。第二个创新则是在纯黑的 J12 之后推出了白色表款，从而引领了一个新潮流。第三个创新就是通过 J12 Chromatic设计了一个全新的独特色彩，再一次改变了陶瓷艺术。但是，此外还有一个也许不那么明显，但也同样引人注目的发明：将高科技精密陶瓷应用于在腕表功能性组件。

香奈儿第一次进军这个新领域要追溯到2005年，那时推出的J12陀飞轮腕表，是钟表史上的首只搭载高科技精密陶瓷主机板的腕表。香奈儿的第二个创新，就是把高科技精密陶瓷融入机械机芯的 J12 Calibre 3125。这只高级腕表搭载了爱彼（Audemars Piguet）为香奈儿独家设计的自动上链机械机芯。安装在 J12 Calibre 3125 高科技精密陶瓷滚珠轴承上的自动陀，由镀铑的22K黄金自动陀，及一个黑色的高科技精密陶瓷摆轮臂构成。

在成功进军高级制表和取得陀飞轮领域的经验之后，香奈儿决定通过推出一款既新颖又独创的机械复杂功能腕表，继续传奇的制表旅程。这就是与专业前卫的机芯制造商Renaud & Papi共同设计和完成的J12 Rétrograde Mystérieuse神秘飞返腕表。制表大师Giulio Papi说，香奈儿制表的创新就是在于表壳与机芯的交会，在这里形状、设计、功能和动力化之间相互紧密连接，设计的魅力和典雅可以与复杂功能完美结合。也可以说，复杂功能在此找到了最完美的形式。

香奈儿原创全新色彩

香奈儿不断进行研究和创新，而这款全新的J12 Chromatic钛陶瓷腕表正是香奈儿创新精神的具体展现。J12 Chromatic钛陶瓷腕表的诞生是源于香奈儿发展一种新颜色的努力，为了赋予高科技精密陶瓷一种前所未见的新色泽。这种决心是香奈儿品牌坚持不懈追求制表工艺的核心，希望尽可能地让腕表佩戴者感觉舒适，保证腕表耐久的品质，并使得腕表散发无与伦比的光泽。

高科技精密陶瓷的选择完全符合这些标准。从人体工学角度来看，高科技精密陶瓷是一种温暖的材质，可吸收手腕的温度。因为硬度高所以不易磨损，又能维持特殊的光泽，也相对延长了腕表的寿命。不过，为J12 Chromatic钛陶瓷腕表特别研发的高科技精密陶瓷拥有更优秀的品质，结合了比传统高科技精密陶瓷更轻更坚固的钛金属材质。此外，它更散发一种独有的光泽。Chromatic色彩根据环境光线的不同会映射出强弱不同、色泽不同的光线。材质、颜色和光泽之间有着紧密联系。从暴风雨的天空到闪耀的海面，使它成为一面镜子，反射光亮，或变得幽暗深沉。这种色彩强烈而富于变化，充满活力而又温暖。

成功取得如此一种特殊的颜色自然需要时间：经过4年的研究开发和2年时间的生产。这还不算开发特殊抛光技术所耗费的时间。这也涉及到其中细节的问题。特别开发出的特殊电镀处理，使得表盘能完美搭配表带的Chromatic色泽。表盘的装饰也经过同样严谨缜密的思考，包括中央垂直细纹线雕装饰，边缘的锻压加工，凸起的刻度，以及镀铑的指针。钛陶瓷的表圈经过锻面处理，更鲜明地烘托了J12 Chromatic钛陶瓷腕表的反射光泽，呈现强烈的视觉效果。

J12 Chromatic钛陶瓷腕表有7种款式：搭配石英机芯的33毫米表款；搭配自动机械机芯的38毫米和41毫米表款；镶嵌圆钻的两种款式；放射状镶嵌长阶梯形切割钻石设计的两种款式。前面提及的镶钻腕表开启了新的局面，因为钻石的光芒与钛陶瓷特殊光泽交互辉映，展现出了前所未见的效果。

J12 CHROMATIC

J12 RETROGRADE MYSTERIEUSE
J12 神秘飞返腕表 参考编号: H2557

机芯：CHANEL RMT 10手动上链机芯；10日动力储存

功能：时、分、陀飞轮、逆跳分针。

表壳：白色高科技精密陶瓷及18K白金；直径47毫米；表圈镶嵌12块高科技精密陶瓷；垂直伸缩式表冠；双面蓝宝石水晶镜面以及表底盖搭配防反射涂层；防水深度30米。

表盘：分钟数字显示窗；镂空指针。

表链：白色高科技精密陶瓷；18K白金三重折叠式表扣。

另有：黑色高科技精密陶瓷表款。

收藏讯息：全球限量独一珍品。

J12 JEWELRY
J12 顶级珠宝腕表 参考编号: H2920

机芯：自动上链机芯；动力储存42小时；通过COSC认证的计时码表机械机芯。

功能：时、分显示；小秒针盘位于3点钟位置；日期显示；计时码表：30分钟计时器和中央秒针。

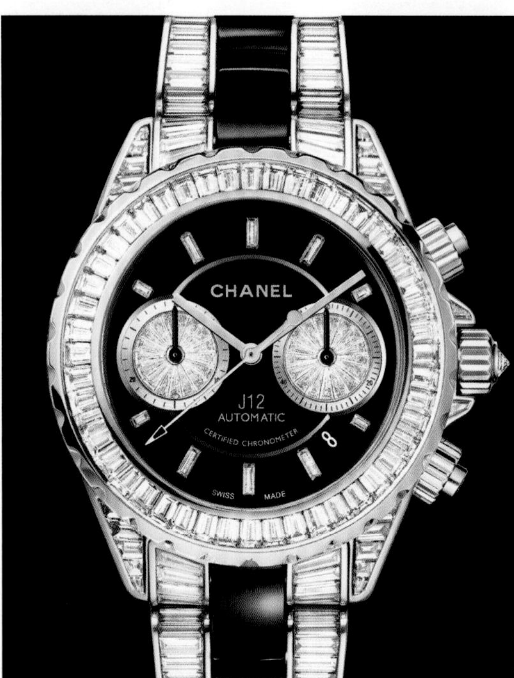

表壳：18K白金；直径41毫米；镶嵌65颗长阶梯形切割钻石（约重7.12克拉）；表圈镶嵌48颗长阶梯形切割钻石（约重4.85克拉）；表冠和按钮各镶嵌一颗明亮式切割圆钻（约重0.25克拉）；防水深度50米。

表盘：18K白金搭配黑色高科技精密陶瓷；镶嵌10颗长阶梯形切割钻石时标，计时圈镶嵌34颗梯形切割钻石（约重1.76克拉）

表链：18K白金搭配黑色高科技精密陶瓷，镶嵌404颗长阶梯形切割钻石（约重20.3克拉）；18K白金三重折叠式表扣。

收藏讯息：限量编号发行12只。

J12 JEWELRY
J12 顶级珠宝腕表 参考编号: H2919

机芯：高精确度石英机芯。

功能：时、分。

表壳：18K白金；直径29毫米；镶嵌42颗钻石（约重0.34克拉）；表圈镶嵌112颗钻石（约重1.18克拉）；表冠镶嵌12颗钻石；防水深度50米。

表盘：18K白金搭配黑色高科技精密陶瓷；镶嵌126颗钻石以及12颗黑钻（约重0.83克拉）。

表链：18K白金镶嵌738颗钻石（约重9.55克拉）；18K白金三重折叠式表扣。

另有：直径33毫米表款（高精确度石英机芯）；直径38毫米表款（自动上链机芯）。

PREMIERE JEWELRY
PREMIERE 镶钻腕表 参考编号: H2437

机芯：高精确度石英机芯。

功能：时、分。

表壳：18K白金；直径19.7毫米；镶嵌52颗钻石（约重0.26克拉）；防水深度30米。

表盘：镶嵌113颗钻石（约重0.37克拉）。

表链：18K白金镶嵌404颗钻石（约重2.46克拉）；18K白金表扣。

虽然 Otturatore 壮观的白金或玫瑰金大型矩形躯壳赋予了腕表强烈的视觉冲击，但隐藏在躯壳之下的却是其谦逊的品性。Otturatore 特别注重表盘的清晰度和易读性，忠贞地贯彻了 Fawaz Gruosi 对于极致简约的追求。Otturatore 舍弃了复杂拥挤的表盘布局，开创了拥有专利的高性能选择显示功能；选择显示功能是本表款唯一的可视性次要功能，长期有效。只要按下表侧的两个典雅大方的金质按掣，即可以在显示转盘上转动并切换隐藏于腕表之中的其他四种显示功能。本机制拥有绝对速度，保证了功能的复杂性和尖端性的完美呈现。显示转盘可以在短于百分之二秒的时间内实现90度的旋转。而显示窗口在由巴黎钉纹铺设的三层表盘之上以快于眨眼15倍的速度运行着。

de Grisogono 的创举保证了表盘空间的最佳利用，让腕表的谦逊品性尽显。18K玫瑰金或白金太妃指针在乳白色的表盘中央，性能卓著。月相、日期显示、动力储存以及秒针则从12时位置呈顺时间顺序应佩戴者的要求而进行显示。de Grisogono 的破天荒设计让每种显示都有机会站在舞台中央成为焦点，与此同时，其余的显示功能则耐心地等待着。

Otturatore 的独创机制需要在强大的阻力下启动运作，同时顾及到惯性、能动消耗，以及机芯即时停止等因素。在标准条件下，简单地按下按掣不会提供足够的力量来控制如此精密复杂的机械运作。然后，Otturatore 通过其专利的程序控制器，在不牺牲功率和最大限度减少摩擦的前提下，可以立即产生足够动力来启动几个重要的功能，如连接和机械记忆等。通过从机芯的第二个发条盒以及其主发条获取动力，程序控制器可以独立地和精准地完成光速一般的任务。动力学上的重大成就最后被其相当完美的运行结果所验证。de Grisogono 的神奇表盘能够实现即时最大速度和瞬时中断操作，其神奇处让佩戴者根本无法合理解释。de Grisogono 就如魔术师一样用无法察觉的手法变幻魔术一般，将卓尔不群的技术隐藏在尖端一流的神奇功能之下，让人不得不惊叹连连。

超现代性的 Otturatore 装置手动上链 DR19-89 机芯，拥有42小时动力储存，具备5个表款，包括搭配有棕色和钌金属表盘的两种限量款，独立编号，仅于 de Grisogono 专门店内发售。Otturatore 不仅具有如此让人着迷的神奇表盘，亦有透明表底，让人清楚地看见机芯的“跳动”和运转。

Otturatore 是 Fawaz Gruosi 颠覆传统的集大成之作，其高速的机械运转被隐藏在表面的优雅之下，挑战着制表业、物理学和创造思维的极限，波澜壮阔地震撼着世人。

OTTURATORE
搭载 DR 19-89 机芯，由表底窗口可透视，世界独创的程序控制显示机制，让腕表可以随时以快过眨眼的速度切换显示功能。

Meccanico dG 获得了2009年日内瓦钟表Grand Prix 最佳公众奖。这款超复杂表款展现着远见卓识，代表了传统和现代的完美结合。

Meccanico dG 的可读性极佳，加入了采用跳字显示的第二时区功能是结合超凡想象和精湛工艺的杰作。全新设计的哑光黑色钛金属表壳让人耳目一新。表盘上的上半层是由鲜明的白色的柱型小时和分钟显示，佩戴者同时可以透过镂空设计一窥手动机芯的复杂运转。而下半层同样以鲜明的白色带来第二时区显示，采用数字时代的全新诠释，堪称当代高级钟表的杰作。

跳字显示由23个凸轮、传动齿轮、启动／同步推进结构一同驱动，每一次转换皆由多达12条不等的白色滚筒高速运转。每枚机芯的651个组件缺一不可地支持着本款腕表的奇特运转。de Grisogono 天马行空，将品牌的创造品性发扬光大。

Meccanico dG 最新推出的限量款不仅展现着浓郁黑色带来的完美感官，亦映衬着富含力量的线条、美观雅致的对比，以及大师级的技术才能。

Meccanico dG Black Forever 限量款
de Grisogono 在独有的 Meccanico dG 表款中展现着品牌标志性的黑钻，搭配有黑色钛金属表壳，黑色硫化橡胶表带，以及哑光黑色鳄鱼皮表带。

Occhio

de Grisogono 将这款以情绪为概念的腕表推上一个全新的高度，卓著创见的三问报时机制和荣耀无比的154颗钻石镶嵌。

de Grisogono 推出铺镶长阶梯形切割钻石的 Occhio，尊贵非凡，大放异彩。

Occhio 不仅有奢美的视觉效果更采用创新的三问报时功能以增强腕表的听觉享受。Occhio 腕表拥有12刃的钛金属膜片组成镜头快门一般的装置，当表进行敲锤报时间，快门便会打开，展示内部打簧声的具体运作及机芯律动之美。当打簧完毕后，快门便会立即关上，变回原来的表盘，让观赏者尽情地期待下一次“壮观”报时。

de Grisogono 特别开发产品线来呈现视听双享受的透明表款，不过，这次却转变道路，从低调内敛走向奢华尊贵。Occhio 镶嵌154颗长阶梯形钻石于表圈、表壳外缘以及表耳上，光辉熠熠，让人眩目。同时，绚烂外表之下的卓越复杂机械功能亦精彩绝伦。当三个音簧奏乐完毕，当12刃的帘子关闭之后，这意味着下一次盛大表演即将登场。Occhio 让你把握腕表“心脏”的每一次“跳动”，让你品味报时奏乐的每一个音符，让你观瞻壮阔钻石镶嵌的每一寸光芒。

de Grisogono 不负众望为技术尖端腕表系列打造最高优雅的姿态，Occhio 技术概念完美，再搭配最为映衬的船壳，变成经典大作。

Fuso Quadrato N04
男子气概黑色表盘之下隐藏着的第二时区表盘，以钛金属刃片组成的相机快门式机制控制。

de Grisogono 继续拓展着旗下各种创见无限的腕表，赋予每一款腕表不同的品性。Fuso Quadrato N04 作为品牌最为人所知的款式将最与众不同的二地时间显示功能呈现；通过难以置信的机械系统用一个窗口同时显示两地时间，过去和未来在此会合。

由9时位置的滑杆控制，12刃的钛金属组成的相机快门式的幕帘充满未来主义意味，向佩戴者展示下层表盘的第二时区。只要幕帘打开，由黑色指针加入原本的18K白金太妃指针，展示着清晰的第二时区显示，具有一流的可读性，指示被选择城市的时间。表款在审美上聚合了经典钟表造型与现代巴洛克风格。黑色的主表盘搭配大号阿拉伯数字时标完美地展现了腕表的男子气概，并与隐藏在主表盘之下错综复杂的第二时区表盘设计形成鲜明对比。装饰有巴黎钉纹并提供24小时显示的下层表盘挥洒出无限创意，表达了对瑞士制表文化的传承。

方形的白金表壳率性地呈圆弧状，成为这个多层次腕表的典雅躯壳。DF 21-90 机芯以每小时振动频率28800次驱动着腕表，并提供42小时的动力储存。

多层次的表盘结构将 de Grisogono 双时区显示功能呈现，让人拍案叫绝。两个表盘相互辉映，让传统与现代兼容并蓄地体现

de Grisogono 创始人 Fawaz Gruosi 创意非凡的制表神髓总是贯穿于其设计的腕表之中。所有腕表设计出神入化，注定要受世人瞩目，同时，又总是将和谐和雅致挥洒自如。Instrumento Grande 系列传承着 de Grisogono 的直觉和创见，将最新的计时码表表款推向顶峰。

Grande Chrono N04 的18K白金躯壳即为其表盘的豪迈个性奠定基础。刻意造成的不对称设计成为表盘最为显著的特点。矩形的表盘之上形成了一个圆形的轨迹。逆跳日期显示围绕着长时针和秒针形成具有双弧的弓形区域。如此一来，de Grisogono 彻底地颠覆了传统的表盘布局。在双环系统下所有的日期数字均长期可视，不过当日的日期却交汇在表盘右侧被显著地突出，拥有润色蓝宝石表镜和白金外壳。Grande Chrono N04 将 Fawaz Gruosi 的设计哲学贯穿，传统的积算盘设计在这里无疑也经历了一场“现代化”革新。不同形状和颜色的副表盘对比鲜明，将此腕表不对称的设计风格延续。低调的黑色跑秒副表盘位于12时位置，在其相反的位置则是放大的12小时积算盘以同样的设计和颜色位于6时位置。与日期窗口风格迥异的30分钟白色方形积算盘位于9时位置，在日期逆跳双环的缺口位置。计时码表包括有黑色的长计时秒针由表冠上下的两个按掣控制。最后 de Grisogono 的创意精萃还体现在小时环上呈现的两个直角而形成的另类几何上。

Grande Chrono 还具备可透视的设计。表壳9时位置的窗口可透视这款自动计时码表机芯在内部稳定的运作。另外，透过蓝宝石水晶表底的窗口可看到机芯转子的布局。

配有鳄鱼皮表带的 Grande Chrono 堪称 de Grisogono 的大师之作，将品牌大胆设计和颠覆传统的血液尽洒。

Grande Chrono N04
设计者大胆创新，颠覆了传统计时码表的设计。

接下来，走“玩”风格的 Piccolina 系列是献给女性的珍品，外表极致诱人，立志释放每位佩戴者与众不同的个性。Piccolina 腕表以品牌自创的图案镶嵌着珠宝和钻石，成为欢娱和曼妙的化身。弯曲的表链由三种尺寸，精心地造型保证了配戴的最佳舒适度，来自 de Grisogono 高级珠宝的造诣，紧密地镶嵌着海洋之石。具备闪耀宝石镶嵌或者 galuchat 皮革的表款营造出柔和的对比让表盘成为表款之上焦点，彰显得宜。表盘上还镶嵌了20颗钻石作为小时刻度以及阿拉伯数字时标，伴随着 de Grisogono 在其他型号上出现过去的独有品牌视觉特色，两个18K金小时时标以阿拉伯数字4与8在表盘上升起，呼应着精致匀称的时针和分针。表链本身即是一件美轮美奂的饰物，在表链内侧镌刻着 de Grisogono 经典的装饰纹路。

Piccolina 系列具有数个表款。所有表款都各有千秋但是却都透露着欢娱的气氛和迷人的风姿，让人爱不释手。

Piccolina
在表圈上镶嵌的82颗钻石夺目耀眼，将腕表奢美的气质提炼。

通过 Instrumentino 系列，de Grisogono 将易带的女性腕表呈现，其强烈的个性一览无余。Instrumentino 所拥有耀眼的多色泽宝石镶嵌将腕表系列塑造成现代经典，让人振奋，不会过时，并搭配第二时区功能。譬如，S17表款将405颗棕色钻石的个性释放在棕金色的表壳之上，流光溢彩。在三层次的香槟色刻格处理（guilloché）表盘之上，4和8阿拉伯数字时标毫无意外地吸引着眼球，将视线导向环状小时环上，阅读当时当刻的时间。腕表搭配 galuchat 皮革表带，拥有自然的外观色泽和精湛的内部机械——每小时振动28800次的自动上链机芯。

Instrumentino 的珠宝上流动着出色的设计，闪动着奢美的光彩，每一寸细节都是 de Grisogono 完美主义的忠实呈现 Instrumentino 宝石为高级钟表的奢华设定了一个全新的高度，开放式的蓝宝石表底让佩戴者可以透视PVD涂层处理的机械机芯。恰到好处的腕表是制表天才 Fawaz Gruosi 献给女性最好的杰作，镶嵌黑钻的表冠最后成为点睛之笔将腕表的女性之光点亮。

Instrumentino
拥有大面积的色泽和光彩的宝石镶嵌，腕表可搭载 DF 26-91 自动上链机械机芯或 DF 27-40 石英机芯，由顾客自行选择。

DEWITT
迪菲伦◆帝威

ROMANTICALLY YOURS
赏味浪漫

Jerome de Witt 于2003年创办了这个与其同名的钟表品牌 DeWitt。他的远见卓识炼就了品牌前卫大胆的显著个性。短短几年之内，这个创新大胆的品牌就跻身于凤毛麟角的前卫高级钟表品牌行列。

DeWitt 对艺术探索情有独钟，大胆推出 Golden Afternoon 系列。腕表系列表达了对维多利亚时代浪漫主义的礼赞，诗情画意地勾勒着柔美的女性线条。DeWitt 所推出的 Golden Afternoon 系列带有明显的前拉斐尔派艺术风格，个性十足，浓烈而炙热，让前卫的女性情怀在手腕上一览无遗。

深受前拉斐尔风格影响得艺术家 Julia Margaret Cameron 是早期肖像摄影得先驱。她擅长运用各种摄影技术强调拍摄主体得情感世界，并通过“失焦”的效果从画作中将淡淡的“忧郁”释放。Cameron 拒绝了“盲从”的女性角色，将女性之美解放。Golden Afternoon 腕表系列从 Cameron 作品中汲取灵感，形神兼具地将女性之美讴歌。

Golden Afternoon 部分镶钻款式
十二根经特别设计的帝王柱彷若通向美丽花园的小门，带领人们领略精美细致的表盘细节。

DIOR IN TIME WITH THE GREAT WATCHMAKERS

Dior VIII 粉色蓝宝石款

迪奥 Haute Horlogerie 系列创新不断。迪奥的创意团队尽情想象，自由设计，表达心灵之渴望。然后，再由瑞士的制表师接力，将他们的设计变为现实。2001年，迪奥在拉夏德封（La Chaux-de-Fonds）设立生产车间，后来成为瑞士钟表业优秀作品的摇篮制表工作室。

巴黎蒙田大道工作室的创新与技艺同样用于该钟表工作室的设计工作中，因此，Dior Horlogerie 系列能很快推出新作品。这是种风格，也是种心态，既关乎高级订制时装，又关乎 Haute Horlogeries 高级腕表，因为两者共同点不只一处。

随着时装发布会的临近，法国时尚服装设计师并不知道如何把所有事情做得尽善尽美，所以迪奥将目光转向外界专业艺术家来解决皮革问题以及如何把蕾丝和刺绣做得更趋唯美。

同样，当设计师想到某种机制、特定技术，Dior Horlogerie 就会寻求专业人才。用来计时的工具，不管形式如何，时间总是刺激而珍贵的，矛盾的是，这些为求完美的工艺却从不考虑时间。精湛的工艺、精美的装饰、考究的纹饰都是极其重要的细节。

Dior VIII Grand Bal
蕾丝

Dior VIII Grand Bal
透明薄纱

Dior VIII Grand Bal
刺绣

Dior VIII Grand Bal
点绣薄纱

Dior VIII Grand Bal
褶皱纹饰

因此, Dior Horlogerie 选择了位于日内瓦、以精湛的宝石镶嵌工艺称著业界的 Maison Bunter，Haute Horlogerie 的完美宝石设计即出自后者。Zenith，设计制作了 Chiffre Rouge 限量款使用的 Irréductible 机芯、38和42mm的 La D de Dior 高级腕表以及 Dior Haute Couture 机械腕表使用的Elite手动上弦机芯。为了开发 Tourbillon 陀飞轮腕表的机芯，迪奥与 Concepto 机芯制造厂的设计师进行合作。迪奥制表工作室联手 Orny & Girardin 设计了 Dior 8 Fuseaux Horaires 机芯。最近推出的 Dior VIII 高级腕表系列的 Dior inversé 机芯亦是迪奥与Soprod的合作产物。这款新的标志性迪奥高级腕表的摆陀位于表盘的上方，形似舞会礼服旋转的裙摆，集技术与美学于一体。现在迪奥设计室仍将摆陀置于机芯的后面，这让人回想起它的作品从来都是表里如一、至臻至美。摆陀以黄金材质制作，采用镶钻镂空设计，同时还应用了一项需要迪奥在制作每一枚腕表时重新计算摆陀惯量的独特设计。简言之，它是制表难题与机械创举的集合，完美地再现了 Haute Horlogerie 的精神——精准地镶嵌每一颗珠宝，使每一个富有创造性的想法成为可能。这也是高级订制时装的精神，不断自问、敢于打破常规、不懈追求完美的精神。

迪奥高级订制系列

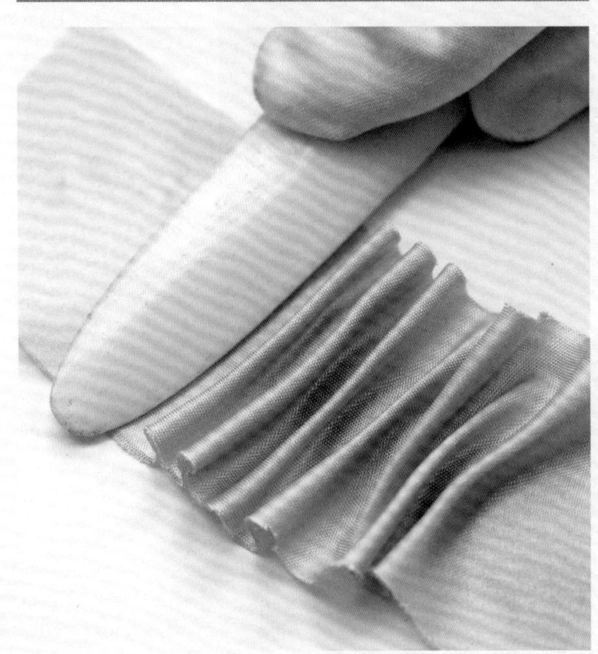

为了表达对迪奥高级订制时装（Dior Haute Couture）的敬意，纪念那些缤纷的色彩、刺绣的花纹、精致的里衬、好看的褶皱、点状的薄纱、或滚边或玫瑰花瓣的样式，首个“Haute Couture”高级腕表系列于2010年面世，这也预示了2011年系列的诞生，五款全新超凡的高级腕表亦包含于内。这些独一无二的高级腕表以黄金材质制作，直径33mm，搭载 Zenith Elite 自动机芯。正如克丽丝汀・迪奥先生所言：“优雅是内外兼修的风度与韵味。”因此，堪称精致化身的摆陀的制作也如表盘，嵌有珍珠母贝、钻石和蓝宝石，透过透明底盖可见。每一个表盘，每一种颜色组合，都与迪奥高级订制服装的微妙细节遥相呼应：表圈和表冠镶嵌有长阶梯形彩色宝石。

Passage N°1 高级腕表采用珍珠母贝底面、嵌有钻石的花瓣图案表盘，闪耀着点点光芒，表圈嵌以石榴石，让人想起舞会礼服精致繁复的刺绣。

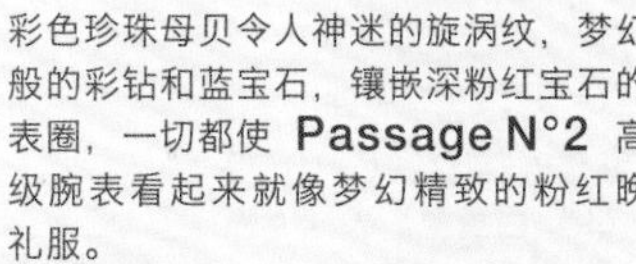

彩色珍珠母贝令人神迷的旋涡纹，梦幻般的彩钻和蓝宝石，镶嵌深粉红宝石的表圈，一切都使 **Passage N°2** 高级腕表看起来就像梦幻精致的粉红晚礼服。

与之形成鲜明对比的是，**Passage N°3** 高级腕表以蓝黑色镶钻表盘搭配嵌有淡蓝色蓝宝石的表圈，像极了黑色蓬松裙外套了一件铁青色的Bar夹克。

Passage N°4 高级腕表拥有晚礼服的雅致，精密的构造风格在柔软的缎面褶皱的衬托下格外分明：黑色越南珍珠母贝表盘嵌有钻石和紫色蓝宝石，配上紫水晶的表圈。

Passage N°5 高级腕表的玉石表盘嵌有同心圆的钻石圈，让人想起迪奥高级订制礼服上臻美的褶边，镀铬碧玺表圈更令其闪耀无比。

DIOR VIII PINK SAPPHIRES BAGUETTE AUTOMATIC

参考编号: CD1235F2C001

机芯：自动上链 ETA 机芯；40小时动力储存；粉色烤漆摆陀。

功能：小时、分钟、秒钟。

表壳：黑色高科技精密陶瓷和18K白金；直径33毫米；表圈镶嵌60颗长阶梯形切割（baguette-cut）粉色蓝宝石（3.59克拉）；表冠镶嵌黑色陶瓷；透明蓝宝石水晶表后盖；50米防水性能。

表盘：黑色烤漆；镶嵌32颗钻石（0.10克拉）。

表链：黑色高科技精密陶瓷；18K白金折叠式表扣。

参考价：RMB 417 500

DIOR VIII GRAND BAL DENTELLE AUTOMATIC

参考编号: CD124BE0C002

机芯：自动上链“Dior Inversé”机芯；40小时动力储存；18K白金摆陀在表盘上，镶嵌178颗钻石（0.27克拉）。

功能：小时、分钟。

表壳：黑色高科技精密陶瓷和精钢；直径38毫米；表圈上镶嵌72颗钻石（0.72克拉）和陶瓷；表冠上镶嵌黑色陶瓷；透明蓝宝石水晶表后盖；50米防水性能。

表盘：越南黑色珍珠母贝；镶嵌28颗钻石（0.06克拉）。

表带：黑色高科技精密陶瓷；精钢折叠式表扣。

备注：限量发行88只。

参考价：RMB 238 000

DIOR VIII

参考编号: CD1231E1C001

机芯：ETA 石英机芯。

功能：小时、分钟、秒钟。

表壳：黑色高科技精密陶瓷和精钢；直径33毫米；旋转表圈镶嵌56颗钻石（0.59克拉）和黑色陶瓷；表冠镶嵌有黑色陶瓷；50米防水性能。

表盘：黑色烤漆。

表链：黑色高科技精密陶瓷；精钢折叠式表扣。

参考价：RMB 69 000

DIOR VIII

参考编号: CD1245E0C002

机芯：自动上链 Soprod 机芯；38小时动力储存；黑色烤漆摆陀。

功能：小时、分钟、秒钟。

表壳：黑色高科技精密陶瓷和精钢；直径38毫米；旋转表圈镶嵌黑色陶瓷；表冠上镶嵌黑色陶瓷；蓝宝石水晶表后盖；50米防水性能。

表盘：黑色烤漆；镶有34颗钻石（0.17克拉）。

表链：黑色高科技精密陶瓷；精钢折叠式表扣。

参考价：RMB 60 500

＊价格如有变动，请以品牌公布价为准。

LA MINI D DE DIOR SNOW SET

参考编号: CD040160A001

机芯：ETA 石英机芯。

功能：小时、分钟。

表壳：18K白金；直径19毫米；表圈镶嵌40颗钻石（0.32克拉）；表冠镶嵌13颗钻石（0.03克拉）；30米防水性能。

表盘：18K白金；镶嵌145颗钻石（0.46克拉）。

表带：黑色绢缎；18K白金 ardillon 阿狄龙针扣镶嵌29颗钻石（0.14克拉）。

参考价：RMB 121 000

LA D DE DIOR GOLD

参考编号: CD047170A001

机芯：ETA 石英机芯。

功能：小时、分钟。

表壳：18K 玫瑰金；直径25毫米；表圈镶嵌50颗钻石（0.5克拉）；表冠镶嵌13颗钻石（0.03克拉）；30米防水性能。

表盘：白色珍珠母贝；镶嵌12颗钻石（0.06克拉）。

表带：黑色绢缎；18K玫瑰金 ardillon 阿狄龙针扣镶嵌18颗钻石（0.18克拉）。

参考价：RMB 98 000

LA D DE DIOR OPAL

参考编号: CD043970A002

机芯：手动上链 Zenith Elite 机芯；50小时动力储存。

功能：小时、分钟。

表壳：18K 玫瑰金；直径38毫米；表圈镶嵌72颗钻石（0.72克拉）；表冠镶嵌18颗钻石（0.11克拉）；30米防水性能。

表盘：澳大利亚白色蛋白石。

表带：黑色绢缎；18K玫瑰金 ardillon 阿狄龙针扣镶嵌62颗钻石（0.45克拉）。

备注：限量发行10只。

参考价：RMB 505 000

LA D DE DIOR 38MM

参考编号: CD043113M001

机芯：ETA 石英机芯。

功能：小时、分钟。

表壳：精钢；直径38毫米；表圈镶嵌72颗钻石（0.72克拉）；表冠镶嵌10颗钻石（0.06克拉）；30米防水性能。

表盘：银色；镶嵌4颗钻石（0.03克拉）。

表链：精钢。

参考价：RMB 43 000

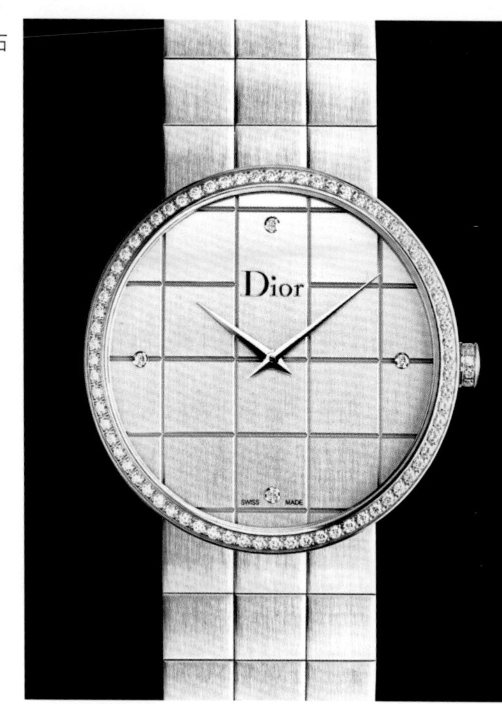

*价格如有变动，请以品牌公布价为准。

DIOR CHRISTAL DIAMONDS

参考编号: CD114561M001

机芯：自动上链 Zenith Elite 机芯；50小时动力储存；摆陀镶嵌珍珠母贝。

功能：小时、分钟、秒钟。

表壳：18K白金；直径38毫米；表圈镶嵌79颗长阶梯形（baguette-cut）切割钻石（3.09克拉）；表耳镶嵌12颗钻石（1.1克拉）；表冠镶嵌玫瑰切割（rose-cut）钻石（0.2克拉）；50米防水性能。

表盘：镶嵌白色珍珠母贝；镶嵌290颗钻石（1.46克拉）。

表链：18K白金；镶嵌32颗明亮切割（baguette-cut）钻石（5.52克拉）。

备注：限量发行10只。

参考价：RMB 2 200 000

DIOR CHRISTAL MOTHER-OF-PEARL & DIAMONDS

参考编号: CD114710M001

机芯：自动上链 Dior 首创“8 Fuseaux Horaires”机芯；42小时动力储存；金色摆陀。

功能：小时、分钟、秒钟；8时区日夜显示。

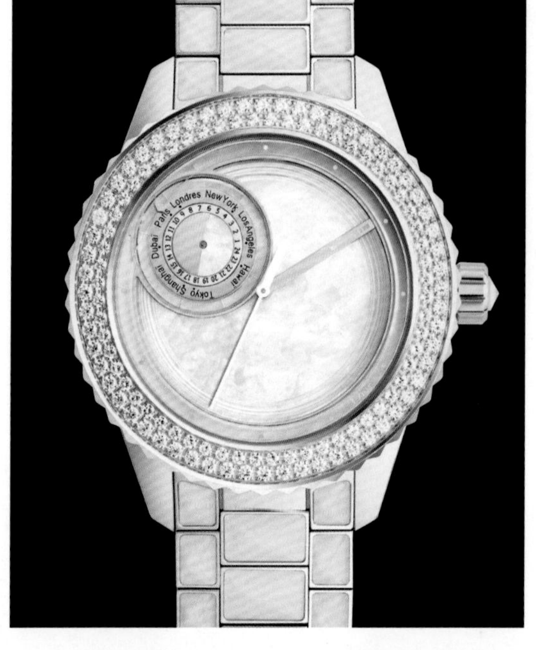

表壳：精钢；直径38毫米；表圈镶嵌120颗钻石（1.5克拉）；透明蓝宝石水晶及珍珠母贝表后盖；50米防水性能。

表盘：黄金和白色珍珠母贝；8时区显示同时可作时针；金色分针和白色秒针。

表链：精钢；镶嵌3排白色蓝宝石水晶。

备注：限量发行100只。

参考价：RMB 165 000

DIOR CHRISTAL WHITE

参考编号: CD112118M003

机芯：ETA 石英机芯。

功能：小时、分钟、秒钟。

表壳：精钢；直径28毫米；表圈镶嵌109颗钻石（0.54克拉）和白色蓝宝石水晶；50米防水性能。

表盘：白色珍珠母贝和银色太阳刷纹。

表链：精钢；镶嵌3排白色蓝宝石水晶。

参考价：RMB 55 000

DIOR CHRISTAL PURPLE

参考编号: CD11311JM001

机芯：ETA 石英机芯。

功能：小时、分钟、秒钟；日期显示。

表壳：精钢；直径33毫米；表圈镶嵌97颗钻石（0.58克拉）和紫色蓝宝石水晶；50米防水性能。

表盘：紫色烤漆。

表链：精钢；镶嵌3排紫色蓝宝石水晶。

参考价：RMB 60 500

*价格如有变动，请以品牌公布价为准。

DIOR CHRISTAL MYSTERIEUSE

参考编号: CD116411M001

机芯：机电一体化 Quinting 机芯。

功能：小时、分钟、秒钟。

表壳：精钢；直径44毫米；表圈镶嵌52颗钻石（0.91克拉）和黑色蓝宝石水晶；中央表盘镶嵌28颗钻石（0.42克拉）；透明蓝宝石水晶表后盖；50米防水性能。

表盘：6层，大溪地珍珠母贝；黑色和金色金属镀层。

表链：精钢；镶嵌3排黑色蓝宝石水晶。

备注：限量发行100只。

参考价：RMB 242 000

CHIFFRE ROUGE M01

参考编号: CD084B10M001

机芯：自动上链“Dior Inversé”机芯；42小时动力储存；18K白金功能性摆陀在表盘上，镶嵌178颗钻石（0.27克拉）。

功能：小时、分钟、秒钟。

表壳：精钢；直径39毫米；黑色高科技精密陶瓷表圈；透明黑色蓝宝石水晶表后盖；50米防水性能。

表盘：黑色烤漆。

表链：精钢；另附一条黑色带孔小牛皮表带，带精钢 ardillon 阿狄龙表扣。

备注：限量发行200只。

参考价：RMB 69 000

CHIFFRE ROUGE A03

参考编号: CD084510A002

机芯：自动上链 ETA 机芯；42小时动力储存。

功能：小时、分钟、秒钟；日期显示。

表壳：精钢；直径36毫米；透明黑色蓝宝石水晶表后盖；50米防水性能。

表盘：沙色太阳纹。

表带：灰色鳄鱼皮；精钢 ardillon 阿狄龙表扣。

备注：限量发行200只。

参考价：RMB 24 300

CHIFFRE ROUGE A05

参考编号: CD084840R001

机芯：自动上链 ETA 计时码表机芯；42小时动力储存；瑞士天文台官方认证（COSC）。

功能：小时、分钟、秒钟；日期显示；计时码表功能；计速计。

表壳：精钢浇铸黑色橡胶；直径41毫米；透明红色表后盖；50米防水性能。

表盘：黑色；太阳纹与计速计刻度值。

表链：精钢；黑色橡胶。

参考价：RMB 46 500

＊价格如有变动，请以品牌公布价为准。

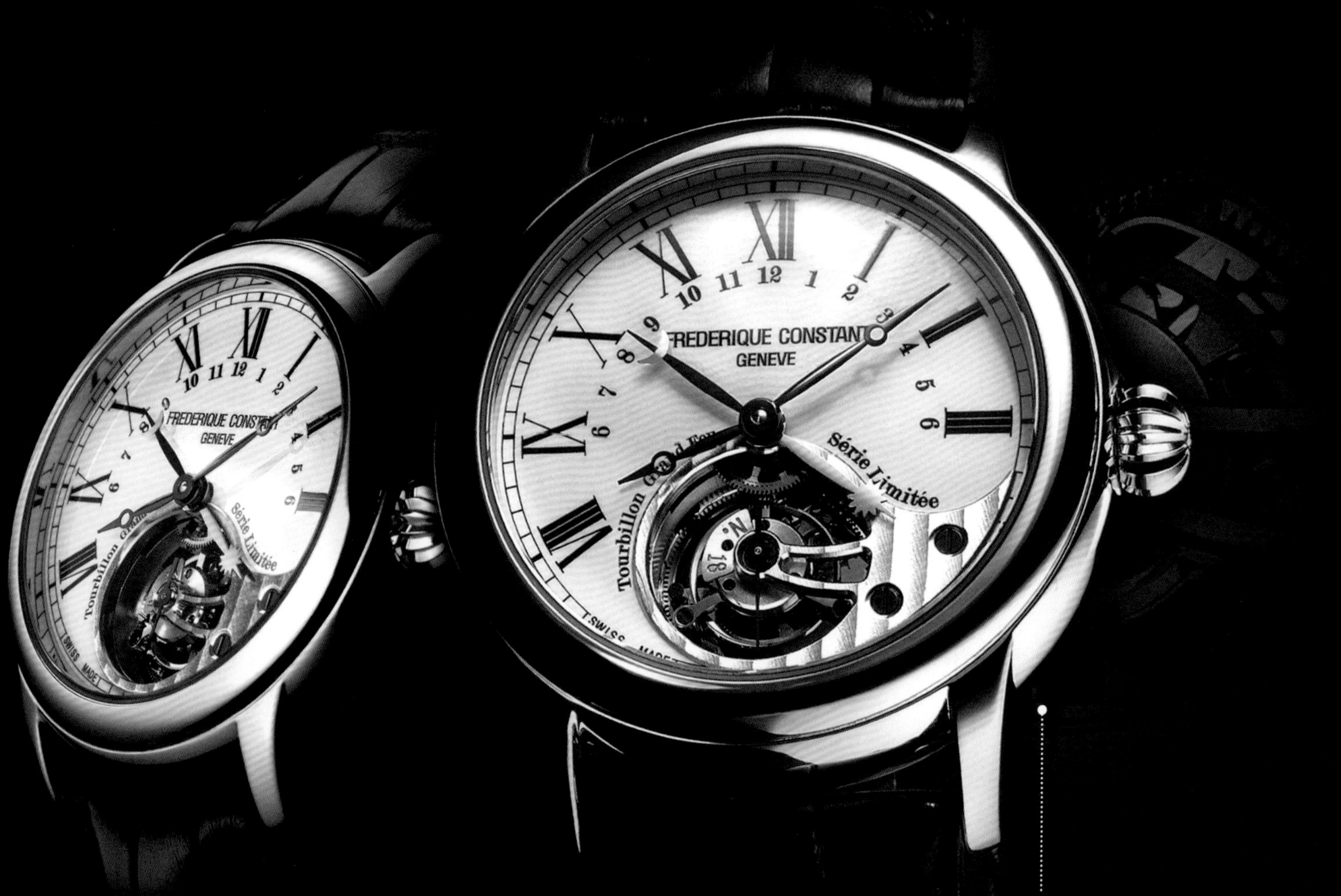

Manufacture Tourbillon Grand Feu 腕表
夹板上装饰着“Côtes de Genève”日内瓦波纹和鱼纹只是这只自动上链腕表许多显著特征中的之一，展现着康斯登对于精湛制表工艺的倾情投入。

水火相济，心心相印

FIRE, WATER AND HEART

康斯登在制表技术工艺上取得的成就受人瞩目，对于慈善公益事业的由衷追求为世人刮目相看。

RUNABOUT MOONPHASE & DATE

参考编号: FC-360RM6B4

机芯: 自动上链 FC-360 机芯; 42小时动力储存; 21颗宝石; 每小时振动频率28 800次。

功能: 小时、分钟; 日期显示位于9时位置; 月相显示位于6时位置。

表壳: 抛光镀玫瑰金; 直径43毫米; 凸面蓝宝石水晶表镜; 透明表底, 由螺丝固定; 100米防水性能。

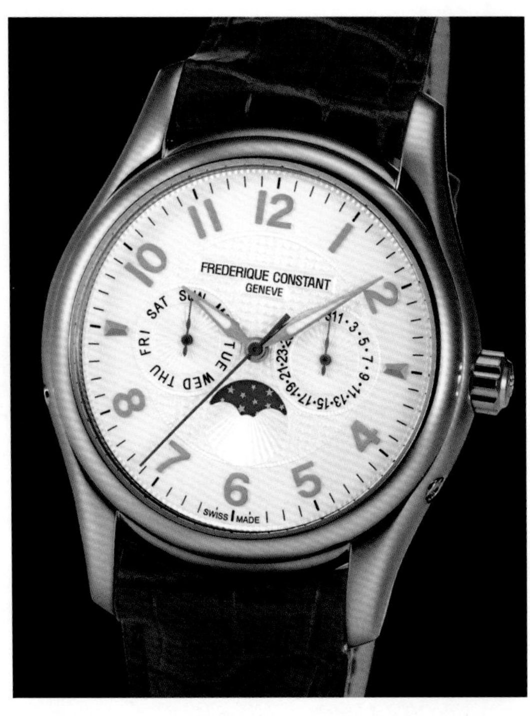

表盘: 镀银; 中央饰有"Pavé de Paris"刻格 (guilloché) 波纹; 镶嵌手工抛光处理镀玫瑰金阿拉伯数字时标; 手工抛光处理镀玫瑰金指针, 覆白色SuperLumiNova 超级夜光物料。

表带: 深棕色鳄鱼皮表带。

备注: 限量发行1888枚; 特别礼品盒包装, 附有经典木船展模型。

参考价: HKD 20 500

另提供: 精钢款。

LADY AUTOMATIC AMOUR HEART BEAT

参考编号: FC-310SQ2PD6

机芯: 自动上链 FC-310 机芯; 42小时动力储存; 24颗宝石; 每小时振动频率28 800次; 摆轮夹板由鱼纹装饰处理。

功能: 小时、分钟、秒钟。

表壳: 精钢; 直径34毫米; 表圈镶嵌有48颗钻石; 表冠镶嵌有蓝色宝石; 拱形蓝宝石水晶表镜; 螺旋式透明表底; 60米防水性能。

表盘: 乳白色; 珍珠母外圈; 中心刻格 (guilloché) 处理纹路; Amour 窗口位于12时位置; 镶嵌钻石时标。

表带: 白色鳄鱼皮表带, 防水内里布。

备注: 由著名台湾演员、康斯登大中华区品牌大使舒淇设计; 限量发行888只。

参考价: HKD 32 500

另提供: 镀玫瑰金表壳, 配香草色或巧克力色表盘。

SLIM LINE AUTOMATIC GENTS

参考编号: FC-306V4STZ9

机芯: 自动上链 FC-306 机芯; 42小时动力储存; 25颗宝石; 每小时振动频率28 800次。

功能: 小时、分钟; 日期显示位于3时位置。

表壳: 钛金属; 直径40毫米, 厚度8.79毫米; 18K玫瑰金表圈; 拱形蓝宝石水晶表镜; 透明表底; 由4颗螺丝固定; 30米防水性能。

表盘: 银色太阳纹; 手工抛光和镶嵌小时时标; 手工抛光凸面时针和分针, 和表壳形态趋同。

表带: 棕色鳄鱼皮表带; 折叠式表扣。

参考价: HKD 26 000

另提供: 精钢款; 镀黄金和18K玫瑰金款; 黑色表盘配金属表链。

JUNIOR LADY

参考编号: FC-200WHD1ER6B

机芯: 石英 FC-200 机芯。

功能: 小时、分钟。

表壳: 精钢; 直径26毫米; 表冠镶嵌蓝色宝石; 拱形蓝宝石水晶表镜; 表底由4颗螺丝固定; 30米防水性能。

表盘: 白色; 珍珠母外圈镶嵌有10个全切割色泽 H、净度 VS 级钻石 (0.1克拉); 中心刻格 (guilloché) 处理; 抛光和手工镶嵌精钢罗马数字时标。

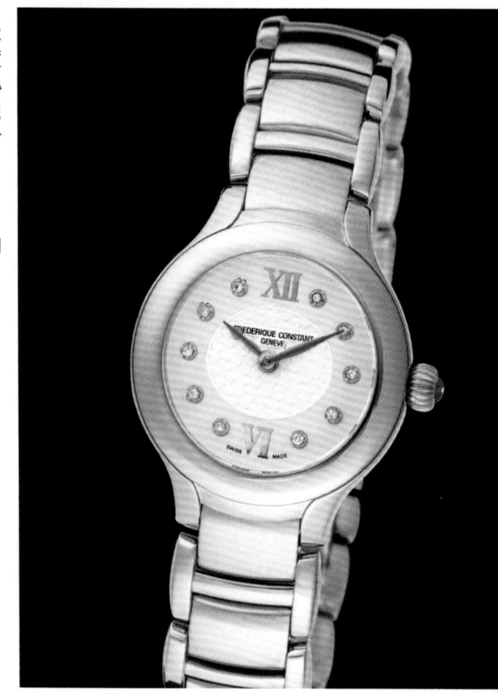

表链: 精钢。

备注: 表底可以印刻个人化内容。

参考价: HKD 7 500

另提供: 缎表带。

GP
GIRARD-PERREGAUX
芝柏表

向传统致敬
CELEBRATING A BRILLIANT HERITAGE

GP芝柏表推出全新表款 致敬现代钟表开山祖师 重新演绎品牌历史经典

1707年10月，英国海军上将 Cloudesley Shovell 爵士带领数艘船舰航行，由于经度计算发生错误，舰队最终在英格兰以西的锡利群岛海域失事，海军上将和2000名船员不幸罹难。然而，这事件竟为现代钟表业拉开了帷幕。

这场悲剧促使英国国会颁布了《经度法案》(Longitude Act)，该法案以奖励能够发明准确测量海上经度位置方法的人士。钟表师 John Harrison 几乎将毕生心血奉献给了《经度法案》。地球自转一周为24小时，因此一小时相当于地球旋转15度，或代表15度的经度差。于是 John Harrison萌生了采用计时仪器计算经度的想法——通过船只出发点和当前航行位置的时间差来推断出经度的位置。接下来的挑战，就是如何制造精准足以适应变幻莫测的海上航行的钟表。

1773年，John Harrison 经过了长达半个世纪的实验，最终排除万难发明出 H-4 航海表。航海表的卓越性能终获认可，并为 John Harrison 获得《经度法案》(Longitude Act)，所承诺的部分奖金。

GP芝柏表 ww.tc John Harrison 腕表
透过巧妙耦合机制启动双色环来显示世界各地时间。

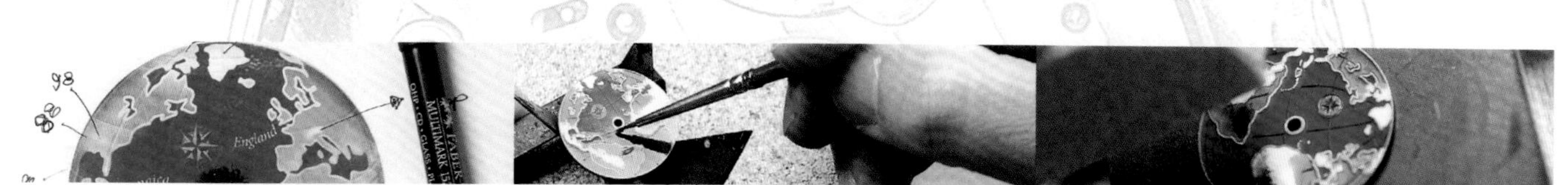

在GP芝柏表推出的此款 ww.tc John Harrison 腕表的表盘上，描绘了 John Harrison 之子 William Harrison 从英格兰朴次茅斯到牙买加的皇家港口的航海路线。此次18世纪60年代早期的航海旅程，目的是测试 H-4 航海表的可靠性。作为向大师致敬的杰出腕表，表盘上是一幅大西洋图，采用内填珐琅工艺绘制完成，GP芝柏表表厂珐琅工坊精心打造。首先将海岸轮廓雕刻在白金坯片上。精巧的八方向罗经花风向图，由雕刻工匠手工雕刻而成。随后，工匠用毛笔将绿色或蓝色珐琅液体颜料填入镂空区。珐琅颜料在炉温高达800摄氏度的炉中焙烧一定时间后，获得玻璃结晶般的半透明效果。待其冷却后，再将其放置入水中，以硬石砂磨去多余的珐琅。然后，先用金刚石锉刀对表盘手工抛光，再进行最后一次焙烧，这一过程成称为“上光”（dorure），令珐琅绽放璀璨光芒。William Harrison 从欧洲至美洲的航行路线，则以银粉仔细描摹。

除显示当地时间外，此款腕表还通过蓝白双色时间显示环和镀铑叶形分针同步显示世界各地的时间。为与表盘相互呼应，城市显示环上用皇家蓝色突出显示“朴茨茅斯”和“皇家港口”的名称。50只限量版 ww.tc John Harrison 腕表拥有透明底盘，通过该底盘可欣赏到GP033G0自动上弦机芯。同时玫金色的摆陀铭刻着运用 H-4 横跨大西洋重大日子。

另外，GP芝柏表更推出 Vintage 1945 三金桥陀飞轮限量款，以致敬19世纪60年代在巴黎世界博览会获得金奖的经典杰作。全新表款为经典款注入时代感：经人手镂空和精细抛光打磨的镂空金桥。由于金桥表面角度精妙微细，具有极高的视觉吸引力，一条金桥的打磨程序长达七天之久。与此同时，由72个零件组成的陀飞轮造工精致无瑕，置放在白金长方形表壳之中，让表款彰显与众不同。表壳弧度悉心调度，表冠和表壳一气呵成，佩带上腕相当舒适。这引人入胜的表款透过抗反射蓝宝石水晶表底向人们展示着9600C机芯的完美布局。与此同时，独一无二、彰显尊贵的限量数字编号由纯手工雕刻，透过表底清楚可见。

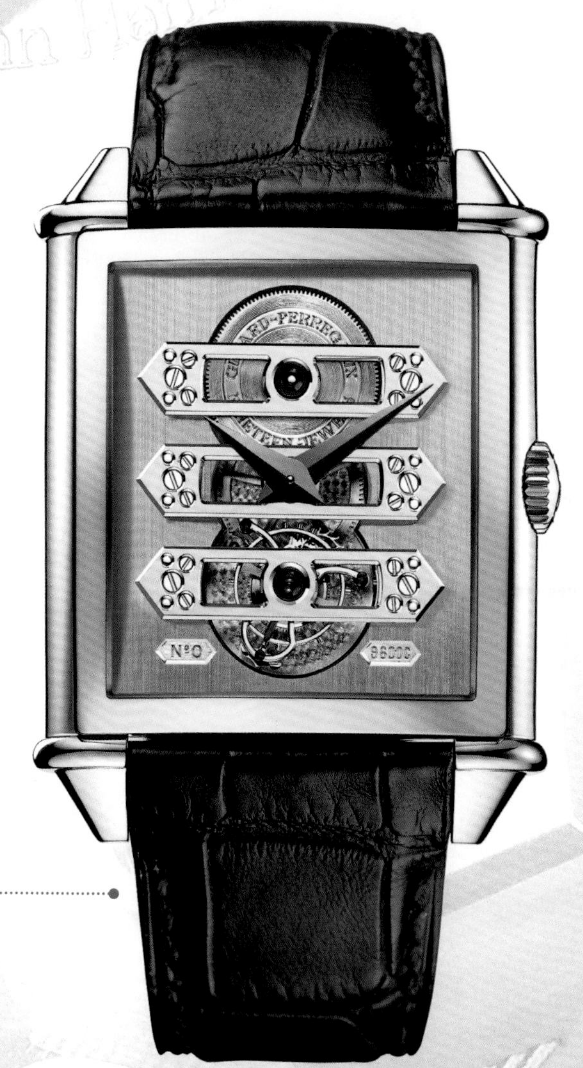

GP芝柏表 Vintage 1945 三金桥陀飞轮限量款腕表

为芝柏表19世纪经典怀表注入现代元素：48小时动力储存显示和陀飞轮中的小秒针。

GIRARD-PERREGAUX 1966 TOURBILLON WITH GOLD BRIDGE 220TH ANNIVERSARY

GP 1966金桥陀飞轮纪念腕表 参考编号: 99535-52-111-BK6A

机芯：自动上链 GP9600-0014 机芯；直径28.6毫米；48小时动力储存；31颗宝石；每小时振动频率21 600次。

功能：小时、分钟；小秒针在陀飞轮上位于6时位置。

表壳：18K玫瑰金；直径40毫米；蓝宝石水晶表底盖由6颗螺钉固定；30米防水性能。

表盘：银色；11个黑色阿拉伯数字时标。

表带：黑色鳄鱼皮表带配针式表扣。

备注：限量发行50只。

参考价：RMB 1 378 000
HKD 1 378 000

GIRARD-PERREGAUX CAT'S EYE SMALL SECONDS

GP芝柏表 CAT'S EYE 小秒针腕表 参考编号: 80484D52A761-BK7B

机芯：自动上链 GP3300-0039 机芯；机芯尺寸11½法分；46小时动力储存；28颗宝石；每小时振动频率28 800次。

功能：小时、分钟；小秒针在9时位置；日期显示在3时位置。

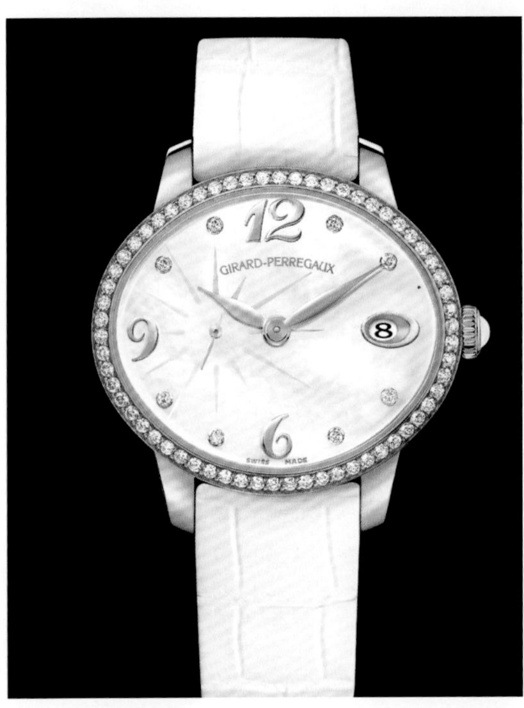

表壳：18K玫瑰金；35.25毫米x30.25毫米；蓝宝石水晶表底盖由4颗螺钉固定；30米防水性能。

表盘：白色珍珠母表盘；宝玑式阿拉伯数字时标位于6时、9时和12时；其余小时刻度镶嵌有8颗钻石。

表带：白色鳄鱼皮表带配针式表扣。

参考价：RMB 211 000
HKD 211 000

另提供：白金款。

GIRARD-PERREGAUX 1966

参考编号: 49525-53-131-BK6A

机芯：自动上链 GP03300 机芯；机芯尺寸11½法分；46小时动力储存；27颗宝石；每小时振动频率28 800次。

功能：小时、分钟、秒钟；日期显示在3时位置。

表壳：18K白金；直径38毫米；蓝宝石水晶表底；30米防水性能。

表盘：银色；双刻度标识在12时位置；8个着色小时时标。

表带：磨砂黑色鳄鱼皮表带配针式表扣。

参考价：RMB 134 000
HKD 134 000

另提供：玫瑰金钯金款。

GIRARD-PERREGAUX 1966, FULL CALENDAR

GP 1966全历腕表 参考编号: 49535-53-152-BK6A

机芯：自动上链 GP033M0 机芯；机芯尺寸11½法分；46小时动力储存；27颗宝石；每小时振动频率28 800次。

功能：小时、分钟、秒钟；日期和星期显示在12时位置；全日历和月相显示在6时位置。

表壳：18K白金；直径40毫米；蓝宝石水晶表底；30米防水性能。

表盘：银色；镀铑处理双刻度标识在12时位置；8个着色小时刻度。

表带：黑色鳄鱼皮表带配针式表扣。

参考价：RMB 208 000
HKD 208 000

另提供：玫瑰金款；铂金钯金款。

＊价格如有变动，请以品牌公布价为准。

GIRARD-PERREGAUX 1966, LADY

GP 1966女表 参考编号: 49528D52A771-CK6A

机芯：自动上链 GP03200 机芯；机芯尺寸10½法分；42小时动力储存；26颗宝石；每小时振动频率28 800次。

功能：小时、分钟。

表壳：18K玫瑰金；直径30毫米；蓝宝石水晶表底；30米防水性能。

表盘：白色珍珠母表盘；罗马数字时标位于6时和12时；其余小时刻度镶嵌8颗钻石。

表带：黑色鳄鱼皮表带配针式表扣。

参考价：RMB 145 000
HKD 145 000

另提供：白金款。

TOURBILLON WITH GOLD BRIDGE

三金桥陀飞轮腕表 参考编号: 99193-53-000-BA6A

机芯：自动上链 GP9600C 机芯；直径32毫米；48小时动力储存；30颗宝石；每小时振动频率21 600次。

功能：小时、分钟；小秒针在陀飞轮上位于6时位置。

表壳：18K白金；直径41毫米；蓝宝石水晶表底盖由6颗螺钉固定；30米防水性能。

表带：黑色鳄鱼皮表带配折叠式表扣。

备注：限量发行50只。

参考价：RMB 1 748 000
HKD 1 748 000

另提供：玫瑰金款。

VINTAGE 1945

参考编号: 25835-11-161-BA6A

机芯：自动上链 GP3300 机芯；机芯尺寸11½法分；46小时动力储存；28颗宝石；每小时振动频率28 800次。

功能：小时、分钟；小秒针在9时位置；日期显示在1时和2时之间。

表壳：精钢；32毫米x32毫米；蓝宝石水晶表底盖由4颗螺钉固定；30米防水性能。

表盘：银色；阿拉伯数字和刻度时标。

表带：黑色鳄鱼皮表带配折叠式表扣。

参考价：RMB 77 000
HKD 77 000

另提供：18K 玫瑰金款。

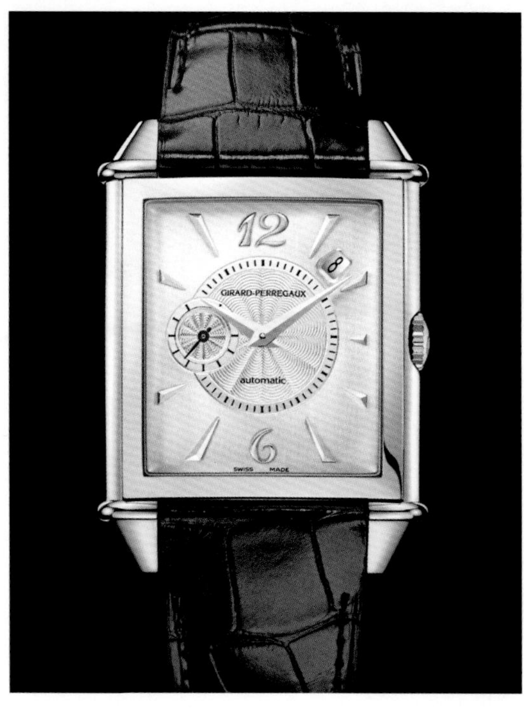

VINTAGE 1945 LADY, AUTOMATIC

VINTAGE 1945自动女表 参考编号: 25750D52A161-CK7A

机芯：自动上链 GP2700 机芯；机芯尺寸8¾法分；36小时动力储存；32颗宝石；每小时振动频率28 800次。

功能：小时、分钟；小秒针在9时位置；日期显示在3时位置。

表壳：18K玫瑰金；34毫米x23.3毫米；镶嵌有70颗钻石(总0.70克拉)；蓝宝石水晶表底盖由4颗螺钉固定；30米防水性能。

表盘：银色；宝玑式阿拉伯数字时标位于6时和12时；2个小时时标镶钻。

表带：白色鳄鱼皮表带配针式表扣。

备注：限量发行50只。

参考价：RMB 227 000
HKD 227 000

＊价格如有变动，请以品牌公布价为准。

GUY ELLIA® 简依丽

时代先锋 前卫起义
AN AVANT-GARDE ADVENTURE

同时作为高级钟表界和高级珠宝界的精英分子，制表师 Guy Ellia 眼光独到、令人称奇。其设计的每一款腕表都是追求完美的极致之作，兼具创意无限的机械结构和大胆创新的审美风范。

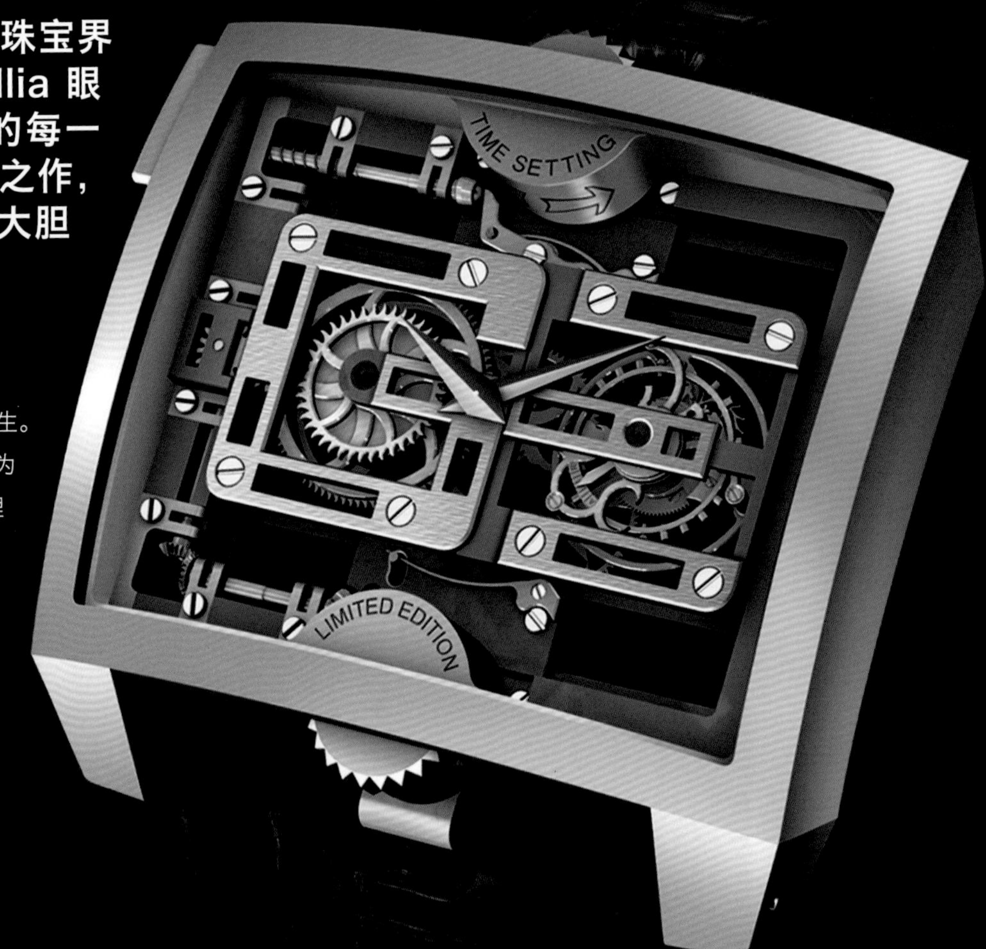

Guy Ellia 的第一款产品于1999年诞生。前卫大胆的设计，让 Guy Ellia 迅速晋身成为高级钟表界的殿堂级品牌。充满动感的设计理念之后依然延续着，并在美学上和技术上取得了重大的突破，与众不同的品牌个性一跃于前。例如，2006年，Guy Ellia 率先将表盘移除，在没有基本组件的情况下创造了 Timespace 系列。完美的设计一方面展现了顶级机芯构造，另一方面则成为了未来主义的化身，引领着设计的风潮。

Tourbillon Magistere II Or
Christophe Claret 机芯精工造诣，镂空运行于坚固的玫瑰金表壳之中。

Tourbillon Zephyr
方形之中，可视机芯，表盘上蓝色铂金圆环，强化审美风格。

Répétition Minute Zephyr
Christophe Claret 制作的机芯，5时区显示，三问报表。

2007年，Guy Ellia 凭借 Tourbillon Zephyr 再度取得突破，将制表艺术推向了一个新的巅峰。轻薄和透明是该腕表的最大特征：手动上链 Christophe Claret 机芯在蓝宝石水晶表壳内怦然“心跳”，上链环上镶嵌着36颗长阶梯形钻石。由两个铂金陀飞轮框架装饰，陀飞轮完全“暴露”在透明的空间中。

另一经典之作 Répétition Minutes Zephyr 在2008年的巴塞尔国际钟表珠宝展上首次登场，无论其外观设计还是功能性，都堪称一件巨作。蓝宝石水晶表壳由白金、玫瑰金或者钛金属加强，三问报时应佩戴者要求的小时、刻钟和分钟奏大教堂式报时乐。同时，腕表拥有的多时区复杂功能让佩戴者可以随时由指针了解到当地时间，而由腕表四角的滚轮上了解到其他四个时区的时间。

Guy Ellia 腕表拥有难以想象的超复杂程度，让品牌总是不吝花上五到六年的时间区开发新的表款，付出时间和心血去开发让人目瞪口呆的神奇之作。门店设于巴黎、戛纳及伦敦的著名高级珠宝和钟表精品店店主 Carla Chalouhi 女士谈到：“Guy Ellia 是制表业中的精英分子，总是充满新的想法，总是寻求到新的技术，总是用技术付诸实现想法，最后让精密复杂的腕表问世。”

在这个钟表不再是必需品的年代，一块腕表却比从前的任何年代更能诠释出佩带者的个性。钟爱 Guy Ellia 的人们，通常集儒雅与渊博于一体，崇尚自我，拥有一颗年轻的心；比起去追捧其他的潮流，他们则希望开创自己的潮流。Guy Ellia 推出全新设计，一如既往地呈现给世人那些可以超越时间，变成永恒的钟表大作。

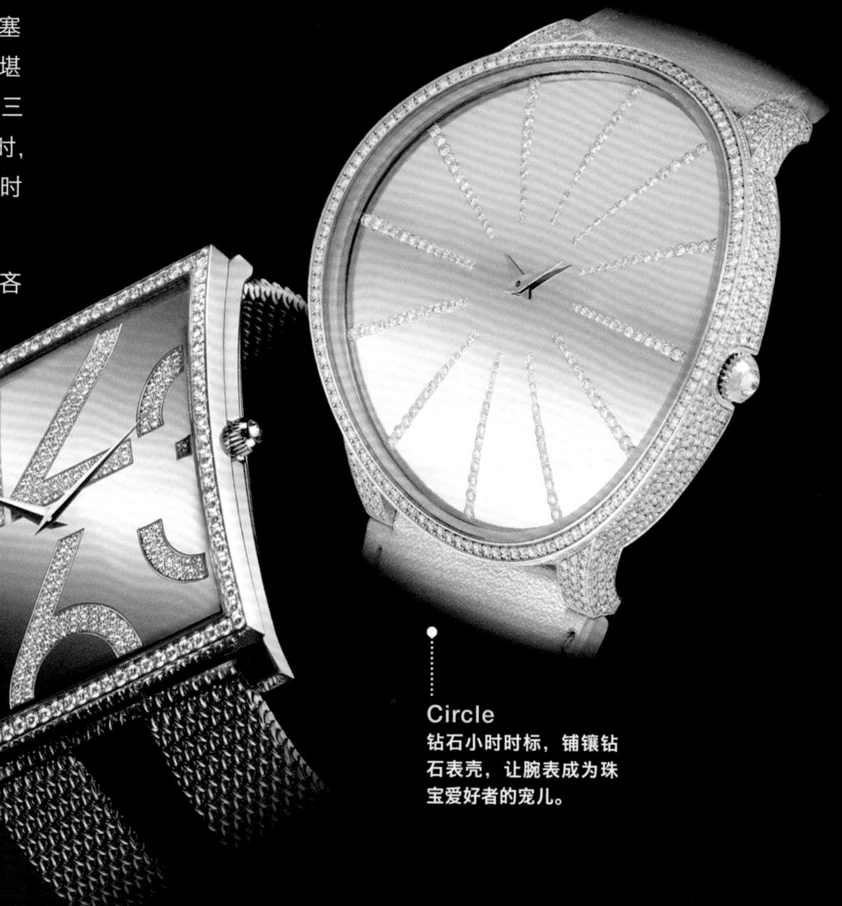

Convex Miroir
铺镶钻石数字时标，在表盘边缘部分显示，优美、闪烁，玫瑰金表款风尚十足。

Circle
钻石小时时标，铺镶钻石表壳，让腕表成为珠宝爱好者的宠儿。

REPETITION MINUTE ZEPHYR

机芯：手动上链条 Christophe Claret 制 GEC88 机芯；41.2x38.2毫米，厚度9.41毫米；48小时动力储存；72颗宝石；每小时振动频率18 000次；720个部件；平面式游丝；齿轮轮缘有不同电镀；五点校准。

功能：小时、分钟；动力储存显示；三问报时；五个时区以及日夜提示。

表壳：蓝水晶方块；53.6x 43.7毫米，厚度14.8毫米；蓝宝石和18K金表冠镶嵌直径2.2毫米钻石；30米防水性能。

表带：黑色天然橡胶表带；18K纯金折叠式表扣(17.27克)。

备注：限量发行20只，独立编号。

参考价：请向品牌查询。

另提供：粉金或钛制表壳；鳄鱼皮表带。

TOURBILLON ZEPHYR

机芯：手动上链 Christophe Claret 制 GES97 机芯；37x37毫米，厚度6.21毫米；110小时动力储存；17颗宝石；每小时振动频率21 600次；233个部件；平面式游丝；上链环镶嵌36个梯形切割钻石（1.04克拉）或刻格处理；全手工倒角处理框架；蓝水晶主机板和夹板；五点校准。

功能：小时、分钟；陀飞轮。

表壳：950铂金；54x 45.3毫米，厚度15.4毫米；表冠镶嵌直径1毫米钻石；蓝水晶热抗震标记；透明表底；壁炉式印刻；30米防水性能。

表带：黑色鳄鱼皮表带；18K纯金折叠式表扣 (15.64克)。

备注：限量发行12只，独立编号。

参考价：请向品牌查询。

另提供：玫瑰金表壳；水晶玻璃、蓝色宝石，或烟熏色主机板和夹板。

TOURBILLON MAGISTERE TITANIUM

机芯：手动上链 Christophe Claret 制 TGE97 机芯；37.4x29.9毫米，厚度5.4毫米；110小时动力储存；20颗宝石；每小时振动频率21 600次；平面式游丝；神奇上链；镂空发条盒和方孔齿轮；全手工倒角处理框架；钛制主机板和夹板。

功能：小时、分钟、陀飞轮。

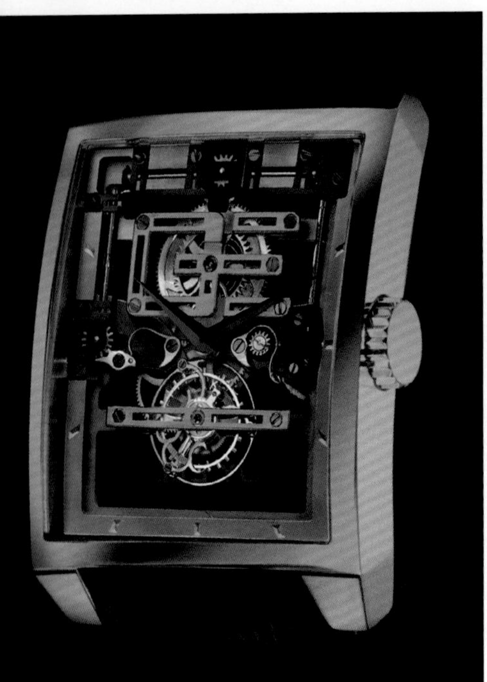

表壳：钛制表壳 (18.2克)；43.5x36毫米，厚度10.9毫米；蓝水晶热抗震标记；30米防水性能。

表带：黑色鳄鱼皮；18K纯白金折叠表扣 (9.65克) 和钛制扣罩。

参考价：请向品牌查询。

TOURBILLON MAGISTERE II

机芯：手动上链 Christophe Claret 制 MGE97 机芯；38.4x30.9毫米，厚度5.71毫米；90小时动力储存；33颗宝石；每小时振动频率21 600次；266个部件；平面式游丝；神奇上链；一分钟陀飞轮；镂空棘齿和机轮，弧形杆和狼齿链；全手工倒角处理框架；18K金制发条盒夹板和陀飞轮。

功能：小时、分钟、陀飞轮。

表壳：18K 5N 赤金 (97.54克)；44.2x36.7毫米；厚度15毫米；抗反射处理蓝宝石水晶表镜；透明表底；30米防水性能。

表带：棕色鳄鱼皮；18K 5N 赤金折叠式表扣 (14.61克)。

备注：限量发行12只，独立编号。

参考价：请向品牌查询。

另提供：白金款。

*价格如有变动，请以品牌公布价为准。

爱马仕对于时间的探索进一步体现在一款可以由佩带者来定义时间长短的腕表上。当 Cape Cod Grand Hours 上腕之时，时间是真正可以用来“衡量”。这款自动上链的腕表具有相当复杂的机械系统，以驱动变速的时针运行，并以一种看似混乱的方式运行着。事实上，椭圆形的齿轮结构指挥时针运转，以齿轮传动系统，让时针得以加速或减慢运行，而分针和秒针则规矩地以恒定速度前行。在表盘上，提供三种不同的时标设计作为选择，加大或缩小时标位置的间隔空间，让人选择属于自己的节奏。独具一格的弓形数字时标，搭配悉心处理的刻格（guilloché）银色或无烟煤色的表盘，与曲线方形表壳形成鲜明对比，一种新颖的优雅格局应运而生。

爱马仕推出“Time to Dream”腕表系列，匠心独运、挥洒自如，将惊人的想象力化为钟表时计，让控制时间变成可能。

CAPE COD GRAND HOURS

CAPE COD GRAND HOURS 变速时计腕表　参考编号: CD6.810.220/MHA

机芯：自动上链 Grand Hours 快慢时针模块；直径27毫米，厚度5.6毫米；42小时动力储存；133个组件；21颗宝石；每小时振动频率28 800次；圆晶粒纹和铣花纹处理夹板；摆陀饰有“Côtes de Genève”（日内瓦波纹）图案。

功能：小时(变速)、分钟、秒钟。

表壳：316L精钢；36.5毫米x35.4毫米；防反光蓝宝石水晶表面；50米防水性能。

表盘：银色；镀银；变速小时指针。

表带：哑光咖啡色短吻鳄鱼皮；精钢折叠安全表扣。

参考价：RMB 68 800

CAPE COD GRAND HOURS

CAPE COD GRAND HOURS 变速时计腕表　参考编号: CD6.810.230/MGA

机芯：自动上链 Grand Hours 快慢时针模块；直径27毫米，厚度5.6毫米；42小时动力储存；133个组件；21颗宝石；每小时振动频率28 800次；圆晶粒纹和铣花纹处理夹板；摆陀饰有“Côtes de Genève”（日内瓦波纹）图案。

功能：小时(变速)、分钟、秒钟。

表壳：316L精钢；36.5毫米x35.4毫米；防反光蓝宝石水晶表面；50米防水性能。

表盘：炭灰色；镀银；变速小时指针。

表带：哑光石墨色短吻鳄鱼皮；精钢折叠安全表扣。

参考价：RMB 68 800

ARCEAU TIME SUSPENDED

ARCEAU 时间暂停腕表　参考编号: AR8.970.221/MHA

机芯：自动上链 Time Suspended（时间暂停）模块；直径34毫米，厚度6.15毫米；42小时动力储存；254个组件；45颗宝石；每小时振动频率28 800次；圆晶粒纹和铣花纹处理夹板；摆陀饰有“Côtes de Genève”（日内瓦波纹）图案。

功能：小时、分钟；日期显示位于3时30分与6时30分之间的拱形区域，逆跳显示；Time Suspended 区域位于12时处。

表壳：18K 5N玫瑰金（79克）；直径43毫米；防反光蓝宝石水晶表镜；30米防水性能。

表盘：银白色；人字形(herringbone）图纹。

表带：哑光咖啡色短吻鳄鱼皮；18K 5N玫瑰金折叠式安全表扣。

备注：限量发行174只玫瑰款。

参考价：RMB 307 400

ARCEAU TIME SUSPENDED

ARCEAU 时间暂停腕表　参考编号: AR8.910.330/MNO

机芯：自动上链 Time Suspended（时间暂停）模块；直径34毫米，厚度6.15毫米；42小时动力储存；254个组件；45颗宝石；每小时振动频率28 800次；圆晶粒纹和铣花纹处理夹板；摆陀饰有“Côtes de Genève”（日内瓦波纹）图案。

功能：小时、分钟；日期显示位于3时30分与6时30分之间的拱形区域，逆跳显示；Time Suspended 区域位于12时处。

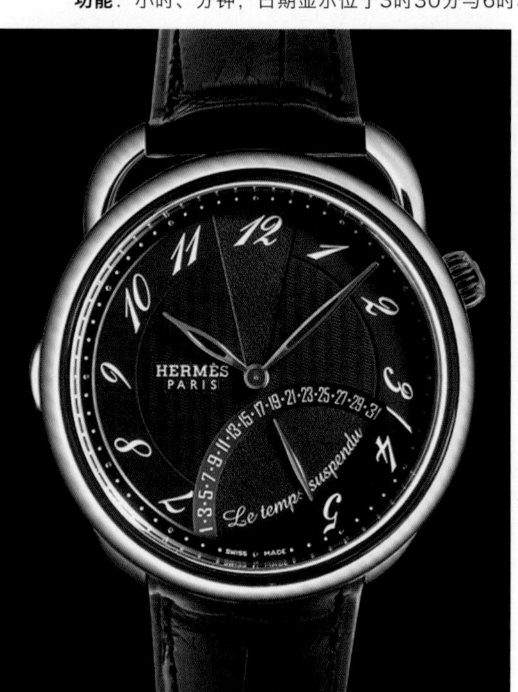

表壳：316L 精钢；直径43毫米；防反光蓝宝石水晶表镜；30米防水性能。

表盘：黑色；人字形(herringbone）图纹。

表带：哑光黑色短吻鳄鱼皮；316L 精钢折叠式安全表扣。

参考价：RMB 145 700

ARCEAU GRAND MOON
ARCEAU 月相腕表 参考编号：AR8.810.220/MHA

机芯：自动上链 Dubois-Dépraz 9313 机芯；大月相显示；42小时动力储存。

功能：小时、分钟、秒针；日期和大月相显示在6时位置；星期显示在11时间位置；月份显示在1时位置。

表壳：精钢；直径43毫米；防反光蓝宝石水晶表镜；30米防水性能。

表盘：蛋白石银色表盘；人字形（herringbone）图纹；镀铑时针和分针；蓝色秒针。

表带：哑光深褐色短吻鳄鱼皮。

参考价：RMB 57 800

另提供：黑色表盘。

ARCEAU SKELETON
ARCEAU 镂空机械表 参考编号：AR6.710.437/MHA

机芯：自动上链机芯；镂空。

功能：小时、分钟、秒钟。

表壳：316L 精钢；直径41毫米；防反光蓝宝石水晶表镜；50米防水性能。

表带：爱马仕短吻鳄鱼皮。

参考价：RMB 65 800

ARCEAU CHRONO COLORS
ARCEAU 自动计时腕表 参考编号：AR4.910.131/UBC

机芯：自动上链条；42小时动力储存。

功能：小时、分钟；小秒针；日期显示位于4时和5时之间；计时码表 —— 60秒积算盘位于3时位置，30分钟积算盘位于9时位置，12小时积算盘位于6时位置。

表壳：精钢；直径43毫米；防反光蓝宝石水晶表镜；30米防水性能。

表盘：白色；炭灰色转印时标；镀铑时针和分针；橘色长秒针和计时针。

表带：白色 Epsom 小牛皮。

参考价：RMB 48 900

另提供：其他表带。

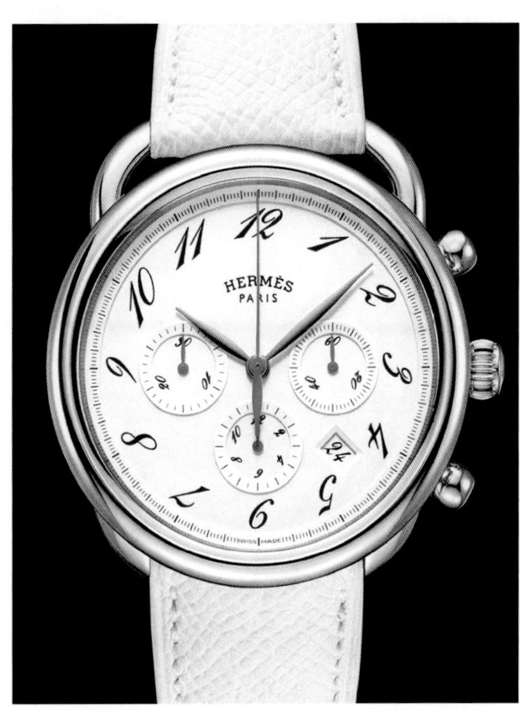

ARCEAU CHRONO COLORS
ARCEAU 自动计时腕表 参考编号：AR4.910.630/DD76

机芯：自动上链机芯；42小时动力储存。

功能：小时、分钟；小秒针；日期显示；计时码表功能。

表壳：316L 精钢；直径43毫米；防反光蓝宝石水晶表镜；50米防水性能。

表盘：深蓝色；浅灰色转印时标；镀铑时针和分钟；橘色长计时针和小秒针。

表带：靛蓝色 Evercalf 小牛皮；浅灰色缝纹。

参考价：RMB 48 900

ARCEAU AUTOMATIC CHRONOGRAPH

ARCEAU 自动计时码表 参考编号: AR4.910.330/VBN

机芯：自动上链机芯。

功能：小时、分钟；小秒针；日期显示；计时码表功能。

表壳：316L 精钢；直径43毫米；防反光蓝宝石水晶表镜；50米防水性能。

表盘：黑色；人字形（herringbone）图纹。

表带：爱马仕黑色表带。

参考价：RMB 48 900

CAPE COD SIMPLE CALENDAR

CAPE COD 自动日历腕表 参考编号: CD6.710.220/MHA

机芯：双向自动上链；42小时动力储存；圆晶粒纹和铣花纹处理夹板；摆陀饰有"Côtes de Genève"（日内瓦波纹）图案。

功能：小时、分钟、秒钟；日期显示在3时位置 。

表壳：精钢；36.5毫米x35.4毫米；防反光蓝宝石水晶表镜；50米防水性能。

表盘：蛋白石银色表盘；镀铑时针、分针、秒针。

表带：哑光咖啡色短吻鳄鱼皮。

参考价：RMB 40 000

另提供：黑色表盘；蓝色表盘。

CAPE COD TONNEAU ROSE GOLD WITH DIAMONDS

CAPE COD 玫瑰金钻石腕表 参考编号: CT1.271.213/ZET

机芯：石英。

功能：小时、分钟。

表壳：18K 750 玫瑰金；镶嵌52颗明亮型（Brilliant）切割钻石；26.5毫米x28毫米；防反光蓝宝石水晶；30米防水性能。

表盘：天然白珍珠贝母。

表带：平滑 Etruscan 褐色短吻鳄鱼皮；18K 750 玫瑰金针式表扣。

参考价：RMB 146 300

另提供：其他表带。

CAPE COD TONNEAU SNOW SETTING

CAPE COD TONNEAU 雪花镶钻腕表 参考编号: CT2.791.221/MNOB

机芯：石英 ETA 255.411 机芯。

功能：小时、分钟。

表壳：750白金（54克）；桶形；30x33毫米；镶嵌750颗（直径0.7至2.3毫米）Top Wesselton VSS 净度，F-G 色全切割钻石（总5.27克拉）；表冠镶嵌1颗直径2.9毫米的圆钻（0.07克）；防反光蓝宝石水晶表镜；30米防水性能。

表盘：750白金（8.6克）；449颗（直径0.7至23毫米）Top Wesselton VSS 净度，F-G 色全切割钻石（总2.79克拉）。

表带：哑光靛蓝色短吻鳄鱼皮；750白金表扣（5.15克）；表扣镶嵌42颗（直径1至1.1毫米）Top Wesselton VSS 净度，F-G 色全切割钻石。

备注：限量发行24只，独立编号。

参考价：RMB 1 180 800

CLIPPER MECHANICAL CHRONOGRAPH

CLIPPER 机械计时腕表　参考编号：CP2.941.230/1C4

机芯：自动上链计时码表；46小时动力储存；每小时振动频率28 800次。

功能：小时、分钟；小秒针位于9时位置；日期显示在3时位置；计时码表 —— 长计时秒针积算盘，12小时时积算盘在6时位置，30分钟积算盘位于12时位置。

表壳：钛金属；直径44毫米；防反光蓝宝石水晶表镜；钛金属表底；200米防水深度。

表盘：海军蓝。

表带：海军蓝橡胶。

参考价：RMB 54 200

另提供：橘色表带。

CARRE H

CARRE H 腕表　参考编号：TI1.741.230/VBN

机芯：自动上链条 3200 Sowind 机芯；十又二分之一法分；44小时动力储存；每小时振动频率28 800次。

功能：小时、分钟；小秒针在6时位置。

表壳：钛金属表壳；微粒处理；表壳肩侧抛光处理；防反光蓝宝石水晶表镜和表底；30米防水性能。

表盘：炭灰色。

表带：爱马仕黑色 Barenia 小牛皮表带。

备注：法国建筑师兼设计师 Marc Berthier 设计；限量发行173只，独立编号。

参考价：RMB 125 400

H HOUR AUTO

H HOUR 自动腕表　参考编号：HH2.810.220/VBA

机芯：自动上链机芯。

功能：小时、分钟、秒钟；日期显示。

表壳：316L 精钢；32.2毫米x32.2毫米；防反光蓝宝石水晶表镜；50米防水性能。

表盘：蛋白石银色；深灰移印；太阳纹印刻。

表带：爱马仕小牛皮。

参考价：RMB 26 000

H HOUR PM

H HOUR 石英腕表　参考编号：HH1.210.131/VBA1

机芯：石英。

功能：小时、分钟。

表壳：316L 精钢；21毫米x21毫米；防反光蓝宝石水晶表镜；30米防水性能。

表盘：白色；漆彩；深灰移印；太阳纹印刻。

表带：爱马仕小牛皮。

参考价：RMB 16 800

另提供：其他表带；其他大小。

Cathedral Minute Repeater Tourbillon and Column Wheel Chronograph
"大教堂"三问陀飞轮与柱轮计时码腕表

勇于挑战 一往直前

CHALLENGE ACCEPTED

董事会主席 Jean-Claude Biver 功勋卓著，在其领导下成立的复杂腕表部冲锋陷阵，掀起钟表界革命，开拓制表工业最前沿。

宇舶的成功已经在世界范围以内得到见证。在全球最显赫的商圈里几乎都可以找到宇舶专门店：上海恒隆广场、北京东方新天地、香港中环、台北101大厦、新加坡滨海湾、迪拜WAFI、纽约麦迪逊大道、加利福利亚比佛利山庄、巴黎 Vendôme 广场，等等。拥有约30家的专门店遍布全球，宇舶展现着无以复加的强盛与成功。

不仅仅只是攻城略地，新设专门店，或是只是将制表工业中“幻想”和“创意”之间的鸿沟填补，宇舶对于制表工业前沿的探索主要体现在其倡导的品牌理念“融合的艺术”上。

宇舶倾情呈现 Cathedral Minute Repeater Tourbillon and Column Wheel Chronograph（“大教堂”三问陀飞轮与柱轮计时码腕表）无疑是对于“融合的艺术”的完美诠释，将拥有四百多年历史的瑞士制表工艺和这个新时代的精神融为一体。碳纤维的表壳之中装配有陀飞轮和柱轮计时码表，同时在抗反射蓝宝石水晶表镜之下有碳纤维夹板。“大教堂”三问陀飞轮与柱轮计时码腕表的最让人啧啧称奇之处是此表款的三问报时功能：位于8时位置和10时位置之间的杠杆来控制，安装有两根“大教堂”音簧，一根报小时，一根报分钟。

此表款的机械机构精密复杂，采用了三种复杂功能，深受业内专家和收藏家的好评。同时它也融入了纯粹的现代精神：三种复杂功能均可以从表盘侧面一览无余。在悬浮的框架内，飞转的陀飞轮位于6时位置，显示出极高品质的非凡结构。同时，计时码表的控制按掣被巧妙地融入了表冠之内；同样地，三问报时装置也被巧妙地融入 King Power 表壳的中部。作为一款在机械造诣上非同凡响的“大教堂”三问陀飞轮与柱轮计时码腕表，其整体设计却出乎意料地呈现出简洁、统一的视觉效果。

宇舶北京专门店
位于王府井大街入口，荣尊京城最繁华的时尚购物中心之一东方新天地首要铺位，是宇舶继上海恒隆广场专门店和大连洲级酒店专门店之后位于中国大陆的第三家，也是最大的一家专门店。

宇舶麾下 Masterpiece 腕表系列最新力作 MP-02 Key of Time 时间之匙也隆重登场，限量发行50只。宇舶的大胆创见将时间的概念“征服”，赋予了佩戴者可以“玩”时间的可能。

非凡想像、尖端工艺，MP-02 Key of Time 时间之匙，让佩戴者按照去“控制”时间的流逝，去“捕捉”每一个抽象的“瞬间”，阐述了对于“奢侈品”的真正理解——“时间”本身即为最宝贵的奢侈品。通过三个不同位置的表冠，让您按照自己的意愿“调节”每小时和每分钟的时间：

位置1：如果您想尽情品味时间流逝过程中的每一秒：您可以调慢腕表指针的速度，将时间一分为四，于是，平时的一个小时在 MP-02 Key of Time 时间之匙中就显示为一刻钟。

位置2：如果您想要“真正”的时间：选择正常指针速度，就可以保持“正常”时间，平时的一个小时在 MP-02 Key of Time 时间之匙中仍然显示为一小时。

位置3：如果您希望时间过得更快一点：您可以调快指针速度，时间就将翻四倍，平时的一刻钟在 MP-02 Key of Time 时间之匙中就会显示为一个小时。

这复杂的装置的确可以一直保持“变化”的时间，同时也保留了随时回归正常时间的权利。只要简单地将三位置的表冠调回位置2，就可以看到指针重新调回到正常的时间显示。MP-02 Key of Time 时间之匙具备纵向运转的飞转陀飞轮框架，同时在边缘装有立体造型秒针指示器。为了完美完成“控制”时间在设计上和想像上的概念，表款采用第五级微喷砂钛金属表壳，覆黑色DLC涂层，未来主义风格一跃而出，让这款“时间旅行”时计的躯壳唯妙唯肖。

MP-02 Key of Time 时间之匙
配备由佩带着操控的三位置时间速度指示，宇舶的全新创造缔造了时光机器。

宇舶全新推出的一系列作风大胆的腕表中亦包括一款将董事会主席 Jean-Claude Biver 哲学“将你所倡导的付诸实践”演绎到位的 3 Million USD BB 腕表。此表款事实上是宇舶的一项神秘计划，事实上是仅有 Jean-Claude Biver 和宇舶宝石大师们彼此知晓的“愉快的神秘挑战”。十二个月之后，这款绝世臻品终于顺利问世。

镶嵌着637个长阶梯切割（baguette-cut）钻石，以及1颗位于表冠的玫瑰切割钻，珠宝工艺与制表工艺在 3 Million USD BB 腕表之中水乳交融、不分彼此，互相交织着璀璨人世。本表款装置有 Vendôme 陀飞轮——命名为纪念宇舶在巴黎 Vendôme 广场10号专门店盛大开幕而精心设计。腕表上璀璨钻石均采自俄罗斯的远东地区同一矿区，每一颗钻石都彰显卓越品质，钻石色泽都达到顶级 Wesselton VVS 级别。宇舶表厂的珠宝大师们，呕心沥血、技艺超群，历经9个月：严格甄选钻石、每一颗钻石经繁复工序先逐一切割为设计原型，再精雕细琢为巴黎钉纹，最终将旷世杰作呈现。两个微缩的圆柱支撑着陀飞轮框架，象征全世界最美丽的广场、全球顶级奢华购物之地 Vendôme 广场。飞转的陀飞轮机芯，HUB6003，由原厂打造，精湛技艺，毋庸置疑。

拥有总达140克拉的长阶梯切割（baguette-cut）钻石的 3 Million USD BB 腕表，其中有近103克拉被镶嵌在配备白金隐藏式表扣的表链上，熠熠生辉、生生不息。全世界仅有一枚的 3 Million USD BB 腕表歌颂着奇思妙想、别具匠心、精湛技艺、超群自信、疯狂激情，和坚韧不拔，最终成为举世无双的鸿篇巨制。

3 Million USD BB 腕表
已经不再是一个讳莫如深的秘密了，这款神奇腕表已经成为一位摩纳哥人士的囊中之物。

King Power Dwyane Wade 腕表
与巨星合作，宇舶将慈善与篮球结合。

宇舶对于公益的追求让它领先同侪，矗立于钟表界的前哨。这一次，宇舶来到北京紫禁城太庙，邀请NBA超级巨星、宇舶品牌大使韦德（Dwyane Wade）大秀球技，进行“一百万人民币大投篮”活动。

在儿童公益筹款领域耕耘多时的韦德，于2011年2月成为宇舶的品牌大使。这一次宇舶携手韦德进行挑战；挑战规则为韦德每投进一球，累积金额都将相应上升，随着投篮难度的提升，挑战金额也在相应增加。成功投篮所募集的善款将由宇舶表与“韦德世界基金会”联合捐赠给中国的杰出非盈利性组织壹基金。韦德在 NBA 取得的成就举世瞩目、堪称传奇；并且，韦德带领的美国梦之队在2008年北京奥运会取金牌，韦德这次重返北京，使得本次慈善活动更具意义。

韦德作为儿童慈善基金的积极募款人，与宇舶共同助力中国儿童慈善事业。值此盛事，宇舶表推出全新的 King Power Dwyane Wade 腕表。这名运动巨星面对挑战从未退缩，对于慈善视野，更是一往直前。韦德说，“能在宇舶表百万人民币大投篮的挑战中推出 King Power Dwyane Wade 腕表，让我异常兴奋。这场挑战活动在为崇高的事业出力的同时，营造了特别而完美的气氛来展示这款独一无二的腕表。”

King Power Dwyane Wade 腕表，限量发行500只，包含诸多特别元素以向韦德的职业篮球生涯和篮球运动致敬：醒目的“3”代表着陪伴韦德征战 NBA 赛场的3号球衣，别致的篮球图案表盘，灵感来源于篮筐网袋的表带缝线。此外，宇舶精彩地演绎了钛、陶瓷、钨、镀铑以及混合材料的全新融合，例如表圈的红色树脂——迈阿密热火队（Miami Heat）的标志颜色之一，将品牌DNA“融合的艺术”发挥到极致。

最后要提及的是宇舶麾下 Tutti Frutti 系列也持续呈现出的时尚惊艳、雍容华贵的个性。四个黄金躯壳包装下的全新表款立志挖掘出钟表迷们的轻松一面。拥有上色哑光表盘搭配着鳄鱼皮表带，这四款生气勃勃的自动上链腕表还可以变幻出更多的色彩。四款腕表提供深蓝款、深绿款、棕色款，或鸵色款，具有镀金指针、37颗装饰宝石、自动上链机芯，以及42个小时动力储存。

宇舶董事会主席 Jean-Claude Biver，胆识过人、远见卓识，引领着宇舶勇往直前，对探索制表工业最前沿永不怠懈；同时，亦不忘回馈社会公益，将财富造福下一代。

Tutti Frutti 腕表系列
宇舶推出全新 Tutti Frutti 腕表，为这缤纷的腕表系列增添全新成员，让腕表系列个性更具深度。

FORMULA 1™ KING POWER CERAMIC

王者至尊全陶瓷腕表 参考编号: 703.CI.1123.NR.FMO10

机芯: 自动上链 HUB4100 机芯; 42小时动力储存; 252个组件; 27颗宝石; 微喷砂、倒角处理、抛光夹板; 黑色PVD涂层摆陀, 碳化钨重段; 镀铑、圆纹主机板; 带增强弹簧发条盒; 铍青铜合金平衡弹簧擒纵轮。

功能: 小时、分钟、秒钟; 日期显示位于4时30分位置; 计时码表。

表壳: 王者至尊系列; 微喷砂黑色陶瓷; 直径48毫米; 碳纤维和黑色陶瓷表圈, 有6颗黑色PVD涂层钛浮雕H形螺钉; 黑色合成树脂表耳; 黑色PVD钛金属表冠, 黑色橡胶插片; 表侧嵌入黑色合成树脂; "Start"(启动)按掣位于2时位置, 红色橡胶插片, 黑色字样; "Reset"(重置)按掣位于4时位置, 黑色橡胶插片, 红色字样; 抗反射蓝宝石水晶表镜; 微喷砂黑色陶瓷表底; 100米防水性能。

表盘: 黑色哑光多层次表盘; 黑色镍金属时标, 覆红色SuperLumiNova超级夜光物料; 缎面拉丝处理黑色镍金属时针和分针, 覆红色SuperLumiNova超级夜光物料; FORMULA 1™ 标识位于12时位置。

表带: 黑色橡胶和 Nomex® 材质表带, FORMULA 1™ 标识, 红色缝纹; King Power 微喷砂黑色PVD涂层钛金属隐藏式折叠扣和扣冠; 微喷砂黑色陶瓷贴面。

备注: 限量发行500只, 独立编号01/500至500/500。

参考价: RMB 177 100

KING POWER RED DEVIL

王者至尊红魔腕表 参考编号: 716.CI.1129.RX.MAN11

机芯: 自动上链 HUB4245 机芯; 42小时动力储存; 微喷砂和倒角处理夹板, 经黑色电镀处理; 微喷砂主机板经黑色电镀处理; 带增强弹簧发条盒; 瑞士杠杆式擒纵结构; 单体重金属摆陀, 带陶瓷球轴承。

功能: 小时、分钟、秒钟; 日期显示位于4时位置; 计时码表 —— 45分钟积算盘, 长计时秒针。

表壳: 王者至尊系列; 喷砂黑色陶瓷; 直径48毫米; 喷砂黑色陶瓷表圈, 有6颗黑色PVD涂层钛浮雕H形螺钉; 黑色合成树脂表耳; 黑色PVD涂层精钢表冠, 黑色橡胶插片; 黑色PVD涂层精钢按掣, 嵌入黑色和红色橡胶插片; 表侧嵌入黑色合成树脂, 位于3时位置; 抗反射蓝宝石水晶表镜; 微喷砂黑色陶瓷表底; 100米防水性能。

表盘: 蓝宝石表盘; 由曼联老特拉福德球场采集草叶制成时标; 缎面拉丝处理黑色镍金属时针和分针, 覆红色夜光涂层; "Red Devil" 曼联红魔标识位于3时位置。

表带: 黑色橡胶表带; 黑色PVD涂层钛金属隐藏式折叠扣; 微喷砂黑色陶瓷贴面。

备注: 限量发行500只, 独立编号01/500至500/500。

参考价: RMB 177 100

KING POWER UNICO ALL BLACK

王者至尊全黑系列UNICO腕表 参考编号: 701.CI.0110.RX

机芯: 自动上链 HUB1240 UNICO 机芯; 72小时动力储存; 微喷砂和倒角处理夹板, 经黑色电镀处理; 微喷砂主机板经黑色电镀处理; 带增强弹簧发条盒; 瑞士铆钉式擒纵结构, 擒纵叉和擒纵轮都采用硅制作。

功能: 小时、分钟、秒钟; 日期显示位于4时30分位置; 飞返计时码表。

表壳: 王者至尊系列; 微喷砂黑色陶瓷; 直径48毫米; 微喷砂黑色陶瓷表圈, 黑色橡胶成形, 有6颗钛浮雕H形螺钉; 黑色合成树脂表耳; 黑色陶瓷表冠和按掣, 有橡胶插片; 表侧嵌入黑色合成树脂; 抗反射蓝宝石水晶表镜; 微喷砂黑色陶瓷表底; 100米防水性能。

表盘: 多层碳纤维表盘; 微喷砂黑色哑光积算盘和盘缘; 镶嵌黑色镍金属时标, 覆黑色夜光物料; 缎面拉丝处理黑色镍金属时针和分针, 覆夜光物料涂层。

表带: 黑色橡胶表带; 微喷砂黑色陶瓷和黑色PVD精钢隐藏式折叠扣。

备注: 限量发行500只, 独立编号01/500至500/500。

参考价: RMB 152 800

HUBLOT CALIBER HUB1240

宇舶表 HUB1240 机芯

机芯: 自动上链机芯, 陶瓷球轴承; 比勒顿 (Pellaton) 双向缓冲发条系统; 直径30.4毫米, 厚度8.05毫米; 70小时动力储存; 330个组件; 38颗宝石; 带有导柱轮计时器结构的机芯整合于机芯表盘面; Bicompax计时器; 双按掣; 双水平离合; 非跳时计时器; 可拆卸擒纵器平台。

功能: 小时、分钟、秒钟; 日期显示; 飞返计时码表。

*价格如有变动, 请以品牌公布价为准。

BIG BANG ALL BLACK CARBON

BIG BANG 全黑碳腕表　参考编号: 301.QX.1740.GR

机芯: 自动上链 HUB4100 机芯; 42小时动力储存; 252个组件; 27颗宝石; 缎面拉丝处理、倒角处理、抛光夹板; 碳化钨摆陀, 黑色钌涂层, 压窝处理; 黑色钌涂层主机板; 带增强弹簧发条盒; 铍青铜合金平衡弹簧擒纵轮。

功能: 小时、分钟、秒钟; 日期显示位于4时30分位置; 计时码表。

表壳: Big Bang 系列; 黑色碳纤维表壳; 直径44.5毫米; 黑色碳纤维表圈, 6颗黑色PVD涂层、钻孔、抛光、嵌入式H型钛金属螺钉; 黑色合成树脂表耳; 黑色PVD涂层精钢表冠和按掣, 均有黑色橡胶插片; 表侧嵌入黑色合成树脂; 抗反射蓝宝石水晶表镜; 碳纤维蓝宝石水晶表底; 100米防水性能。

表带: 黑色鳄鱼皮表带, 内衬橡胶; 镶嵌黑色时标; 琢面黑色哑光时针和分针; 炫黑热转印标识。

参考价: RMB 152 700

BIG BANG BLACK CAVIAR

BIG BANG 黑色鱼子酱腕表　参考编号: 346.CX.1800.RX

机芯: 自动上链 HUB1112 机芯; 42小时动力储存; 62个组件; 21颗宝石; 缎面拉丝处理、倒角处理、抛光夹板; 碳化钨摆陀, 黑色钌涂层, 压窝处理; 带增强弹簧发条盒; 铍青铜合金平衡弹簧擒纵轮。

功能: 小时、分钟、秒钟; 日期显示位于3时位置。

表壳: Big Bang 系列; 抛光黑色陶瓷表壳; 直径41毫米; 抛光黑色陶瓷表圈, 6颗黑色PVD涂层、钻孔、抛光、嵌入式H型钛金属螺钉; 黑色合成树脂表耳; 抛光黑色陶瓷表冠; 表侧嵌入黑色合成树脂; 抗反射蓝宝石水晶表镜; 抗反射抛光黑色陶瓷表底; 100米防水性能。

表盘: 抛光黑色陶瓷表盘; 琢面、抛光钻石、镀铑、镂空时针和分针; Hublot 转印标识位于12时位置。

表带: 黑色橡胶表带, Hublot 标识; 黑色PVD涂层精钢隐藏式折叠扣。

参考价: RMB 76 800

BIG BANG LEOPARD

BIG BANG 豹纹腕表　参考编号: 341.PX.7610.NR.1976

机芯: 自动上链 HUB4300 机芯。

功能: 小时、分钟、秒钟; 日期显示位于4时30分位置; 计时码表。

表壳: Big Bang 系列; 5N 18K 玫瑰金表壳; 直径41毫米; 缎面处理 5N 18K 玫瑰金表圈, 镶嵌有48颗阶梯形切割红柱石(andalusite)、烟熏石英、方形黄水晶(citrine), 以及6颗黑色PVD涂层、钻孔、抛光、嵌入式H型钛金属螺钉; 黑色合成树脂表耳; 5N 18K 玫瑰金表冠和按掣, 黑色橡胶插片; 抗反射蓝宝石水晶表镜; 5N 18K 玫瑰金表底; 100米防水性能。

表盘: 豹纹表盘; 镶嵌8颗黄色钻石时标; 琢面和抛光 5N 18K 玫瑰金时针和分针。

表带: 豹纹牛仔布表带, 内衬黑色天然橡胶; 5N 18K 玫瑰金隐藏式折叠扣。

参考价: RMB 298 300

CLASSIC FUSION CHRONOGRAPH

经典融合计时码表　参考编号: 521.OX.1180.LR

机芯: 自动上链 HUB1143 机芯; 42小时动力储存; 280个组件; 59颗宝石; 缎面拉丝处理、倒角处理、抛光夹板; 碳化钨摆陀, 黑色钌涂层, 压窝处理; 带增强弹簧发条盒; 铍青铜合金平衡弹簧擒纵轮。

功能: 小时、分钟、秒钟; 日期显示位于6时位置; 计时码表。

表壳: 经典融合系列; 18K王金表壳; 直径45毫米; 缎面拉丝处理末端; 缎面拉丝处理 18K 王金玫瑰金表圈, 6颗黑色PVD涂层、钻孔、抛光、嵌入式H型钛金属螺钉; 缎面拉丝处理18K王金表冠, 有 Hublot 标识; 抗反射蓝宝石水晶镜面; 缎面处理18K王金镶嵌蓝宝石水晶表底; 50米防水性能。

表盘: 黑色哑光表盘; 镶嵌 18K 王金时标; 琢面、抛光钻石、镀铑、镂空时针和分针。

表带: 黑色橡胶和鳄鱼皮表带; 18K王金隐藏式折叠扣。

参考价: RMB 212 600

*价格如有变动, 请以品牌公布价为准。

尽情相拥 美好时光

TAKING THE TIME

IWC万国表持续传承其制表工艺，打造出永恒经典的腕表系列，于设计与技术都领先同侪，缔造众多辉煌成就。

大型飞行员腕表
富有创见的专利棘式上链装置成功解决了主发条的扭矩问题。

IWC万国表非凡的创意灵感及其精湛的制表技术，通过对公益事业和环保事业的精诚投入，展现出了品牌推动社会进步的决心。IWC万国表与相关组织和机构合作致力于帮助弱势儿童和青少年。作为 Laureus Foundation Switzerland 以及附属组织 Laureus Sport for Good Foundation 的创办人之一，IWC万国表通过基金会支持和开展各类课余和体育项目，帮助增强儿童和青少年的个性发展，赋予他们希望，开启他们更加美好的人生。另一方面，IWC万国表对于气候变化和环境破坏等环保议题的努力从未却步。IWC万国表先后资助达尔文基金会（Charles Darwin Foundation）、海洋保育基金会库斯托协会（Cousteau Society）、冒险生态（Adventure Ecology），圣艾修伯里-达加叶遗产管理委员会（Succession d'Antoine de Saint-Exupéry – d'Agay），来唤醒人们对于地球生态环境的关注和保护。

在开展协作的同时，IWC万国表也推出特别版腕表，专门响应现有的项目。这些腕表不但起到宣传这些公益事业的作用，其部分销售收益也将捐赠给相关基金会，以支持开展相应的活动。

IWC万国表由来自美国波士顿的 Florentine Ariosto Jones 于140余年前创办。当时，当大多数美国人都执迷于淘金热而西进的时候，Florentine Ariosto Jones 却来到瑞士寻找机会，立志将瑞士制表的精湛工艺和美国现代的机械技术结合起来。在表厂于1880年被来自沙夫豪森的引擎制造商 Johannes Rauschenbach-Vogel 收购之后，IWC万国表的开拓精神被进一步发扬光大，并掀开了制表工艺新篇章。

在1899年，表厂成立后的31年，IWC万国表的第一批腕表被投放市场。公司将小型64型女式怀表机芯装嵌在一个精工打造的表壳中，表壳附有表耳以便连接表耳。而于1915年问世的75型和76型机芯是IWC万国表首批专为腕表特别设计的机芯，成为表厂历史上第二座显著的丰碑。一个世纪后的今天，IWC万国表持续传承其制表工艺，打造出永恒经典的腕表系列，于设计与技术都领先同侪，缔造众多辉煌成就。

IWC万国表大型飞行员（Big Pilot）腕表系列自1930年诞生至今已经成为民用航空界的经典之作。对比鲜明、清晰易读的夜光指针和大数字时标，以及配备了玻璃表镜及箭头形指标的旋转表圈，保证了表款绝佳的可读性。该表款配备有51110机芯，通过其专利的棘式上链装置，称之为比勒顿（Pellaton）上链系统，保证了机芯能在最短的时间内积存8日半的动力储存。神奇的比勒顿上链系统预防了因主发条不适当的扭矩而影响摆陀的振幅所导致的对擒纵系统精确度方面的影响。尽管IWC万国表不断对大型飞行员腕表作出相应的更改，并为这一系列防磁腕表引入更多的技术创新，但腕表系列持续展现的完美读时性和雅致大方的设计，提醒着人们最初孕育这经典腕表的原动力。

葡萄牙腕表系列脱胎于1939年两位葡萄牙进口商向IWC万国表的特别订制——大型腕表搭载拥有高机械精确性能的怀表机芯。自首款葡萄牙腕表面世以来，葡萄牙腕表便成为钟表业中完美性能的象征。IWC万国表推出葡萄牙双月相万年历腕表（Portuguese Perpetual Calendar Double Moon）将万年历的概念再次呈现，充满探索精神。月相显示拥有双圆盘，采用独特的光学特性，根据观测位置正确显示出南北半球的月相。此月相显示功能完全异于常规设计。双圆盘，经过细致雕琢，代表着地球，而非月相盘。两个圆盘忠实重现从北半球和南半球所观测的不同月相，互成倒影。该表盘还配备了辅助倒数刻度盘，可以精确地读取到下一次盈月的剩余日数；这一功能为这款工艺尖端、大气磅礴的钟表大作锦上添花，并增强了表款的可读性。

葡萄牙双月相万年历腕表
类半球月相显示功能堪称神来之笔，让南北半球的不同月相位置一目了然。

海洋时计计时腕表（Aquatimer Chronograph）是潜水概念表的重生，致敬着IWC万国表于1967年推出的第一个海洋时计（Aquatimer）腕表，以史无前例的高防水性能著称于制表业。最新开发的旋转表圈由多个部分构成，为内嵌蓝宝石水晶提供了空间，并覆 SuperLumiNova 超级夜光涂层，保证了这44毫米直径大表的夜光效力。为了保证海洋时计计时腕表的可视可读性，表款别具匠心采取了特别的设计与配色，确保了水下的可读性，即使是夜间潜水也可以一目了然。海洋时计计时腕表装载79320计时码机芯，120米防水性能，可以用来准确地测量一次潜水中的累积时间。海洋时计计时腕表以全新形象瞩目登场，功能卓越并延续IWC万国表一贯的典雅，兼容并蓄、完美平衡。海洋时计计时腕表堪称瑞士制表业各项制表技艺结合下的菁华之作。

海洋时计计时腕表
在旋转表圈之下的夜光装置是表款设计与性能间完美平衡的最佳例证。

配备了精致的酒桶型表壳，达芬奇万年历数字日期月份腕表(Da Vinci Perpetual Calendar Digital Date-Month) 仍然延续着日历计时码表的光荣传统。在瑞士机械表复兴的1980年代，IWC万国表曾以日历计时码表在制表界扮演着不可或缺的角色。这款表第一次以大号阿拉伯数字而非字母提示着人们正确的日期和月份。匠心独具的设计让其表盘任何一侧的日历都能清晰显示。在表盘6时处所刻“达芬奇”的名字彰显了该表款精湛的工艺与卓越的性能。考虑到格里历中闰年的规定，该表款上的日期从2100年3月开始只需每一百年手动向前调节一次，但要除去可以被400整除的年份。卓越的机芯当仁不让地驱动着拥有经典血统的万年历。89800机芯，双棘爪自动上链系统，为这款具有飞返计时码表功能的卓越腕表提供了无限的动力。IWC将凭借着非凡的工艺和精湛的技术，与达芬奇这个名字一起在数字时代中大放异彩。

达芬奇万年历数字日期月份腕表
与众不同的日期和月份数字显示跳动着提示时间，简洁明了的读数性展示着IWC万国表的卓越技艺。

柏涛菲诺手动上链八日动力储备腕表（Portofino Hand-Wound Eight Days）是拥有27年历史的柏涛菲诺系列的最新旗舰产品，将IWC万国表的优雅传统和卓越性能完美地结合在一起。全新开发的手动上链59210机芯搭载于硕大且别致的45毫米直径表壳内，终日运行不止。柏涛菲诺手动上链八日动力储备腕表具备了储存9日动力的能力IWC万国表的制表师们特别地插入了一齿轮，可以让机芯精准地运行192个小时，或8日之后停止。此装置可以确保腕表在整个运转期间更加精确，避免了由于主发条松懈导致的扭矩减弱。除此之外，每小时28800次的振动频率平衡摆轮，以及按照古老制表传统弯曲成形的宝玑游丝，确保了该表款的精确性。

柏涛菲诺手动上链八日动力储备腕表
旗舰表款拥有的动力储存功能技高一筹，让佩带者享受着上链的快感。

Santoni 表带
为表达IWC万国表对传统工艺的尊崇遥相呼应，Santoni 为柏涛菲诺手动上链八日动力储备腕表制作的的皮表带品质出众，完全采用手工制作而成。

柏涛菲诺手动上链八日动力储备腕表搭配岩灰表盘的18K玫瑰金款式，以及搭配镀银或黑色表盘的精钢表款，附上由 Santoni 制作的顶级鳄鱼皮表带。IWC万国表于钟表史首次与世界著名鞋履制造商 Santoni 合作，双方拥有坚持卓越、追求完美的共同理念，一丝不苟的精神，以及对于工艺经久不衰的热情体现到了每一处细节。IWC万国表设计总监 Christian Knoop 解释到：“皮表带最美的时候就是它们几乎快要支离破碎的时候，就是它们生锈的时候，就是它们已经有很深的纹路的时候。”为了实现如此造诣的纯正工艺，IWC万国表将目光投向皮革工艺出神入化的鞋履制造商。Santoni 由 Andrea Santoni 创办，以家庭式的经营方式，目前由创办人的儿子 Giuseppe 执业。Santoni 的表带品质无可挑剔，是陪衬柏涛菲最新旗舰产品的理想搭配，将腕表的经典之美勾勒而出。从冲压穿孔到繁复缝纫，Santoni 表带与其卓著的鞋履一样，每一件都完全以手工制作。原始软皮经过多大15种染料的印染，最终的成品呈现出古朴和奇妙的色泽效果；于此同时，皮表带的深纹路由刷子进一步加工成型。IWC万国表和 Santoni 对于传统工艺的共同执着促成了柏涛菲诺手动上链八日动力储备腕表。无论对于钟表鉴赏家，或是皮革鉴赏家来说，这款腕表都是难得臻品，让人回味无穷。

柏涛菲诺计时腕表
信息与计时组件成为该表款的点睛之笔，低调内敛的外观底下潜藏着充沛的活力，唤醒人们对二十世纪六十年代经典跑车的记忆。

柏涛菲诺计时腕表（Portofino Chronograph）与停靠在意大利柏涛菲诺海港上游艇上的方向盘遥相呼应。其醒目的按钮设计令人回想起20世纪60年代意大利跑车所散发的动感和优雅，令人兴奋却不露锋芒。位于12时位置的30分钟积算盘和位于6时位置的12小时积算盘借着顶端红色数字刻度让人眼前一亮，位于9时位置的小秒钟却显得十分低调，与表盘另一端的星期和日期显示保持着刻意的平衡。这款马力十足的自动上链计时表，搭配累时停表功能，拥有44小时动力储存，以及鳄鱼皮表带或米兰式织网表链。

柏涛菲诺自动腕表
延续着经典与简约的风格，拥有完美的40毫米圆形表壳。

最终登场的是柏涛菲诺家族中最为低调的明星，为IWC万国表新近推出的最新一代柏涛菲诺系列画上了一个完美的句号。柏涛菲诺自动腕表（Portofino Automatic）仅有的三根指针加上一个端秀的星期窗口，不多不少，恰到好处的完美。匀称的圆形表壳，直径40毫米，显得更薄。搭配镀银表盘或黑色表盘，精钢表款可提供鳄鱼皮表带或米兰式网表链。18K玫瑰金款的底盖上镌刻有精致图案，柏涛菲诺港口的风景尽收表底。

2011年是柏涛菲诺年，著名摄影大师彼得林德伯格（Peter Lindbergh）携其"A Night in Portofino"（柏涛菲之夜）摄影展到来。盛大的摄影展呈现着一幅幅非同凡响的摄影大作。IWC万国表联袂传奇摄影大师，汇聚一众品牌友人，完成此次拍摄，探讨着时间、空间和现实。拥抱着旧日的时光，所有摄影作品巧妙地捕捉到柏涛菲诺小镇于上世纪60年代的风韵和神髓。

意大利的渔村柏涛菲诺在过去的50多年间变成了众人追捧的圣地。柏涛菲诺为IWC万国表提供了无穷的灵感和完美的背景去创作了柏涛菲诺腕表系列。更重要的是借由柏涛菲诺，IWC万国表表达了对于地中海生活方式的挚爱和尊崇。正如彼得林德伯格所说，"当我坐在柏涛菲诺港时，时间彷佛静止了。"

IWC PILOT'S WATCH DOUBLE CHRONOGRAPH EDITION TOP GUN
飞行员追针计时系列 TOP GUN 海军空战部队腕表

参考编号: IW379901

机芯：自动上链79230机芯；44小时动力储存；29颗宝石。

功能：小时、分钟；小秒针附掣停功能位于9时位置；日期与星期显示位于3位置；计时码表功能——12小时积算盘位于6时位置，30分钟积算盘位于12时间位置，长双追针。

表壳：陶瓷和钛金属；直径46毫米，厚度17.8毫米；旋入式表冠；软铁内壳保护机芯免受磁场效应影响；双面防反光凸状蓝宝石水晶表镜，装配稳固，以防在骤降气压下松脱；钛金属表底有 Top Gun 标识；60米防水性能。

表盘：黑色。

表带：黑色。

参考价：RMB 96 000
HKD 96 500

IWC BIG PILOT'S WATCH
大型飞行员腕表

参考编号: IW500401

机芯：自动上链51111机芯；7日动力储存；42颗宝石；Glucydur® 铍合金摆轮，摆轮平衡轴设高精度微调凸轮；宝玑（Breguet）游丝。

功能：小时、分钟；秒针附掣停功能；日期显示位于6时位置；动力储存位于3时位置。

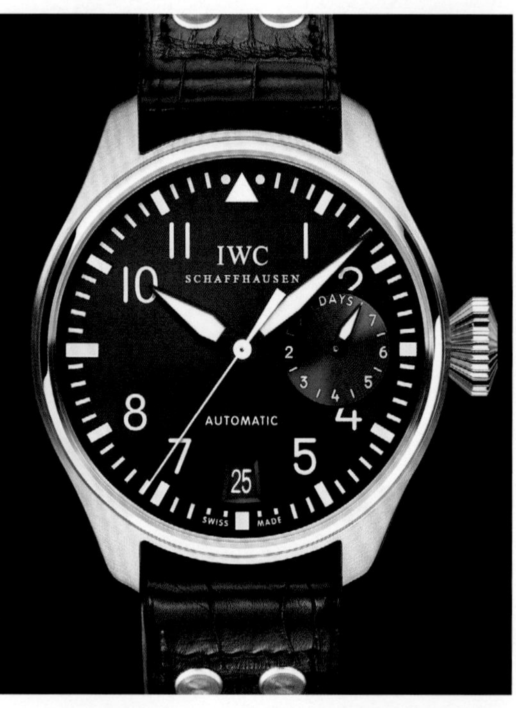

表壳：精钢；直径46.2毫米，厚度15.8毫米；旋入式表冠；软铁内壳保护机芯免受磁场效应影响；双面防反光凸状蓝宝石水晶表镜，装配稳固，以防在骤降气压下松脱；60米防水性能。

表盘：黑色。

表带：黑色鳄鱼皮。

参考价：RMB 113 000
HKD 113 000

另提供：白金款。

IWC PILOT'S WATCH CHRONO-AUTOMATIC
飞行员计时腕表

参考编号: IW371701

机芯：自动上链79320机芯；44小时动力储存；25颗宝石。

功能：小时、分钟；小秒针附掣停功能位于9时位置；计时码表功能——12小时积算盘位于6时位置，30分钟积算盘位于12时位置，长计时秒针。

表壳：精钢；直径42毫米，厚度14.7毫米；旋入式表冠；软铁内壳保护机芯免受磁场效应影响；双面防反光凸状蓝宝石水晶表镜，装配稳固，以防在骤降气压下松脱；60米防水性能。

表盘：黑色。

表带：黑色鳄鱼皮。

参考价：RMB 42 000
HKD 43 000

另提供：精钢表链；18K玫瑰金款配棕色鳄鱼皮表带。

IWC BIG PILOT'S WATCH PERPETUAL CALENDAR EDITION ANTOINE DE SAINT EXUPERY
大型飞行员万年历腕表圣艾修佰里特别版

参考编号: IW502617

机芯：比勒顿自动上链51614机芯；7日动力储存；62颗宝石；Glucydur® 铍合金平衡摆轮，摆轮臂配置高精度微调凸轮；宝玑（Breguet）游丝；摆陀饰以镌刻图案和18K金质徽章。

功能：小时、分钟；小秒针附掣停装置；万年历——日期、星期、月份、年份、月相；动力储存显示。

表壳：18K玫瑰金；直径46毫米，厚度16毫米；旋入式表冠；双面防反光凸状蓝宝石水晶表镜，装配稳固，以防在骤降气压下松脱；60米防水性能。

表盘：棕色。

表带：棕色小牛皮。

备注：限量发行500只。

参考价：RMB 378 000
HKD 398 000

＊价格如有变动，请以品牌公布价为准。

IWC PORTUGUESE GRANDE COMPLICATION

葡萄牙超卓复杂型腕表　参考编号：IW377402

机芯：自动上链79091机芯；44小时动力储存；75颗宝石。

功能：小时、分钟；小秒针附掣停功能位于9时位置；计时码表功能 —— 12小时积算盘位于6时位置，30分钟积算盘位于12时位置，长计时秒针；月相显示；万年历；三问报时功能 —— 小时、刻钟、分钟。

表壳：18K玫瑰金；直径45毫米，厚度16.5毫米；双面防反光蓝宝石水晶表镜；特殊镌刻表底；30米防水性能。

表盘：镀银。

表带：深棕色鳄鱼皮表带。

备注：每年限量发行50只。

参考价：RMB 1 650 000
HKD 1 800 000

另提供：铂金款。

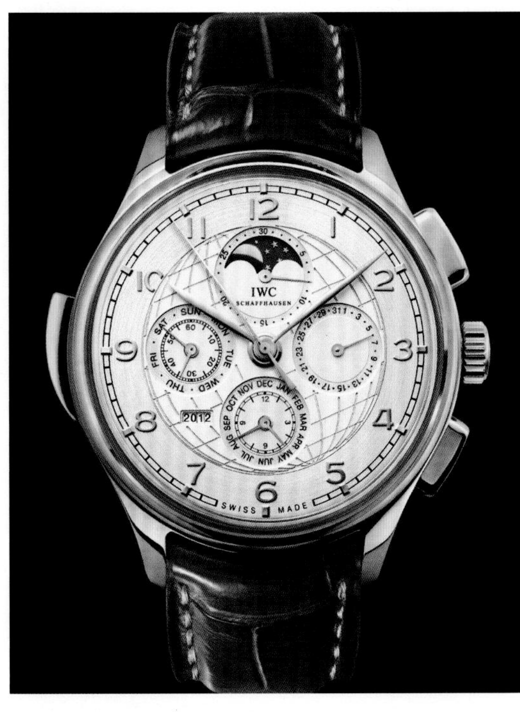

IWC PORTUGUESE TOURBILLON MYSTERE RETROGRADE

葡萄牙陀飞轮逆跳腕表　参考编号：IW504402

机芯：比勒顿自动上链51900机芯；7日动力储存；44颗宝石；Glucydur® 铍合金摆轮，摆轮平衡轴设高精度微调凸轮；宝矶（Breguet）游丝；摆陀饰有18K金质徽章。

功能：小时、分钟；弓形逆跳时间显示位于6时和9时之间；动力储存显示位于2时和3时之间；飞转陀飞轮位于12时间。

表壳：18K玫瑰金；直径44.2毫米，厚度15.5毫米；双面防反光蓝宝石水晶表镜；透明蓝宝石水晶表底；30米防水性能。

表盘：镀银。

表带：深棕色鳄鱼皮。

备注：限量发行500只。

参考价：RMB 838 000
HKD 905 000

另提供：铂金款(限量发行250只)。

IWC PORTUGUESE TOURBILLON HAND-WOUND

葡萄牙陀飞轮手动上链腕表　参考编号：IW544705

机芯：手动上链98900机芯；54小时动力储存；21颗宝石；四分之三夹板。

功能：小时、分钟；小秒针附掣停功能位于6时位置；飞转分钟陀飞轮位于9时位置。

表壳：18K玫瑰金；直径43.1毫米，厚度11毫米；双面防反光蓝宝石水晶表镜；透明蓝宝石水晶表底；30米防水性能。

表盘：黑色。

表带：黑色鳄鱼皮。

备注：限量发行500只。

参考价：RMB 465 000
HKD 505 000

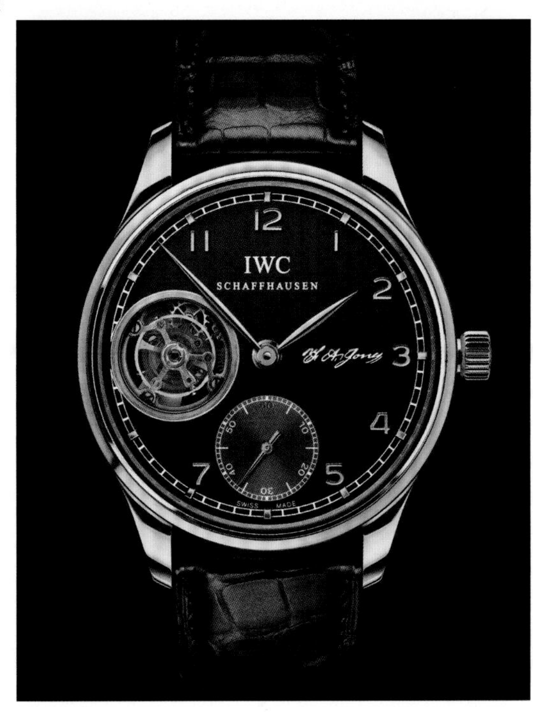

IWC PORTUGUESE MINUTE REPEATER

葡萄牙三问腕表　参考编号：IW544906

机芯：手动上链98950机芯；46小时动力储存；52颗宝石；Glucydur® 铍合金摆轮，摆轮平衡轴设高精度微调凸轮；宝矶（Breguet）游丝；四分之三夹板。

功能：小时、分钟；小秒针附掣停功能位于6时位置；三问报时功能 —— 小时、刻钟、分钟。

表壳：铂金；直径44毫末，厚度14毫米；双面防反光蓝宝石水晶表镜；透明蓝宝石水晶表底。

表盘：镀银。

表带：黑色鳄鱼皮。

备注：限量发行500只。

参考价：RMB 860 000
HKD 923 000

另提供：18K玫瑰金款（限量发行500只）。

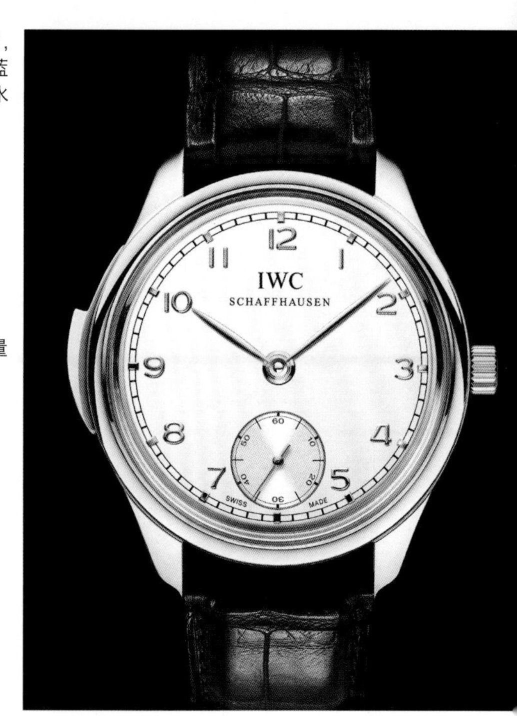

IWC PORTUGUESE PERPETUAL CALENDAR

葡萄牙万年历表 参考编号: IW503203

机芯：比勒顿自动上链51614机芯；7日动力储存；62颗宝石；Glucydur® 铍合金摆轮，摆轮平衡轴设高精度微调凸轮；宝玑（Breguet）游丝；摆陀饰有18K金质徽章。

功能：小时、分钟；小秒针附掣停功能位于9时位置；动力储存显示位于3时位置；永久南北半球月相显示位于12时位置；万年历 —— 日期、星期、月份和年份。

表壳：18K白金；直径44.2毫米，厚度15.5毫米；双面防反光蓝宝石水晶表镜；透明蓝宝石水晶表底；30米防水性能。

表盘：深蓝。

表带：黑色短吻鳄鱼皮。

参考价：RMB 316 000
HKD 330 000

另提供：玫瑰金款。

IWC PORTUGUESE YACHT CLUB CHRONOGRAPH

葡萄牙航海精英计时腕表 参考编号: IW390211

机芯：自动上链89360机芯；68小时动力储存；40颗宝石。

功能：小时、分钟；小秒针附掣停功能位于6时位置；日期显示位于3时位置；飞返计时码表功能 —— 12小时积算盘位，60秒积算盘位于12时位置，长计时秒针。

表壳：精钢；直径45.4毫米，厚度14.5毫米；旋入式表冠；双面防反光蓝宝石水晶表镜；透明蓝宝石水晶表底；60米防水性能。

表盘：镀银。

表带：黑色天然橡胶。

参考价：RMB 107 000
HKD 109 000

另提供：玫瑰金表壳配黑色天然橡胶表带；精钢表壳配黑色表盘和黑色天然橡胶表带。

IWC PORTUGUESE AUTOMATIC

葡萄牙自动腕表 参考编号: IW500106

机芯：自动上链51010机芯；7日动力储存；42颗宝石；Glucydur® 铍合金摆轮，摆轮平衡轴设高精度微调凸轮；宝玑（Breguet）游丝；摆脱饰有18K金质徽章。

功能：小时、分钟；小秒针附掣停功能位于9时位置；日期显示位于6时位置；动力储存位置位于3时位置。

表壳：18K白金；直径42.3毫米，厚度14毫米；双面防反光蓝宝石水晶表镜；透明表底；30米防水性能。

表盘：深灰色。

表带：深棕色鳄鱼皮。

参考价：RMB 178 000
HKD 192 000

另提供：精钢款；玫瑰金款。

IWC PORTUGUESE CHRONOGRAPH

葡萄牙计时腕表 参考编号: IW371482

机芯：自动上链79350机芯；44小时动力储存；31颗宝石。

功能：小时、分钟；小秒针附掣停功位于6时位置；计时码表功能 —— 30分钟积算盘位于12时位置，长计时秒钟。

表壳：18K玫瑰金；直径40.9毫米，厚度12.3毫米；双面防反光蓝宝石水晶表镜；30米防水性能。

表盘：浅灰色。

表带：深黑色鳄鱼皮表带。

参考价：RMB 132 000
HKD 134 000

另提供：精钢款。

*价格如有变动，请以品牌公布价为准。

IWC PORTOFINO HAND-WOUND EIGHT DAYS

柏涛菲诺手动上链八日动力储备腕表 参考编号：IW510104

机芯：手动上链59210机芯；8日动力储存；30颗宝石；宝玑（Breguet）游丝。

功能：小时、分钟；小秒针附掣停功能位于6时位置；日期显示位于3时位置；动力储存显示位于9时位置。

表壳：18K玫瑰金；直径45毫米，厚度12毫米；双面防反光蓝宝石水晶表镜；30米防水性能。

表盘：浅灰色。

表带：Santoni 深棕色鳄鱼皮。

参考价：RMB 154 000
HKD 154 000

另提供：精钢款。

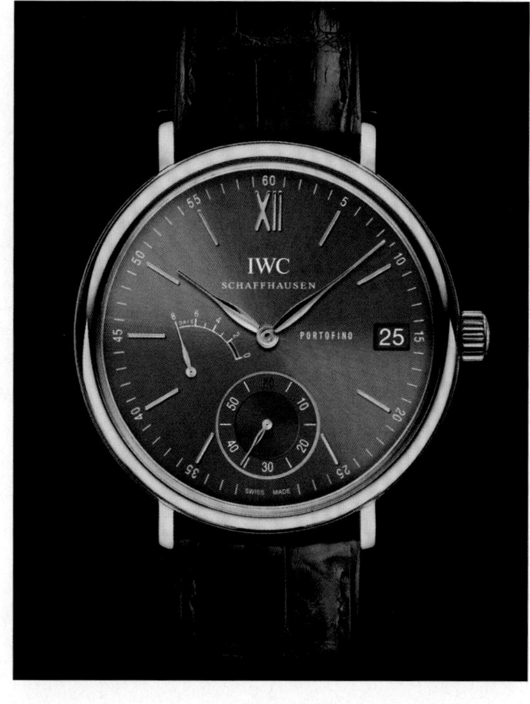

IWC PORTOFINO AUTOMATIC

柏涛菲诺自动腕表 参考编号：IW356504

机芯：自动上链35100机芯；42小时动力储存；25颗宝石。

功能：小时、分钟；秒针附掣停功能；日期显示位于3时位置。

表壳：18K玫瑰金；直径40毫米，厚度9.5毫米；双面防反光蓝宝石水晶表镜；特殊镌刻表底；30米防水性能。

表盘：深棕色鳄鱼皮。

参考价：RMB 88 000
HKD 88 000

另提供：精钢款。

IWC PORTOFINO CHRONOGRAPH

柏涛菲诺计时腕表 参考编号：IW391001

机芯：自动上链79320机芯；44小时动力储存；25颗宝石。

功能：小时、分钟；小秒针附掣停功能；日期和星期显示位于3时位置；计时码表功能——12小时积算盘位于6时位置，30分钟积算盘位于12时位置，长计时秒针。

表壳：精钢；直径42毫米，厚度13.5毫米；双面防反光蓝宝石水晶表镜；30米防水性能。

表带：镀银。

表带：深棕色鳄鱼皮。

参考价：RMB 46 000
HKD 46 000

另提供：精钢款。

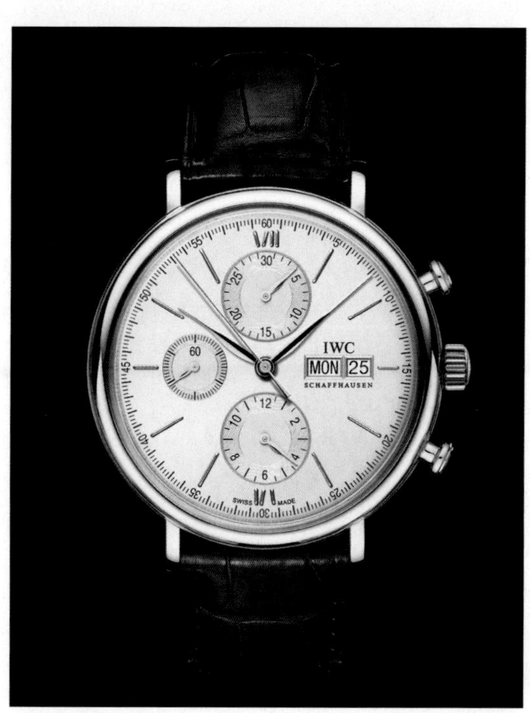

IWC INGENIEUR DOUBLE CHRONOGRAPH TITANIUM

工程师追针计时钛金腕表 参考编号：IW376501

机芯：自动上链机芯；44小时动力储存；29颗宝石。

功能：小时、分钟；小秒针显示带停顿功能位于9时位置；日期和星期显示位于3时位置；计时码表功能——12小时积算盘，30分钟积算盘，长双追针。

表壳：钛金属；直径45毫米，厚度16毫米；旋入式表冠；双面抗反射涂层蓝宝石水晶表镜；120米防水性能。

表盘：黑色。

表带：黑色天然橡胶。

参考价：RMB 99 000
HKD 98 500

＊价格如有变动，请以品牌公布价为准。

JEANRICHARD 尚維沙
CREATIVE CRAFTSMANSHIP
SINCE 1681

钟表先驱 现代演绎

THE TICK THAT STARTED IT ALL

尚维沙坚持打造卓越时计，以当代的腕表风格诠释源远流长的工艺传承，向树立瑞士传统制表业的钟表之父致以尊崇。

尽管 Daniel JeanRichard 当初迈入钟表界的传奇故事依然笼罩着神秘的面纱，但谁都无法否认他对这个依然处于不断发展状态的产业带来了不可磨灭的影响力。这位17世纪的制表师率先挑战制表业工会，将分工合作模式引入传统制表工业，开创了钟表工业新纪元。Daniel JeanRichard 的壮举为原本一成不变的钟表业带来了一场革命，钟表行业自此日渐蓬勃发展起来，而瑞士知名钟表圣地汝拉山区的面貌也从此焕然一新。

由 Daniel JeanRichard 开创的尚维沙品牌，始终以 Daniel JeanRichard 为傲并对他予以无限致敬。尚维沙目前持有人 Gino Macaluso 先生解释道："Daniel JeanRichard 出现于瑞士制表业发端之际，这段历史让我着迷不已。Daniel JeanRichard 在当时扮演着非常重要的角色，他是制表业起源史不可分割的一部分。"

浪琴表自1832年以来即坐落于Saint-Imier(索伊米亚)。如今，浪琴表推出以“索伊米亚”命名的系列腕表，这些卓尔不凡的机械表款,就是从这片孕育辉煌精纯制表传统的沃土上，生长而出的时间菁华。

自1832年落脚索伊米亚，浪琴即与这个村落建立了一种无比密切的关系，这被视为公司立身之本与发展之源。作为仅有的一家始创于并且仍然在索伊米亚的制表公司，浪琴始终坚持着自己的价值观：传统、优雅与运动。如今，浪琴表推出以索伊米亚命名的系列腕表，这些卓尔不凡的机械表款，就是从这片孕育辉煌精纯制表传统的沃土上，生长而出的时间菁华。

浪琴表索伊米亚索伊米亚系列的灵感源于品牌悠久精纯制表传统的创始发祥之地。1832年，瑞士侏罗山脉深处的一个山谷中，名叫索伊米亚的小村落创立了一个此后以飞翼沙漏标识闻名于世的品牌——浪琴表。早在创立之初，浪琴表公司就在索伊米亚的生活中发挥了核心作用，这个小山村自此也发展成为一个制表枢纽。于是，浪琴的命运与索伊米亚这个地方紧紧交织在一起。如今，这一悠远长久的关系因为一个配备机械机芯的非凡时计系列——浪琴表索伊米亚系列而更加牢固。

浪琴表索伊米亚系列表壳的形状是整个系列的共同主元素，其设计灵感来自一枚1945年的表款。流利的线条及独立于表壳的表耳赋予这些新品一种经典与现代设计之间的绝妙平衡。

可显示小时、分钟、秒钟，并在3时位置设计有日期显示窗的腕表有精钢款或玫瑰金款可供选择，一些版本也有精钢与玫瑰金相间款式。有直径26、30、38.50和41毫米四种尺寸，每位客人都可选到完美舒适贴合手腕的一款。表盘有黑色或银色，夜光指针使得读取时间如此轻松便易。为了与表盘相配，该系列腕表有的搭配黑色或棕色短吻鳄鱼皮表带，有的则是精钢或精钢玫瑰金相间链带，都配以折叠安全表扣。

浪琴表索伊米亚系列的计时码表配备ETA专为浪琴表开发与生产的 L688.2 导柱轮机芯。表壳采用精钢，精钢与玫瑰金，也有一些腕表是玫瑰金材质，直径为39毫米。银色或黑色表盘显示小时和分钟，9时位置设有小秒针显示，并有日期显示窗，以及计时码表功能：中央计时秒针、30分钟积算表位于3时位置，12小时积算盘位于6时位置。这些计时码表配以黑色或棕色鳄鱼皮表带，或者精钢，精钢与玫瑰金相间表链，所有表带或者表链均搭配折式安全表扣。

最后登场的索伊米亚系列表款将浪琴表精湛制表工艺的精髓传承。直径44毫米的表款配备ETA专为浪琴表开发与生产的 L707 机芯，提供黑色或镀银的表盘作为选择。表盘之上呈现着12个阿拉伯数字时标和四个逆跳显示：星期显示位于12时位置，日期显示位于表盘右侧，24小时第二时区显示位于表盘左侧，以及小秒针显示位于6时位置。除此之外，表盘上还有日夜显示和月相显示。卓越的表款配以黑色或者棕色的鳄鱼皮表带，或者精钢表链来与表款整体设计相配，所有的表带和表链均搭配折式安全表扣。

The Longines Saint-Imier Collection

浪琴表自1832年以来即坐落于Saint-Imier（索伊米亚）。如今，浪琴表推出以索伊米亚命名的系列腕表，这些卓尔不凡的机械表款，就是从这片孕育辉煌精纯制表传统的沃土上，生长而出的时间菁华。

SAINT-IMIER: 浪琴表精湛制表工艺的起源地。

TAMBOUR IN BLACK QUARTZ DIAMONDS
纯黑力量镶钻腕表　参考编号：Q131Q0

机芯：石英ETA955.402机芯。

功能：小时、分钟、秒钟。

表壳：Black Force 精钢；39.5毫米直径；表壳和表耳镶嵌钻石；100米防水性能。

表盘：黑色；钻石铺镶表盘上刻度值。

表带：黑色橡胶表带上印有路易威登标识型经典Monogram图纹。

参考价：RMB 139 000
HKD 152 000

TAMBOUR FOREVER BLUE INFINI
无限深蓝镶钻腕表　参考编号：Q111B0

机芯：石英。

功能：小时、分钟。

表壳：精钢；大款直径39.5毫米，小款直径34毫米；钻石铺镶表耳；100米防水性能；抗反射蓝宝石水晶镜面。

表盘：深蓝色；太阳光泽效果；钻石铺镶出Monogram花纹。

表带：深蓝色漆皮皮质表带印有路易威登标识型经典Monogram图纹。

参考价：RMB 107 000
HKD 109 000

TAMBOUR QUARTZ CHRONOGRAPH LOVELY CUP
石英计时表　参考编号：Q12M00

机芯：石英ETA251.471机芯。

功能：小时、分钟；小秒针；计时码表。

表壳：精钢；34毫米直径；100米防水性能。

表盘：白色珍珠贝母。

表带：白色橡胶表带上印有路易威登标识型经典Monogram图纹。

参考价：RMB 31 000
HKD 31 500

TAMBOUR BLUSH
BLUSH 腕表　参考编号：Q13MX0

机芯：石英ETA255.461机芯。

功能：小时、分钟、秒钟；日期。

表壳：精钢；34毫米直径；100米防水性能。

表盘：腮红色。

表带：淡粉色鳄鱼皮。

参考价：RMB 25 500
HKD 26 000

＊价格如有变动，请以品牌公布价为准。

PANERAI

骁勇善战 成就不凡

沛纳海品牌在与意大利皇家海军合作的峥嵘岁月中历练。卓尔不群的工艺和永不妥协的自信将品牌荣耀继续撰写。

沛纳海诞生于150多年前的文艺复兴核心地区，这个集意大利设计和瑞士制表工艺于一体的品牌鲜明地展示着自己独一无二的品牌风格。1860年，由乔凡尼·沛纳海在佛罗伦萨创建的第一所钟表工坊开启了追求创新与品质的历史。

1900年，品牌创始人乔凡尼·沛纳海将钟表工坊迁往佛罗伦萨的乔凡尼广场，沛纳海现在位于佛罗伦萨的专门店正坐落于此。凭借注入的崭新活力，钟表工坊与意大利皇军海军建立起了具有历史意义的合作关系，并促使其生产的精密仪器首次被意大利国防部采用。1916年，沛纳海在创新技术上突飞猛进，注册了第一批专利发明，包括制造了以镭粉末为基础的 Radiomir，用来作为表盘和瞄准器的发光装置。

随着二战的到来，沛纳海战略性地为意大利皇家海军制作了数量可观的精密仪器，包括为第一潜水军团将领设计于水下使用的 Radiomir 原型表。Radiomir 原型表能克服许多极端环境，拥有许多至今仍然傲视群雄的性能。1940年，Radiomir 腕表经过一系列的创新，最终成为第一款防水性能达200米的潜水表。包括表壳上的杠杆锁定装置、不断加强的夜光功能，以及三明治表盘保证的读

位于佛罗伦萨的圣乔凡尼广场的钟表店"Orologeria Svizzera"，自1860年至今仍是沛纳海的总部所在地。

位于瑞士诺沙泰尔的沛纳海制表厂。

时性，Radiomir 腕表在技术上领先，取得空前的防水性能。1949年，沛纳海为 Luminor 取得专利权，Luminor 是以氚质为主的夜光物质，用来取代具有放射性的镭粉末 Radiomir；此举彰显着沛纳海对于性能的不断追求。

整个20世纪，沛纳海专注于打造出卓越性能和重视功用的时计仪器，并不断与区域内的海军巩固合作关系。1956年，沛纳海接受了埃及海军的委托，推出了非常坚固和体积硕大的 Radiomir 腕表，并搭配刻度旋转表圈用来计算潜水时间。沛纳海对于创新的追求从未停息，随后开发及注册了表冠护桥的专利，将腕表的防渗能力显著增强，这技术后来成为 Luminor 的标志特征。

1998年，在被当时的 Vendôme 集团（如今的历峰集团）收购后的一年，沛纳海进入全球市场。2002年，沛纳海将表厂迁至瑞士钟表界的核心区域纳沙泰尔，为这来自意大利佛罗伦萨的钟表品牌掀开光荣历史上全新的篇章。因为，沛纳海洋在致力于设计高性能的军用时计仪器一百余年之后，被注入全新的活力，昂首挺胸地进入21世纪，发展原厂研发和设计的自制机械机芯。

P.2005G 手动上链陀飞轮机芯

P.2000机芯家族麾下有众多不同功能的手动和自动机械式机芯。一些相同的特征将5款机芯统一起来成为一个机芯家族。首先，三明治机械结构将上下层主机板用一组小支柱相连，提供了比传统悬臂式的夹板更为坚固的结构。其次，P.2000机芯家族采用三个互相连接的发条盒，配备修长的发条，在保证较长的动力储存的同时也让维持机芯摆幅的严格一致性，从而确保了整个摆轮运作的最佳精确度。

P.2002、P.2003、P.2004、P.2005和P.2006原厂机芯均具备一系列卓著能力，无时无刻展示着沛纳海出类拔萃的专业技能。沛纳海P.2000机芯家族皆安装着 KIF Parechoc® 防震装置，囊括了众多复杂功能，包括10日动力储存、12小时或24小时GMT显示、快速调节当地时间、可以完美同步的特制秒针重置功能、单按掣控制计时码表、双追针计时码表、陀飞轮、时间等式、星空图、夏令时冬令时校正、日期和月份显示、日出日落时间显示，等等。P.2000机芯家族将沛纳海一贯的远见卓识昭示天下。

P.9001 自动上链机芯

P.9000机芯家族与P.2000机芯家族一样拥有每小时振动频率28800次，同时拥有巧妙的快速调节系统，采用一个小弹簧离合器使本地时间时针以一小时为一格移动而不影响分针或腕表的整体运行。P.9000机芯家族具有罕见的可变惯性摆轮配合放射状排列的调节螺钉，配置有还有单层主机板、双发条盒驱动的3日动力储存，以及位于3时位置的日期显示和位于9时位置的小秒针显示。P.9000机芯的变体P.9001和P.9002都具有7.9毫米的厚度及其相同的内在结构特点，包括有第二时区显示、秒针重置功能以及动力储存显示。P.9001的动力储存显示位于表背，与之不同，P.9002则在表盘上通过指针在一个弓形区域显示动力储存。

P.999 手动上链机芯

P.999手动上链机芯完美地被装置入 Radiomir 腕表42毫米的表壳之内。P.999机芯有154个组件和19颗宝石可是却仅有3毫米厚度，成为沛纳海表厂生产的最纤细机芯。单簧发条盒提供60小时的动力储存。环形摆轮柱则保证了每小时21600次的振动频率。复杂的鹅颈式微调装置能微调机芯游丝的长度，以精确到微米为单位。P.999机芯的生产遵循着相当繁复的工业程序。

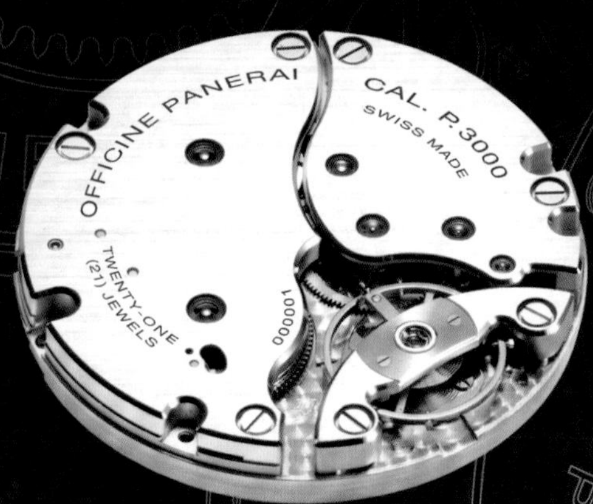

P.3000 手动上链机芯

最后登场的是相对较大的P.3000机芯，灵感来源于沛纳海的经典历史表款的机芯。原厂打造的机芯充分显示了沛纳海源远流长的品牌价值，卓越的性能、严苛的精度、长期的动力储备，以及强大的力度。P.3000机芯具有显著的紧密布局的双夹板，被大型螺钉固定于主机板上。双发条系统提供稳定的3日动力储存。P.3000机芯装备有可变惯性摆轮、每小时振动频率21600次、磨砂处理夹板、平滑和打磨的角度，具有小时和分钟功能，以及与沛纳海其他机芯一样带有弹簧离合器的快速调节系统。

沛纳海恰如其分地发挥其高级钟表的专长，并对天文学天才伽利略进行了毫无保留的讴歌。伽利略曾在佛罗伦萨渡过了很长一段童年时光。三个世纪之后，在他住所的不远处，乔凡尼・沛纳海创立了自己首间钟表作坊。伽利略和钟表界的渊源还不止于此。伽利略利用钟摆来测量经度的实验虽未能取得预期的效果，可是该系统却为现代制表拉开序幕。

为了纪念伽利略，沛纳海推出 L'Astronomo Luminor 1950 Equation of Time Tourbillon Titanio 50毫米，是该品牌有史以来生产在技术上最为复杂的腕表。拥有经典的三明治表盘，此表款装载有P.2005G机芯，拥有卓著的复杂功能以致敬这一位现代科学之父。

腕表的日期、月份和小秒针显示被优雅地放置在表盘之上，两个游标将副表盘的布局达成完美，于在4时和8时的圆形区域显示着日出日落时间；同时，在6时位置上方时间等式悄然登场，让人叹为观止。虽然通过腕表的发光正面我们可以清楚地阅读到时俗时间，可是通过时间等式，我们甚至可以阅读到由于地球偏心轨道和旋转轴倾斜带来的时俗时间和真正时间（太阳时）之间的差异，多达正负十五分钟。时间等式被放置在表底位置，连同有可视的30秒陀飞轮调节器、4日动力储存显示以及夜间星空图（由佩带者所选择城市具有不同的星空图）。

L'Astronomo Luminor 1950 Equation of Time Tourbillon Titanio 拥有直径达50毫米的钛金属表壳，传承着沛纳海设计风格的神髓。同时，这款包含各种天文复杂功能的纪念表款无不显示着沛纳海对于非凡功能性永不止息的追求。

L'Astronomo Luminor 1950 Equation of Time Tourbillon Titanio
这款向伽利略致敬的作品恰如其分地展示着一系列天文测量功能，并使其成为沛纳海自诞生以来最为复杂的表款。

两地时间腕表仪态万千地将经典审美和现代机械融会贯通。Luminor 1950 Tourbillon GMT Pink Gold 47毫米装载P.2005手动上链机芯，仅于亚太地区限量发行30只。3时位置有24小时指示，以及9时位置有小秒针显示并泄露着陀飞轮的运作。拥有47毫米磨砂玫瑰金的外壳的腕表将品牌的创新精神体现。腕表具备的视觉效果搭配完全忠贞于品牌百年以来所塑造的经典设计。

沛纳海品牌在与意大利皇家海军合作的峥嵘岁月中历练。卓尔不群的工艺和永不妥协的自信将品牌荣耀继续撰写。沛纳海的最新篇章偕同着惊人的创意和原厂的研发将品牌的成就推向巅峰。无论是对传统的尊崇还是对卓著性能的追求，沛纳海都不负众望，接连带来惊喜。

Luminor 1950 Tourbillon GMT Pink Gold 亚太地区限量版
通过表背上醒目的蓝色指针可以轻易地读取腕表所剩余的动力储存。

LUMINOR 1950 3 DAYS 47MM

参考编号: PAM00372

机芯：沛纳海P.3000手动上链机械式机芯；16½ 法分；厚度5.3毫米；3日动力储存；160个组件；21颗宝石；每小时振动频率21 600次；Glucydur® 平衡摆轮；Incabloc® 防震装置；双发条盒。

功能：小时、分钟。

表壳：抛光精钢；直径47毫米；磨砂精钢表冠护桥（沛纳海专利）；Plexiglas® 树脂玻璃；透明蓝宝石水晶表底；100米防水性能。

表盘：黑色；夜光阿拉伯数字时标和小时刻度。

表带：棕色皮革表带，刻有PANERAI 标志；大号磨砂精钢表扣。

备注：附一条备用表带和精钢螺丝起子。

参考价：RMB 71 800

LUMINOR MARINA 1950 3 DAYS 47MM

参考编号: PAM00422

机芯：沛纳海P.3001手动上链机械式机芯；16½ 法分；厚度6.3毫米；3日动力储存；207个组件；21颗宝石；每小时振动频率21 600次；Glucydur® 平衡摆轮；Incabloc® 防震装置；双发条盒。

功能：小时、分钟；小秒针带重置功能位于9时位置；动力储存显示位于表背。

表壳：抛光精钢；直径47毫米；磨砂精钢表冠护桥（沛纳海专利）；Plexiglas® 树脂玻璃；透明蓝宝石水晶表底；100米防水性能。

表盘：黑色；夜光阿拉伯数字时标和小时刻度。

表带：棕色皮革表带，刻有PANERAI 标志；大号磨砂精钢表扣。

备注：附一条备用表带和精钢螺丝起子。

参考价：待定价。

RADIOMIR 3 DAYS PLATINO 47MM

参考编号: PAM00373

机芯：沛纳海P.3000手动上链机械式机芯；16½ 法分；厚度5.3毫米；3日动力储存；160个组件；21颗宝石；每小时振动频率21 600次；Glucydur® 平衡摆轮；Incabloc® 防震装置；双发条盒。

功能：小时、分钟。

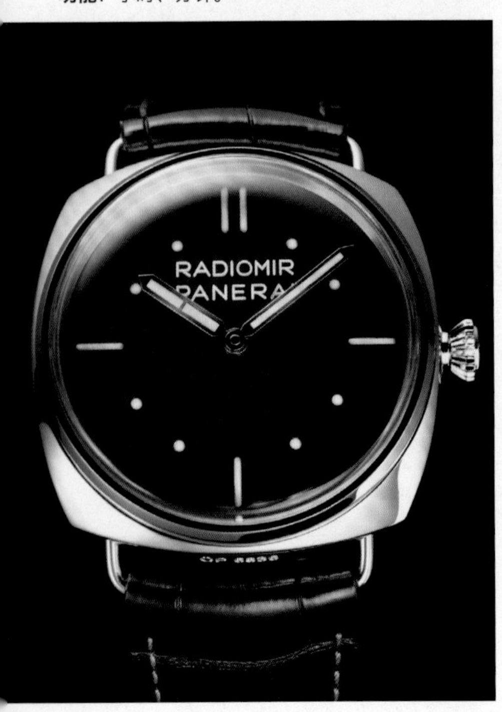

表壳：铂金；直径47毫米；铂金表圈；上链表冠刻有OP标志；可拆卸金属表耳（沛纳海专利）；Plexiglas® 树脂玻璃；透明蓝宝石水晶表底；100米防水性能。

表盘：棕色；夜光小时时标。

表带：棕色鳄鱼皮表带，刻有PANERAI 标志；大号白金表扣。

参考价：RMB 331 800

LUMINOR COMPOSITE 1950 3 DAYS 47MM

参考编号: PAM00375

机芯：沛纳海P.3000/1手动上链机械式机芯；16½ 法分；厚度5.3毫米；3日动力储存；160个组件；21颗宝石；每小时振动频率21 600次；Glucydur® 平衡摆轮；Incabloc® 防震装置；双发条盒。

功能：小时、分钟；小秒针位于9时位置。

表壳：棕色；直径47毫米；Panerai Composite 复合材质；棕色表冠护桥（沛纳海专利）；防反光蓝宝石水晶表镜，由刚玉制成；透明蓝宝石水晶表底；100米防水性能。

表盘：棕色；夜光阿拉伯数字和小时刻度。

表带：棕色皮革表带，刻有PANERAI 标志；大号Panerai Composite 复合材质表扣。

备注：附一条备用表带和精钢螺丝起子。

参考价：RMB 97 500

*价格如有变动，请以品牌公布价为准。

RADIOMIR ORO ROSA 42MM

参考编号: PAM00378

机芯：沛纳海P.999手动上链机械式机芯；12法分；厚度3.4毫米；60小时动力储存；154个组件；19颗宝石；每小时振动频率21 600次；Glucydur® 平衡摆轮；Incabloc® 防震装置；鹅颈形调节器；双发条盒。

功能：小时、分钟；小秒针位于9时位置。

表壳：抛光18K玫瑰金；直径42毫米；旋入式表冠刻有OP标志；可拆卸金属表耳（沛纳海专利）；防反光蓝宝石水晶表镜，由刚玉制成；透明蓝宝石水晶表底；100米防水性能。

表盘：黑色；夜光阿拉伯数字和小时刻度。

表带：黑色鳄鱼皮表带，刻有PANERAI标志；抛光18K玫瑰金表扣。

参考价：RMB 130 400

LUMINOR COMPOSITE MARINA 1950 3 DAYS AUTOMATIC 44MM

参考编号: PAM00386

机芯：沛纳海P.9000自动上链机芯；13¾ 法分；厚度7.9毫米；3日动力储存；197个组件；28颗宝石；每小时振动频率28 800次；Glucydur® 平衡摆轮；Incabloc® 防震装置；双发条盒。

功能：小时、分钟；小秒针位于9时位置；日期显示位于3时位置。

表壳：棕色；直径44毫米；Panerai Composite 复合材质；棕色表冠护桥（沛纳海专利）；防反光蓝宝石水晶表镜，由刚玉制成；透明蓝宝石水晶表底；300米防水性能。

表盘：棕色；夜光阿拉伯数字和小时刻度。

表带：棕色皮革表带，刻有PANERAI 标志；大号Panerai Composite 复合材质表扣。

备注：附一条备用表带和精钢螺丝起子。

参考价：RMB 71 800

LUMINOR MARINA 1950 3 DAYS AUTOMATIC 44MM

参考编号: PAM00359

机芯：沛纳海P.9000自动上链机械式机芯；13¾ 法分；厚度7.9毫米；3日动力储存；197个组件；28颗宝石；每小时振动频率28 800次；Glucydur® 平衡摆轮；Incabloc® 防震装置；双发条盒。

功能：小时、分钟；小秒针位于9时位置；日期显示位于3时位置。

表壳：AISI 316L 抛光精钢；直径44毫米；抛光精钢表圈；磨砂精钢表冠护桥（沛纳海专利）；防反光蓝宝石水晶表镜，由刚玉制成；透明蓝宝石水晶表底；300米防水性能。

表盘：黑色；夜光阿拉伯数字和小时刻标。

表带：黑色皮革表带，刻有PANERAI 标志；大号磨砂精刚表扣。

备注：附一条备用表带和精钢螺丝起子。

参考价：RMB 58 400

LUMINOR MARINA 1950 3 DAYS AUTOMATIC TITANIO 44MM

参考编号: PAM00351

机芯：沛纳海P.9000自动上链机械式机芯；13¾ 法分；厚度7.9毫米；3日动力储存；197个组件；28颗宝石；每小时振动频率28 800次；Glucydur® 平衡摆轮；Incabloc® 防震装置；双发条盒。

功能：小时、分钟；小秒针位于9时位置；日期显示位于3时位置。

表壳：磨砂钛金属；直径44毫米；抛光钛金属表圈；磨砂钛金属表冠护桥（沛纳海专利）；防反光蓝宝石水晶表镜，由刚玉制成；透明蓝宝石水晶表底；300米防水性能。

表盘：棕色；夜光阿拉伯数字和小时刻度。

表带：棕色皮革表带，刻有PANERAI 标志；大号磨砂钛金属表扣。

备注：附一条备用表带和精钢螺丝起子。

参考价：RMB 61 400

*价格如有变动，请以品牌公布价为准。

LUMINOR MARINA 1950 3 DAYS AUTOMATIC TITANIO 44MM

参考编号: PAM00352

机芯：沛纳海P.9000自动上链机械式机芯；13¾ 法分；厚度7.9毫米；3日动力储存；197个组件；28颗宝石；每小时振动频率28 800次；Glucydur® 平衡摆轮；Incabloc® 防震装置；双发条盒。

功能：小时、分钟；小秒针位于9时位置；日期显示位于3时位置。

表壳：磨砂钛金属；直径44毫米；抛光钛金属表圈；磨砂钛金属表冠护桥（沛纳海专利）；防反光蓝宝石水晶表镜，由刚玉制成；透明蓝宝石水晶表底；300米防水性能。

表盘：棕色；夜光阿拉伯数字和小时刻度。

表链：钛金属，刻有PANERAI标志；竖式磨砂饰面，链节间表面抛光处理。

备注：附一条备用表带和精钢螺丝起子。

参考价：RMB 68 700

LUMINOR MARINA 1950 3 DAYS AUTOMATIC

参考编号: PAM00312

机芯：沛纳海P.9000自动上链机械式机芯；13¾ 法分；厚度7.9毫米；3日动力储存；197个组件；28颗宝石；每小时振动频率28 800次；Glucydur® 平衡摆轮；Incabloc® 防震装置；双发条盒。

功能：小时、分钟；小秒针位于9时位置；日期显示位于3时位置。

表壳：AISI 316L 磨砂精刚；直径44毫米；抛光精刚表圈；磨砂精刚表冠护桥（沛纳海专利）；防反光蓝宝石水晶表镜，由刚玉制成；透明蓝宝石水晶表底；300米防水性能。

表盘：黑色；夜光阿拉伯数字和小时刻度。

表链：黑色鳄鱼皮，刻有PANERAI 标志；大号磨砂精钢表扣。

备注：附一条备用表带和精钢螺丝起子。

参考价：RMB 58 400

LUMINOR MARINA 1950 3 DAYS AUTOMATIC

参考编号: PAM00328

机芯：沛纳海P.9000自动上链机械式机芯；13¾ 法分；厚度7.9毫米；3日动力储存；197个组件；28颗宝石；每小时振动频率28 800次；Glucydur® 平衡摆轮；Incabloc® 防震装置；双发条盒。

功能：小时、分钟；小秒针位于9时位置；日期显示位于3时位置。

表壳：AISI 316L 磨砂精刚；直径44毫米；抛光精刚表圈；磨砂精刚表冠护桥（沛纳海专利）；防反光蓝宝石水晶表镜，由刚玉制成；透明蓝宝石水晶表底；300米防水性能。

表盘：黑色；夜光阿拉伯数字和小时刻度。

表链：精钢，刻有 PANERAI标志；竖式磨砂饰面，链节间表面抛光处理。

备注：附一条备用表带和精钢螺丝起子。

参考价：RMB 64 800

LUMINOR SUBMERSIBLE 1950 3 DAYS AUTOMATIC TITANIO 47MM

参考编号: PAM00305

机芯：沛纳海P.9000自动上链机械式机芯；13¾ 法分；厚度7.9毫米；3日动力储存；197个组件；28颗宝石；每小时振动频率28 800次；Glucydur® 平衡摆轮；Incabloc® 防震装置；双发条盒。

功能：小时、分钟；小秒针位于9时位置；日期显示位于3时位置；可计算潜水时间。

表壳：磨砂钛金属；直径47毫米；磨砂钛金属逆时针方向单向旋转表圈，外圈抛光，带有计算潜水时间刻度和以分钟为单位的固定棘爪；磨砂钛金属表冠护桥（沛纳海专利）；防反光蓝宝石水晶表镜，由刚玉制成；透明蓝宝石水晶表底；300米防水性能。

表盘：黑色；夜光阿拉伯数字和小时刻度。

表带：黑色天然橡胶，刻有PANERAI 标志；大号磨砂钛金属表扣。

备注：附一条备用表带和精钢螺丝起子。

参考价：RMB 69 700

＊价格如有变动，请以品牌公布价为准。

LUMINOR 1950 3 DAYS GMT POWER RESERVE AUTOMATIC 44MM

参考编号: PAM00329

机芯：沛纳海P.9001自动上链机械式机芯；13¾ 法分；厚度7.9毫米；3日动力储存；229个组件；29颗宝石；每小时振动频率28 800次；Glucydur® 平衡摆轮；Incabloc® 防震装置；双发条盒。

功能：小时、分钟；小秒针带重置功能位于9时位置；日期显示位于3时位置；第二时区显示；动力储存显示在表背。

表壳： AISI 316L 磨砂精刚；直径44毫米；抛光精刚表圈；磨砂精刚表冠护桥（沛纳海专利）；防反光蓝宝石水晶表镜，由刚玉制成；透明蓝宝石水晶表底；300米防水性能。

表盘：黑色；夜光阿拉伯数字和小时刻度。

表链：精钢，刻有 PANERAI 标志；竖式磨砂饰面，链节间表面抛光处理。

备注：附一条备用表带和精钢螺丝起子。

参考价：RMB 75 000

LUMINOR 1950 3 DAYS GMT POWER RESERVE AUTOMATIC 44MM

参考编号: PAM00347

机芯：沛纳海P.9002自动上链机械式机芯；13¾ 法分；厚度7.9毫米；3日动力储存；237个组件；29颗宝石；每小时振动频率28 800次；Glucydur® 平衡摆轮；Incabloc® 防震装置；双发条盒。

功能：小时、分钟；小秒针带重置功能位于9时位置；日期显示位于3时位置；第二时区显示；动力储存显示位于5时位置。

表壳： AISI 316L 磨砂精刚；直径44毫米；抛光精刚表圈；磨砂精刚表冠护桥（沛纳海专利）；防反光蓝宝石水晶表镜，由刚玉制成；透明蓝宝石水晶表底；300米防水性能。

表盘：黑色；夜光阿拉伯数字和小时刻度。

表链：精钢，刻有 PANERAI 标志；竖式磨砂饰面，链节间表面抛光处理。

备注：附一条备用表带和精钢螺丝起子。

参考价：RMB 76 000

RADIOMIR 8 DAYS CERAMICA 45MM

参考编号: PAM00384

机芯：沛纳海P.2002/3手动上链机械式机芯；13¾ 法分；厚度6.6毫米；8日动力储存；225个组件；21颗宝石；每小时振动频率28 800次；Glucydur® 平衡摆轮；KIF Parechoc® 防震装置；三发条盒。

功能：小时、分钟；小秒针带重置功能显示位于9时位置；日期显示位于3时位置；线性动力储存显示位于6时位置。

表壳：黑色陶瓷；直径45毫米；黑色陶瓷表圈；旋入式上链表冠刻有OP标志；附可拆卸式线型表耳（沛纳海专利）；防反光蓝宝石水晶表镜，由刚玉制成；透明蓝宝石水晶表底；100米防水性能。

表盘：黑色；夜光阿拉伯数字和小时刻度。

表带：黑色皮革，刻有 PANERAI 标志；大号特别黑色涂层处理钛金属表扣。

参考价：RMB 107 200

RADIOMIR 8 DAYS TITANIO 45MM

参考编号: PAM00346

机芯：沛纳海P.2002/9手动上链机械式机芯；13¾ 法分；厚度6.6毫米；8日动力储存；246个组件；21颗宝石；每小时振动频率28 800次；Glucydur® 平衡摆轮；KIF Parechoc® 防震装置；三发条盒。

功能：小时、分钟；小秒针带重置功能位于9时位置；日期显示位于3时位置；线性动力储存显示在表背。

表壳：磨砂钛金属；直径45毫米；抛光钛金属表圈；旋入式上链表冠刻有OP标志；附可拆卸式线型表耳（沛纳海专利）；防反光蓝宝石水晶表镜，由刚玉制成；透明蓝宝石水晶表底；100米防水性能。

表盘：棕色；夜光阿拉伯数字和小时刻度。

表带：棕色皮革，刻有 PANERAI 标志；大号钛金属表扣。

参考价：RMB 98 900

＊价格如有变动，请以品牌公布价为准。

PANERAI LUMINOR 1950 8 DAYS GMT 44MM

参考编号：PAM00233

机芯：沛纳海P.2002手动上链机械式机芯；13¾ 法分；厚度6.6毫米；8日动力储存；247个组件；21颗宝石；每小时振动频率28 800次；Glucydur® 平衡摆轮；三发条盒。

功能：小时、分钟；小秒针带重置功能位于9时位置；日期显示位于3时位置；第二时区显示，12小时日夜显示位于9时位置；线性动力储存显示位于6时位置。

表壳： AISI 316L 磨砂精刚；直径44毫米；抛光精刚表圈；磨砂精刚表冠护桥（沛纳海专利）；防反光蓝宝石水晶表镜；透明蓝宝石水晶旋入式表底；100米防水性能。

表盘：黑色；夜光阿拉伯数字和小时刻度。

表带：黑色皮革，刻有PANERAI 标志；大号精钢表扣。

备注：附一条备用表带和精钢螺丝起子。

参考价：RMB 107 200

LUMINOR 1950 8 DAYS GMT ORO ROSA 44MM

参考编号：PAM00289

机芯：沛纳海P.2002手动上链机械式机芯；13¾ 法分；厚度6.6毫米；8日动力储存；247个组件；21颗宝石；每小时振动频率28 800次；Glucydur® 平衡摆轮；KIF Parechoc® 防震装置；三发条盒。

功能：小时、分钟；小秒针带重置功能位于9时位置；日期显示位于3时位置；第二时区显示，24小时显示位于9时位置；线性动力储存显示位于6时位置。

表壳：磨砂18K玫瑰金；直径44毫米；抛光18K玫瑰金表圈；抛光18K玫瑰金表冠护桥（沛纳海专利）；防反光蓝宝石水晶表镜；透明蓝宝石水晶表底；100米防水性能。

表盘：黑色；夜光阿拉伯数字和小时刻度。

表带：棕色鳄鱼皮，刻有PANERAI 标志；18K玫瑰金表扣。

参考价：RMB 218 200

LUMINOR 1950 10 DAYS GMT CERAMICA 44MM

参考编号：PAM00335

机芯：沛纳海P.2003自动上链机芯；13¾ 法分；厚度8毫米；10日动力储存；296个组件；25颗宝石；每小时振动频率28 800次；Glucydur® 平衡摆轮；KIF Parechoc® 防震装置；三发条盒。

功能：小时、分钟；小秒针带重置功能位于9时位置；第二时区显示，24小时显示位于9时位置；线性动力储存显示位于6时位置。

表壳：黑色陶瓷；直径44毫米；黑色陶瓷表圈；黑色陶瓷表冠护桥（沛纳海专利）；防反光蓝宝石水晶表镜；透明蓝宝石水晶表底；100米防水性能。

表盘：黑色；夜光阿拉伯数字和小时刻度。

表带：黑色皮革，刻有PANERAI 标志；大号特别黑色涂层处理钛金属表扣。

备注：附一条备用表带和精钢螺丝起子。

参考价：RMB 140 800

LUMINOR 1950 TOURBILLON GMT TITANIO 47MM

参考编号：PAM00306

机芯：沛纳海P.2005手动上链机械机芯；16¼法分；厚度9.1毫米；6日动力储存；239个组件；31颗宝石；每小时振动频率28 800次；Glucydur® 平衡摆轮；KIF Parechoc® 防震装置；三发条盒。

功能：小时、分钟；小秒针及陀飞轮指示原点于9时位置；第二时区显示，24小时显示位于3时位置；动力储存显示在表背。

表壳：磨砂钛金属；直径47毫米；抛光钛金属表圈；抛光钛金属表冠护桥（沛纳海专利）；防反光蓝宝石水晶表镜；透明蓝宝石水晶表底；100米防水性能。

表盘：棕色；夜光阿拉伯数字和小时刻度。

表带：棕色皮革，刻有PANERAI 标志；大号钛金属表扣。

备注：附一条备用表带和精钢螺丝起子。

参考价：RMB 827 000

*价格如有变动，请以品牌公布价为准。

LUMINOR 1950 RATTRAPANTE 8 DAYS ORO ROSA 47MM

参考编号: PAM00319

机芯: 沛纳海P.2006/3手动上链机芯；13¾ 法分；厚度9.55毫米；8日动力储存；356个组件；34颗宝石；每小时振动频率28 800次；Glucydur® 平衡摆轮；KIF Parechoc® 防震装置；三发条盒。

功能: 小时、分钟；双追针计时码表功能——30分钟积算盘位于3时位置，线性动力储存位于6时位置。

表壳: 磨砂18K玫瑰金；直径47毫米；磨砂18K玫瑰金表圈；磨砂18K玫瑰金表冠护桥(沛纳海专利)，防反光蓝宝石水晶表镜，由刚玉制成；透明蓝宝石水晶表底；100米防水性能。

表盘: 棕色；夜光阿拉伯数字和小时刻度。

表带: 棕色鳄鱼皮，刻有PANERAI 标志；大号抛光18K玫瑰金表扣。

备注: 附一条备用表带和精钢螺丝起子。

参考价: RMB 312 000

RADIOMIR CHRONOGRAPH 42MM

参考编号: PAM00369

机芯: 沛纳海 OP XXIII 自动上链机械式机芯;12½ 法分；42小时动力储存；37颗宝石；每小时振动频率28 800次；Glucydur® 平衡摆轮；Incabloc® 防震装置；"Côtes de Genève"日内波纹装饰夹板；C.O.S.C. 瑞士官方天文台认证。

功能: 小时、分钟；小秒针位于3时位置；计时码表功能——30分钟积算盘位于9时位置，长计秒针。

表壳: AISI 316L 抛光精刚；直径42毫米；抛光精刚表圈；上链表冠刻有OP标志；抛光精刚计时码表按掣；防反光蓝宝石水晶表镜；旋入式精钢表底；100米防水性能。

表盘: 黑色；夜光阿拉伯数字和小时刻度。

表带: 黑色皮革，刻有PANERAI 标志；大号抛光精刚表扣。

参考价: RMB 54 200

RADIOMIR CHRONOGRAPH 42MM

参考编号: PAM00370

机芯: 沛纳海 OP XXIII 自动上链机械式机芯（ETA 2893-2）；C.O.S.C. 瑞士官方天文台认证。

功能: 小时、分钟；小秒针位于3时位置；计时码表功能——30分钟积算盘位于9时位置，长计秒针。

表壳: 抛光玫瑰金；直径42毫米；抛光玫瑰金表圈；旋入式玫瑰金表底；100米防水性能。

表盘: 蓝色；夜光阿拉伯数字和小时刻度。

表带: 蓝色鳄鱼皮，刻有PANERAI 标志；玫瑰金表扣。

备注: 仅在亚太地区限量发行100只。

参考价: RMB 161 300

RADIOMIR BLACK SEAL LOGO 45MM

参考编号: PAM00380

机芯: 沛纳海 OP II 手动上链机械机芯；16½ 法分；56小时动力储存；17颗宝石；每小时振动频率21 600次；Glucydur® 平衡摆轮；Incabloc® 防震装置；C.O.S.C. 瑞士官方天文台认证。

功能: 小时、分钟；小秒针位于9时位置。

表壳: AISI 316L 抛光精刚；直径45毫米；抛光精刚表圈；附可拆卸式线型表耳（沛纳海专利）；防反光蓝宝石水晶表镜，由刚玉制成；旋入式精刚表底；100米防水性能。

表盘: 黑色；夜光阿拉伯数字和小时刻度。

表带: 黑色皮革，刻有PANERAI 标志；大号抛光精刚表扣。

参考价: RMB 31 300

RALPH LAUREN
WATCH AND JEWELRY CO.

无尽尊崇 A Timeless Tradition 精粹典范

Ralph Lauren 先生对高级钟表痴心不改，多年来渴望涉足。这种对于高级钟表的热情不渝、孜孜不倦，使 Ralph Lauren 先生等来了一个完美时机，将他的设计理念、专业知识，融会贯通于他的高级钟表制造术中。Ralph Lauren 品牌旗下三大经典系列腕表——Slim Classique，Stirrup，和 Sporting 无不展现着 Ralph Lauren 之品牌精髓，述说着奢华、魅力和永恒。原产于瑞士的腕表，彰显了对制表业传统的最高尊崇。

Ralph Lauren Slim Classique 系列是对光滑的现代美感和经典的黄金比例的热烈赞美，讴歌着1920年代所向披靡的装饰艺术风格（Art Deco)。Ralph Lauren 这一系列于2011年推出全新设计的方形表款，启发于装饰艺术风格，简洁明快的几何线条散发着实用的优雅度。Ralph Lauren Slim Classique 系列，具有无与伦比的华丽细长轮廓，将精密与复杂发挥到了极致——甚至具有纯手工“刻格”(guilloché) 工艺和娴熟的宝石镶嵌。

Ralph Lauren Slim Classique 系列全新方形表款表身收窄至仅仅5.75毫米厚、27.5毫米宽，将系列名称“超薄”（Slim）发挥得淋漓尽致，传承了标志性时尚腕表永不落伍的经典比例，也赋予其最新的时代特性。形状精准的表壳，同心方形表盘，再搭配罗马和阿拉伯数字混合式标识，流露出表款温文尔雅的气质。所装配机芯 RL 430 由伯爵表 (Piaget) 为 Ralph Lauren 度身打造，动力储存40小时，振动频率每小时21600次。再度重生的装饰艺术风格表款是经典主义和现代美感的综合体。此表款有玫瑰金款、白金款，并有“刻格”(guilloché) 工艺，延续了 Ralph Lauren 对这一精致而纯净的艺术形式的执着。

Ralph Lauren Slim Classique 方形表款
启发于装饰艺术风格，讴歌着1920年代所向披靡的装饰艺术风格，简洁明快的几何线条散发着实用的优雅度。

Ralph Lauren Slim Classique 方形表款
玫瑰金表壳，5.75毫米厚，27.5毫米宽，伯爵表(Piaget)为 Ralph Lauren 度身定做RL430机芯。

Ralph Lauren Stirrup 大型腕表
精钢彰显男子汉气概，致敬设计师的标志性马术传统。

Ralph Lauren Stirrup 钻石手链腕
逾1500颗钻石，12种不同大小，宝石表面形成连续的光滑曲面，璀璨效果，绝对极致。

全新的 Ralph Lauren Stirrup 系列的独特轮廓设计是对Polo Ralph Lauren 品牌标志性马术传统的致敬与传承，这一运用已成为设计师设计理念的最好诠释。Ralph Lauren Stirrup 系列不断演进，首次引入了精钢和密镶钻石表款。

在2011年日内瓦钟表展上闪亮登场的 Ralph Lauren Stirrup 大型腕表，精钢制成，黑色表盘彰显男子汉气概，再配本白色罗马数字，对比强烈亦相辅相成。此表款自动上链，动力来源于由积家(Jaeger-LeCoultre）为 Ralph Lauren 特制的自动导柱轮计时码表机芯。表壳、表盘互为补充，搭配黑色小牛皮表带和表壳顶的环状设计，合力演绎着这件堪称卓越的钟表杰作，让人过目不忘。

Ralph Lauren Stirrup 亦推出钻石手链腕表。钻石手链腕表采用铺镶钻石的白金表壳，及密镶钻石的超柔软白金链环表链，反映了设计师对美感和舒适并重的制表工艺。此表款使用钻石数达到 Ralph Lauren 制表以来的最高记录。此表款镶嵌着12种不同尺寸、总数超过1500颗钻石，在宝石表面形成连续光滑的曲面，璀璨效果达到极致。

完美地融合着
古董车的优雅感
与手动机芯的精密度

三大系列之一的 Ralph Lauren Sporting 系列的全新表款绝不能错过。此系列是风格与性能的独特组合。在2011年，此系列主打拥有木质表盘的全新汽车表款。融合了 Ralph Lauren 先生对经典汽车的热爱，此表款设计来源于 Ralph Lauren 先生私人座驾 —— 1938年布加迪跑车型57SC大西洋汽车（Bugatti Type 57SC Atlantic Coupé）。由精选榆木节制成表盘，以纪念布加迪汽车的经典木质仪表盘和精妙的细节设计。榆木节在木艺行业是优雅和品质的最佳保证，其丰富独特的纹理图案和稀有的数量决定了它的价值。榆木节历来受到雕塑家们的追捧，亦是众多奢华跑车控制台必备选材。温暖的榆木，配合表盘中央的黑色哑光电镀部分，以及黑色牛皮带，相得益彰，让人想起 Ralph Lauren 先生所钟爱的古董车中木质仪表盘和黑色真皮椅具的相映成趣。Ralph Lauren Sporting 全新系列 Automotive 腕表无保留地呈现着设计师的设计理念，完美地融合着古董车的优雅感与手动机芯的精密度，彰显美感之时又着力于表现不凡的功能性。

Ralph Lauren Sporting Automotive 腕表

木质表盘、计量器式标识、手动上链，将世界上最完美的手表杰作和跑车杰作联系在一起 —— 两个对于细节和光学性能严苛要求的制造领域。

“刻格”(guilloché) 工艺采用花式机床雕刻纹路，华美、精细。如今只有极少数技巧高超、富有奉献精神的能工巧匠可以胜任此手艺。纯手工的“刻格”(guilloché) 工艺历来专用于装饰最卓越钟表作品的表壳和表盘。首创于18世纪，机床作业超乎想象地艰辛、耗时。“刻格”的钟表作品都必须被小心翼翼地放置在机床之上，等待花式齿轮在纯人工的操作下执行复杂的“刻格”作业。由于旋转速度和压力强度都完全由人工调控，因此雕刻纹理的连续性和准确度对于工匠的手艺提出了相当严苛的要求。训练有素的工匠们，透过放大镜或双目显微镜来监视“刻格”的全过程，全神贯注、一丝不苟，以保证作业过程中双手的绝对稳定。

这种对于误差为零的容忍度，一定程度上解释了这种高超工艺的罕见。今时今日，只有极少数的工匠能够胜任这项传承久远的工艺，同时花式机床自从上个世纪中叶以来已完全停产。这件用于“刻格”Ralph Lauren Slim Classique 系列和 Ralph Lauren Sporting 计时码表的机床，刻格“大麦粒”纹路，是一件博物馆珍藏，产于19世纪末。虽然“刻格”(guilloché) 工艺曾在瑞士鼎盛一时，拥有成千工匠，而今日，只有四名全职工匠继续致力于这一门工艺。Ralph Lauren 通过保留和展现最纯正的“刻格”(guilloché) 工艺，古今贯通，呈现给世人钟表制造术中最精彩绝伦的装饰纹路。

这精彩绝伦的手工雕刻纹理，每一毫、寸都是独一无二，举世无双。虽然金属冲压常常模仿“刻格”(guilloché) 纹路，以假乱真，可是稍有阅历的慧眼便可以立辨真伪。不同于金属冲压将金属晶体的破坏而形成一个钝感十足的表面，纯正的“刻格”(guilloché) 在拥有手工雕刻而出的金属纹路时也同时保证了其金属结构完好，最终形成一个光彩无比的平面。

Ralph Lauren 的手表，“刻格”(guilloché) 工艺雕刻出独特的图纹。螺旋式“大麦粒”纹路被作业在表壳的中央部分；表盘中心至边缘的80条波浪图案复杂精妙，纹路彼此之间的交汇点由于过于精密细致，肉眼已很难察觉。表盘内的罗马数字式标识也经过一个被“刻格”过的绝妙轨道，而“大麦粒”纹路亦冲出表盘，在表圈上重复对应出现。由于“刻格”(guilloché) 纹路必须严格遵循一个复杂的凸面结构，这样子的“刻格”(guilloché) 简直是巧夺天工。

显微镜下才能被透视的精雕细琢成就了这钟表杰作永不过时的高贵典雅和最大胆的独具风格。

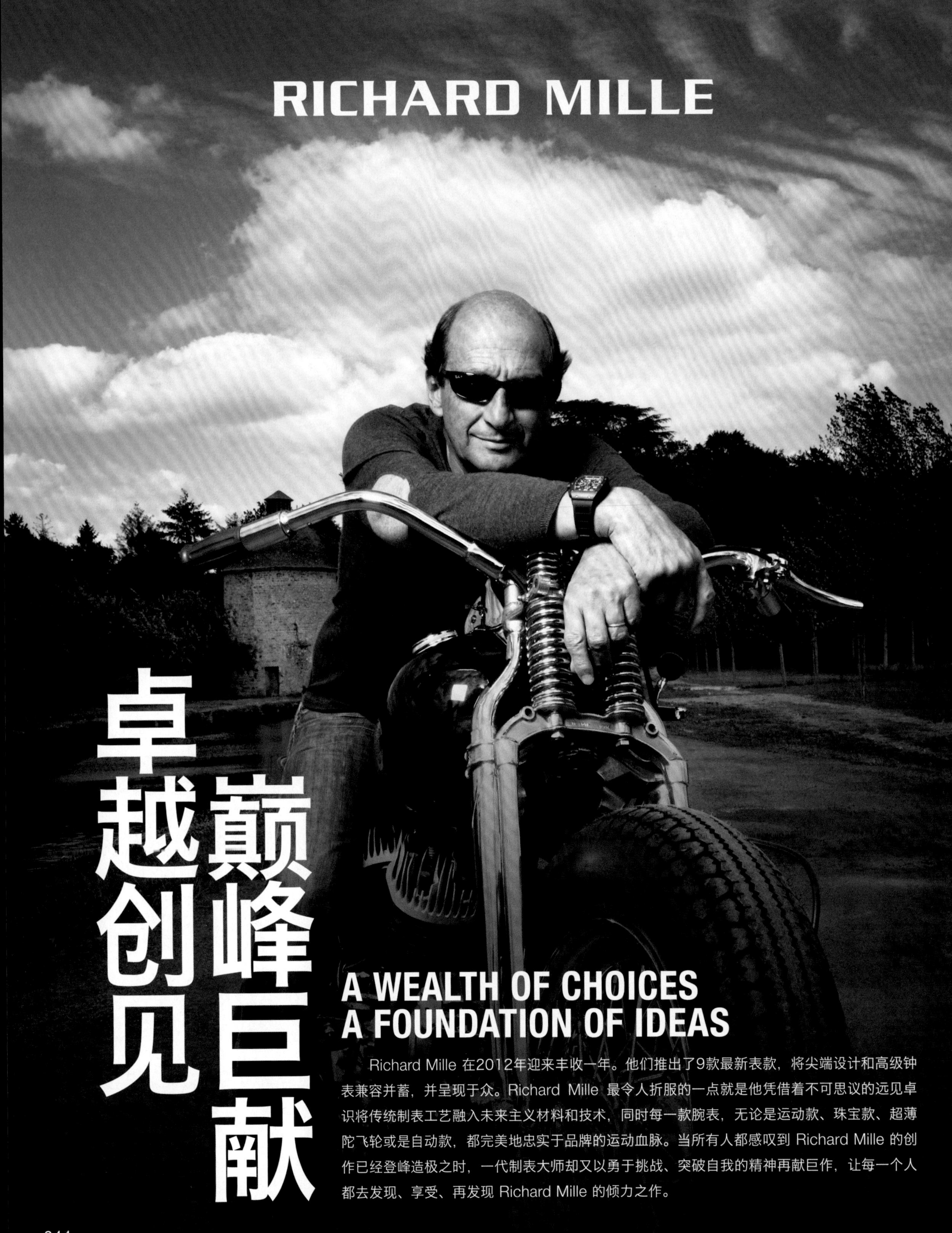

RICHARD MILLE

卓越创见 巅峰巨献

A WEALTH OF CHOICES A FOUNDATION OF IDEAS

Richard Mille 在2012年迎来丰收一年。他们推出了9款最新表款，将尖端设计和高级钟表兼容并蓄，并呈现于众。Richard Mille 最令人折服的一点就是他凭借着不可思议的远见卓识将传统制表工艺融入未来主义材料和技术，同时每一款腕表，无论是运动款、珠宝款、超薄陀飞轮或是自动款，都完美地忠实于品牌的运动血脉。当所有人都感叹到 Richard Mille 的创作已经登峰造极之时，一代制表大师却又以勇于挑战、突破自我的精神再献巨作，让每一个人都去发现、享受、再发现 Richard Mille 的倾力之作。

RM37
拉长的表壳身躯、罗马数字、完美曲线的按钮掌控日期调校和功能选择：全新 RM37 搭配原厂研发自动机芯，突破常规模式，为品牌设定全新的未来发展方向。

新作之一的 RM 037 自动上链腕表是 Richard Mille 长达7年研发的硕果，搭载着全新的 CRMA1 机芯。此机芯是 Richard Mille 位于瑞士 Les Breuleux 制表师们的集大成之作。能量充沛的自动上链机芯由镂空的5级钛金属制成，包括位于12时位置的大号的日期显示，以及位于3和4时位置之间的功能显示窗 —— 提示着机芯的运动状态：上链位置（winding）、正常位置或空挡（neutral）、拨针位置（hand setting），称为W-N-H。两个设计巧妙的按钮，分别位于4时和10时位置，展现着有机圆滑的线条与自然之美。按下4时位置的按钮，刚才所提及的W-N-H系统即被控制；而10时位置的按钮则控制日期的变化，比如，当佩带者在旅程中，或者需要调整月末日期（29，30，31日）的时候。比起此日期调整功能，目前还没有更为简单的调校方法。

经过特别设计、专利认证的表冠是隐藏和巧妙机械的巅峰之作。独特的设计不同于传统的、植入于机芯之中的表冠设计，新的设计百分之百保证了机芯的完整性，以抗拒任何来自外力的影响。这样的表冠完全不能被移除，但在需要的时候，制表师又可以很容易地插入和移除表冠。表冠的设计反映了 Richard Mille 的品牌哲学，立志打造日久耐用的腕表。除此之外，表壳的设计也尤为出色，引入了全新的视觉效果：仔细观察，你会发现表壳被优美地拉长，定义着一种全新的腕表外观 —— 如拥有深线条、适宜于佩带于各种场合的手镯。

TOURBILLON CHRONOGRAPH
陀飞轮计时码表
RM 039 E6B AVIATOR 飞行员

机芯：手动上链陀飞轮飞返计时 RM039 机芯；约50小时动力储存；E6B全功能，包括密度、海拔和温度；钛金属柱轮、齿轮和杠杆；快速旋转法条盒；可变惯性摆轮带游丝末圈；5级钛金属花键螺丝固定夹板和表壳；渐开线传动链轮齿。

功能：小时、分钟、秒钟；双追针计时码表功能 —— 30分钟积算盘；动力储存；扭矩力显示。

表壳：贴合手腕曲度三件体表壳；直径50毫米，厚度17.8毫米；由5级钛花键螺丝组装；蓝宝石水晶表面和表底，经过双面防反射涂层处理；50米防水性能。

表盘：蓝宝石水晶，经双面防反光处理；上下槽指尖嵌入8枚硅质连接片进行保护。

表带：橡胶；由钛质螺丝与表壳相连；配套表扣，独立镌刻和编号。

备注：限量发行30只。

另提供：全钛金属款。

TOURBILLON SPLIT SECONDS COMPETITION CHRONOGRAPH
陀飞轮双秒追针竞赛计时码表
RM 050 FELIPE MASSA 马萨

机芯：手动上链陀飞轮 RMCC1 机芯(9.5克)；约70小时动力储存；镂空5级钛金属主机板；钛金属柱轮、齿轮和杠杆；双追针机制带加强专利功能；快速旋转发条盒；可变惯性摆轮带游丝末圈；直线式杠杆式擒纵机构；5级钛金属花键螺丝固定夹板和表壳；渐开线传动链轮齿。

功能：小时、分钟、秒钟；双追针计时码表功能 —— 30分钟积算盘；动力储存；扭矩力显示；功能显示器。

表壳：贴合手腕曲度三件体表壳；50.5毫米x42.7毫米，厚度17.8毫米；由20颗5级钛花键螺丝组装；蓝宝石水晶表面和表底，经过双面防反射涂层处理；50米防水性能。

表盘：蓝宝石水晶，经双面防反光处理；上下槽指尖嵌入8枚硅质连接片进行保护。

表带：皮革或鳄鱼皮；由钛质螺丝与表壳相连；配套表扣，独立镌刻和编号。

备注：限量发行10只。

另提供：碳纳米管复合材料款。

TOURBILLON
陀飞轮腕表
RM 051 PHOENIX-MICHELLE YEOH 凤凰-杨紫琼

机芯：手动上链陀飞轮 RM051 机芯；48小时动力储存；黑色玛瑙石主机板；可变惯性摆轮带游丝末圈；快速旋转发条盒；陶瓷陀飞轮托钻；5级钛金属花键螺丝固定夹板和表壳；上链发条盒和第三齿轮上有渐开线轮齿；白金套筒宝石轴承；有限扭矩力表冠。

功能：小时、分钟；动力储存。

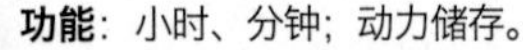

表壳：贴合手腕曲度三件体表壳；48毫米x39.7毫米，厚度12.8毫米；由12颗5级钛花键螺丝组装；蓝宝石水晶表面和表底，经过双面防反射涂层处理；50米防水性能。

表盘：蓝宝石水晶，经双面防反光处理；上下槽指尖嵌入8枚硅质连接片进行保护。

表带：皮革或鳄鱼皮；由钛质螺丝与表壳相连；配套表扣。

备注：限量发行18只。

另提供：钛金属款；18K玫瑰金白金款。

TOURBILLON
陀飞轮腕表
RM 052 SKULL 颅骨

机芯：手动上链陀飞轮 RM052 机芯，采用5级钛金属制作；约48小时动力储存；可变惯性摆轮带游丝末圈；陶瓷陀飞轮托钻；5级钛金属花键螺丝固定夹板和表壳；渐开线传动链轮齿；上链发条盒和第三齿轮上有渐开线轮齿；白金套筒宝石轴承。

功能：小时、分钟；动力储存。

表壳：贴合手腕曲度三件体表壳；50毫米x42.7毫米，厚度15.95毫米；由20颗5级钛花键螺丝组装；蓝宝石水晶表面和表底，经过双面防反射涂层处理；50米防水性能。

表盘：蓝宝石水晶，经双面防反光处理；上下槽指尖嵌入8枚硅质连接片进行保护。

表带：皮革或鳄鱼皮；由钛质螺丝与表壳相连；配套表扣。

备注：限量发行15只钛金属款，6只18K玫瑰金款。

另提供：钛金属；18K玫瑰金款。

TOURBILLON
陀飞轮腕表
RM 053 PABLO MAC DONOUGH

机芯：手动上链陀飞轮 RM053 机芯(30度倾斜)；约48小时动力储存；可变惯性摆轮带游丝末圈；陶瓷陀飞轮托钻；5级钛金属花键螺丝固定夹板和表壳；渐开线传动链轮齿；上链发条盒和第三齿轮上有渐开线轮齿；白金套筒宝石轴承。

功能：小时、分钟；动力储存。

表壳：贴合手腕曲度三件体表壳；50毫米x42.7毫米，厚度20毫米；由5级钛花键螺丝组装；蓝宝石水晶表面和表底，经过双面防反射涂层处理；50米防水性能。

表盘：蓝宝石水晶，经双面防反光处理；上下槽指尖嵌入8枚硅质连接片进行保护。

表带：合成材料；由钛质螺丝与表壳相连；配套表扣。

备注：限量发行15只。

另提供：碳化钛及钛金属合成款。

AUTOMATIC
自动款
RM 055 BUBBA WATSON

机芯：手动上链镂空计时 RMUL2 机芯(4.3克)；约55小时动力储存；PVD涂层钛金属主机板、夹板和摆轮夹板；双上链发条盒；5级钛金属花键螺丝固定机芯和表壳；渐开线传动链轮齿；上链发条盒和第三齿轮上有渐开线轮齿；白金套筒宝石轴承。

功能：小时、分钟、秒钟。

表壳：贴合手腕曲度三件体表壳；49.9毫米x42.7毫米，厚度13.05毫米；表冠采用5级钛金属双层O形密封圈及Alcryn垫圈；由20颗5级钛花键螺丝组装；蓝宝石水晶表面和表底，经过双面防反射涂层处理；30米防水性能。

表盘：蓝宝石水晶，经双面防反光处理；上下槽指尖嵌入8枚硅质连接片进行保护。

表带：特殊合成材料；配套表扣。

另提供：橡胶式5级钛金属表壳圈和表底，ATZ表圈。

TOURBILLON SPLIT SECONDS COMPETITION CHRONOGRAPH
陀飞轮双秒追针竞赛计时码表
RM 056 FELIPE MASSA SAPPHIRE 蓝宝石

机芯：手动上链陀飞轮 RMCC1 机芯(9.5克)；约70小时动力储存；镂空5级钛金属主机板；钛金属柱轮、齿轮和杠杆；双追针机制带加强专利功能；快速旋转法条盒；可变惯性摆轮带游丝末圈；直线式杠杆式擒纵机构；5级钛金属花键螺丝固定夹板和表壳；渐开线传动链轮齿。

功能：小时、分钟、秒钟；双追针计时码表功能——30分钟积算盘；动力储存；扭矩力显示；功能显示器。

表壳：贴合手腕曲度三件体表壳；50.5毫米x42毫米，厚度18.85毫米；由合成蓝宝石经过1000小时加工制成；由20颗5级钛花键螺丝组装；蓝宝石水晶表面和表底，经过双面防反射涂层处理；50米防水性能。

表盘：蓝宝石水晶，经双面防反光处理；上下槽指尖嵌入8枚硅质连接片进行保护。

表带：特殊合成材料；由钛质螺丝与表壳相连；配套表扣。

备注：限量发行5只，独立编号，世界唯一。

另提供：蓝宝石款。

TOURBILLON
陀飞轮腕表
RM 057 DRAGON-JACKIE CHAN 龙-成龙

机芯：手动上链陀飞轮 RM057 机芯；约48小时动力储存；黑色玛瑙石主机板；可变惯性摆轮带游丝末圈；陶瓷陀飞轮托钻；5级钛金属花键螺丝固定夹板和表壳；双上链发条盒；5级钛金属花键螺丝固定机芯和表壳；渐开线传动链轮齿；上链发条盒和第三齿轮上有渐开线轮齿；白金套筒宝石轴承；有限扭矩力表冠。

功能：小时、分钟；动力储存。

表壳：贴合手腕曲度三件体表壳；50毫米x42.7毫米，厚度14.55毫米；由12颗5级钛花键螺丝组装；蓝宝石水晶表面和表底，经过双面防反射涂层处理；50米防水性能。

表盘：蓝宝石水晶，经双面防反光处理；上下槽指尖嵌入8枚硅质连接片进行保护。

表带：皮革或鳄鱼皮；由钛质螺丝与表壳相连；配套表扣。

备注：限量发行36只。

另提供：18K玫瑰金白金款。

STÜHRLING
ORIGINAL

景仰艺术 尊崇传统

RESPECTING ART AND TRADITION

Stührling Original 始终以打造卓越腕表为己任，在传承瑞士传统工艺方面不遗余力。

注重细节是 Stührling Original 腕表的精华所在：机芯由“Cotes de Genève”日内瓦波纹、鱼纹，以及 Damier 方格纹装饰；蓝色螺键；表壳经医学用 316L 精钢制成；表盘则经采用经典雕花机液压刻格处理（guilloché），每一个表盘都经过独立地镌刻，彰显着出众的美感，让人过目难忘。

Stührling Original 腕表产品款式一应俱全，从休闲、日常配戴的 Lifestyles 和 Sportsman 系列，到最为正式和顶级的 Special Reserve 和 Boardroom 系列。

表款跨度从时尚的艺术装饰风格（Art Deco），如 Gatsby 系列，到以经典传统设计为主的 Heritage 系列，从采用 Old World 设计的品牌标志产品线 Emperor 到拥有现代气息的 Metro 和 Epiphany 系列。

Stührling 的产品线不断壮大，在2011，全新品牌 Stührling Prestige 横空出世。此系列彰显奢华本色，不仅配备有顶级机芯（ETA Valjoux7750），其所有组件也均由瑞士制造，品质卓越，工艺精湛，尽显瑞士名表风范。

无论是 Stührling Original 还是 Stührling Prestige, Stührling 产品目录囊括了超过1200种各式表款，全面表现了对瑞士制表艺术与传统的尊崇与敬仰。

PATRIMONY TRADITIONNELLE CHRONOGRAPH PERPETUAL CALENDAR
PATRIMONY TRADITIONNELLE 万年历计时腕表

参考编号: 47292/000P-9510

机芯：手动上链 1141 QP 机芯；约48小时动力储存；直径27.5毫米，厚度7.37毫米；324个组件；21颗宝石；每小时振动频率18 000次。

功能：小时、分钟；小秒钟显示位于9时位置；星期和月份显示窗位于12时位置；导柱轮定时器 —— 30分钟积算盘位于3时位置；中央计时秒针；月相显示。

表壳：950铂金；直径43毫米；弧形防反光蓝宝石水晶表镜；旋入式透明蓝宝石水晶表底；30米防水性能。

表盘：暗灰色；白色手绘分钟显示；蜗形纹饰积算盘；手工雕刻月相。

表带：黑色手工钉制大方纹密西西比鳄鱼皮；950铂金三刃折叠表扣，抛光半马耳他十字。

参考价：RMB 1 376 000
HKD 1 302 000

另提供：铂金表壳配镀银乳白色表盘款；玫瑰金表壳配镀银乳白色表盘款。

PATRIMONY TRADITIONNELLE CHRONOGRAPH
PATRIMONY TRADITIONNELLE 计时腕表

参考编号: 47192/000R-9352

机芯：手动上链1141机芯；直径27.5毫米，厚度5.6毫米；约48小时动力储存；164个组件；21颗宝石；每小时振动频率18 000次。

功能：小时、分钟；小秒针显示位于9时位置；导柱轮定时器 —— 30分钟积算盘位于3时位置，中央计时秒针。

表壳：18K玫瑰金；直径42毫米，厚度10.6毫米；弧形防反光蓝宝石水晶表镜；旋入式透明蓝宝石水晶表镜；30米防水性能。

表盘：镀银乳白色；黑色手绘分钟显示；蜗形纹饰积算盘。

表带：棕色手工钉制大方纹密西西比鳄鱼皮表带。

参考价：RMB 508 000
HKD 479 000

另提供：白金款；白金表壳配5N 18K 金表冠、按钮、小时刻度和指针。

QUAI DE L'ILE RETROGRADE ANNUAL CALENDAR
QUAI DE L'ILE 飞返年历腕表

参考编号: 86040/000G-M936R

机芯：江诗丹顿自动上链 2460 QRA 机芯；直径26.2毫米，厚度5.4毫米；40小时动力储存；326个组件；27颗宝石；每小时振动频率28 800次；Quai de l' Ile腕表系列特有的摆陀，以镀钌22K金制成，配以五个装饰内圆角；铸有日内瓦印记。

功能：小时、分钟；小秒针显示位于9时位置；年历显示 —— 飞返日期指针位于3时位置，月份显示位于7时位置；精确月相显示。

表壳：18K 白金；垫状；43x54毫米；透明蓝宝石水晶表镜；旋入式透明蓝宝石表底；30米防水深度。

表盘：灰色垂直缎面处理中央部分；暗灰色小时及分钟刻度外圈和表盘上的月相、日期及月份小副盘；UV油墨印成的太阳图案；倒角小时标记和刻度；哑质黑檀木乳白色金属的月相盈亏显示盘，缀以圆形光滑打磨的月亮图案。

表带：黑色手工钉制大方纹密西西比鳄鱼皮表带；18K白金三折式表扣；附黑色天然橡胶表带。

参考价：RMB 617 000
HKD 582 000

QUAI DE L'ILE RETROGRADE ANNUAL CALENDAR
QUAI DE L'ILE 飞返年历腕表

参考编号: 86040/000R-I0P29

机芯：江诗丹顿自动上链 2460 QRA 机芯；直径26.2毫米，厚度5.4毫米；40小时动力储存；326个组件；27颗宝石；每小时振动频率28 800次；Quai de l' Ile 腕表系列特有的摆陀，以镀钌22K金制成，配以五个装饰内圆角；铸有日内瓦印记。

功能：小时、分钟；小秒针显示位于9时位置；年历显示 —— 飞返日期指针位于3时位置，月份显示位于7时位置；精确月相显示。

表壳：5N 18K玫瑰金；垫状；43x54毫米；透明蓝宝石水晶表镜；旋入式透明蓝宝石旋入式表底；30米防水深度。

表盘：中央部分饰有磨砂处理垂直装饰图纹，镀银乳白色小时及分钟刻度外圈和表盘上的月相、日期及月份小副盘；UV油墨印成的太阳图案；倒角小时标记和刻度；哑质黑檀木乳白色金属的月相盈亏显示盘，缀以圆形光滑打磨的月亮图案。

表带：棕色手工钉制大方纹密西西比鳄鱼皮表带；5N 18K玫瑰金三折式表扣；附棕色天然橡胶表带。

参考价：RMB 617 000
HKD 582 000

OVERSEAS CHRONOGRAPH PERPETUAL CALENDAR

OVERSEAS 万年历计时腕表 参考编号: 49020/000W-9656

机芯: 自动上链 1136 QP 机芯; 直径28毫米, 厚度7.9毫米; 40小时动力储存; 228个组件; 37颗宝石; 每小时振动频率21 600次; 防磁保护。

功能: 小时、分钟; 小秒针显示位于6时位置; 计时码表功能 —— 12小时积算盘位于3时位置, 30分钟积算盘位于3时位置, 中央计时秒针; 万年历 —— 星期显示位于9时位置, 日期显示位于3时位置; 48个月份显示和闰年显示位于12时间位置; 月相显示。

表壳: 精钢; 直径42毫米, 厚度12.9毫米; 钛金属表圈; 旋入式表冠和按钮; 表底镌刻有"Overseas"徽章, 由螺丝锁紧; 150米防水性能。

表盘: 暗灰色, 磨光阳光放射图案; 镶贴12个18K 金小时刻度, 表面并涂上白色夜光物料。

表带: 黑色硫化橡胶表带; 三折式双重安全表扣; 抛光马耳他十字; 附深灰色手工钉制大方纹密西西比表带。

备注: 限量发行80只, 仅在江诗丹顿专门店销售。

参考价: RMB 609 000
HKD 575 000

OVERSEAS DUAL TIME

OVERSEAS 两地时间腕表 参考编号: 47450/B01J-9228

机芯: 自动上链 1222 SC 机芯; 直径26.6毫米, 厚度4.85毫米; 约40小时动力储存; 153个组件; 34颗宝石; 每小时振动频率28 800次; 防磁保护。

功能: 小时、分钟、秒钟; 日期位于2时位置; 具备日夜显示的第二时区显示位于6时位置; 动力储存显示位于9时位置。

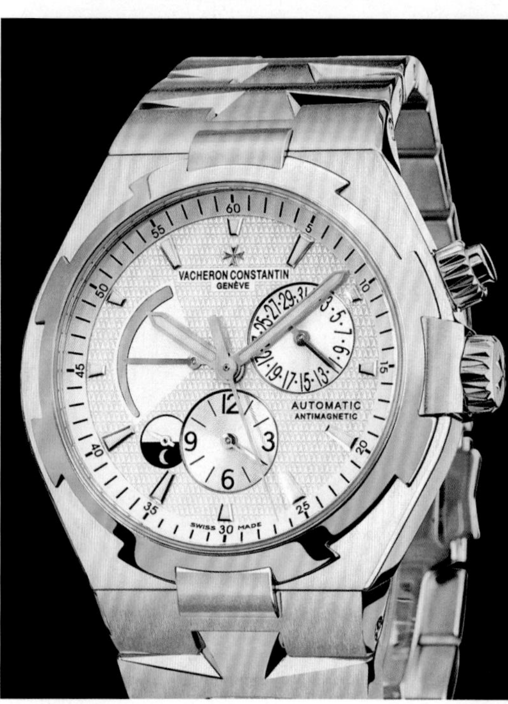

表壳: 3N 18K 黄金; 直径42毫米, 厚度12.4毫米; 旋入式表冠和按钮; 弧形防反光蓝宝石水晶表镜; 表底镌刻有"Overseas"徽章, 由螺丝锁紧; 150米防水性能。

表盘: 淡银色机刻图纹装饰; 黑色手绘分钟显示; 蜗形纹饰副表盘; 镶贴12个3N 18K 黄金小时刻度, 表面涂上白色夜光物料。

表链: 3N 18K 黄金; 三折式双重安全表扣; 抛光半马耳他十字。

参考价: RMB 542 000
HKD 513 000

另提供: 玫瑰金款; 精钢款; 精钢表壳配钛金属表圈和按钮环。

OVERSEAS CHRONOGRAPH

OVERSEAS 计时腕表 参考编号: 49150/000R-9454

机芯: 自动上链1137机芯; 直径26.2毫米, 厚度6.6毫米; 约40小时动力储存; 183个组件; 37颗宝石; 每小时振动频率21 600次; 防磁保护。

功能: 小时、分钟、秒钟; 大日期显示位于12时位置; 导柱轮定时器 —— 12小时积算盘位于9时位置, 30分钟积算盘位于3时位置, 中央计时秒针。

表壳: 18K玫瑰金; 直径42毫米, 厚度12.4毫米; 旋入式表冠和按钮; 表底镌刻有"Overseas"徽章, 由螺丝锁紧; 150米防水性能。

表盘: 淡银色机刻图纹装饰; 黑色手绘分钟显示; 蜗形纹饰副表盘; 镶贴12个 5N 18K 玫瑰金小时刻度, 表面涂上白色夜光物料。

表带: 棕色手工钉制密西西比鳄鱼皮表带。

参考价: RMB 422 000
HKD 397 000

另提供: 黄金款; 精钢表壳配镀银或暗色表盘; 精钢表壳配钛金属表圈和按钮环。

OVERSEAS DATE SELF-WINDING

OVERSEAS 腕表 参考编号: 47040/B01A-9093

机芯: 自动上链 1226 机芯; 直径26.6毫米, 厚度3.25毫米; 40小时动力储存; 143个组件; 36颗宝石; 每小时振动频率28 800次; 防磁保护。

功能: 小时、分钟、秒钟; 日期显示位于4时30分位置。

表壳: 精钢; 直径42毫米, 厚度9.7毫米; 表底镌刻有"Overseas"徽章, 由螺丝锁紧; 150米防水性能。

表盘: 黑色机刻图纹装饰; 镶贴12个数字时标及刻度, 表面涂上白色夜光物料。

表链: 精钢; 三折式双重安全表扣; 抛光半马耳他十字。

参考价: RMB 131 000
HKD 123 000

另提供: 玫瑰金款; 精钢表壳配镀银表盘, 及精钢表壳配钛金属表圈款。

*价格如有变动, 请以品牌公布价为准。

METIERS D'ART LA SYMBOLIQUE DES LAQUES TURTLE AND LOTUS

METIERS D'ART LA SYMBOLIQUE DES LAQUES 莳绘腕表系列——龟与莲花

参考编号: 33222/000R-9548

机芯: 江诗丹顿超薄手动上链 1003 SQ 机芯；直径21.1毫米，厚度1.64毫米；30小时动力储存；117个组件；18颗宝石；每小时振动频率18 000次；镂空18K 金，采用镀钌处理；铸有日内瓦印记。

功能: 小时、分钟。

表壳: 4N 18K 玫瑰金；直径40毫米，厚度7.5毫米；30米防水深度。

表盘: 18K 镀金，采用日本莳绘装饰工艺。

表带: 黑色大方纹密西西比鳄鱼皮；4N 18K 玫瑰金表扣带抛光半马耳他。

备注: 限量发行20套。

参考价: 一套三枚
RMB 2 793 000
HKD 2 631 000

METIERS D'ART LA SYMBOLIQUE DES LAQUES FROG AND HYDRANGEA

METIERS D'ART LA SYMBOLIQUE DES LAQUES 莳绘腕表系列——蛙和八仙花

参考编号: 33222/000R-9546

机芯: 江诗丹顿超薄手动上链 1003 SQ 机芯；直径21.1毫米，厚度1.64毫米；30小时动力储存；117个组件；18颗宝石；每小时振动频率18 000次；镂空18K 金，采用镀钌处理；铸有日内瓦印记。

功能: 小时、分钟。

表壳: 4N 18K 玫瑰金；直径40毫米，厚度7.5毫米；30米防水深度。

表盘: 18K 镀金，采用日本莳绘装饰工艺。

表带: 黑色大方纹密西西比鳄鱼皮；4N 18K 玫瑰金表扣带抛光半马耳他。

备注: 限量发行20套。

参考价: 一套三枚
RMB 2 793 000
HKD 2 631 000

METIERS D'ART LA SYMBOLIQUE DES LAQUES CARP AND WATERFALL

METIERS D'ART LA SYMBOLIQUE DES LAQUES 莳绘腕表系列——鲤鱼和瀑布

参考编号: 33222/000G-9550

机芯: 江诗丹顿超薄手动上链 1003 SQ 机芯；直径21.1毫米，厚度1.64毫米；30小时动力储存；117个组件；18颗宝石；每小时振动频率18 000次；镂空18K 金，采用镀钌处理；铸有日内瓦印记。

功能: 小时、分钟。

表壳: 18K 白金；直径40毫米，厚度7.5毫米；30米防水深度。

表盘: 18K 镀金，采用日本莳绘装饰工艺。

表带: 黑色大方纹密西西比鳄鱼皮；18K 白金表扣带抛光半马耳他。

备注: 限量发行20套。

参考价: 一套三枚
RMB 2 793 000
HKD 2 631 000

METIERS D'ART KALLA HAUTE COUTURE A PAMPILLES

KALLA HAUTE COUTURE A PAMPILLES 高级珠宝腕表

参考编号: 86020/000G-9508

机芯: 手动上链1005机芯；6.2x17.9毫米，厚度3.6毫米；35小时动力储存；89个组件；17颗宝石；每小时振动频率19 800次。

功能: 小时、分钟。

表壳: 18K白金；40x56毫米，厚度10毫米；镶上58颗火彩形钻石，共重约16.20克拉；以及54颗圆形切割钻石，共重约0.18克拉。

表盘: 18K白金表盘镶上130颗圆形切割钻石，共重约0.32克拉)。

表链: 18K白金，镶上29颗火彩形钻石，共重约4克拉；以及39颗公主方形切割钻石，共重约8.20克拉；18K白金珠宝表扣

参考价: 请向品牌查询。

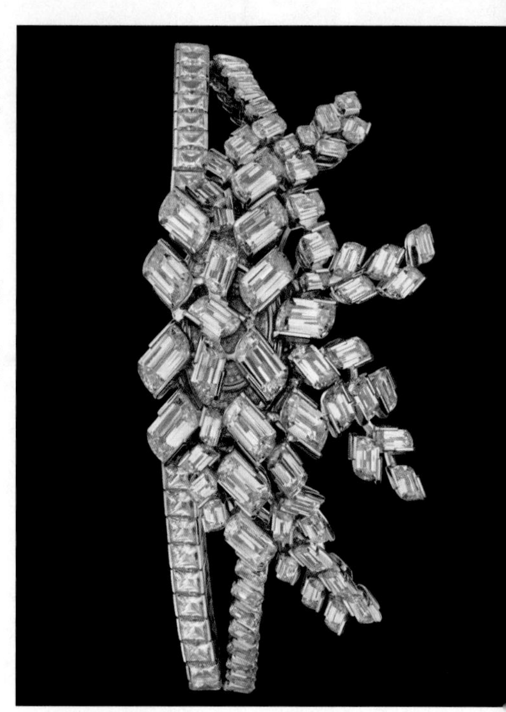

*价格如有变动，请以品牌公布价为准。

冲上云霄

TAKE FLIGHT

El Primero Stratos Flyback Striking 10th 腕表
视觉效果呈现出飞行机舱仪表器美学，限量发行1969只，纪念 El Primero 机芯问世的年份。

真力时，孜孜不倦、力臻完美，立足制表工业最前沿，研发出 El Primero Stratos Flyback Striking 10th 和 El Primero Stratos Flyback 腕表，让佩带者有气冲霄汉之感。

限量发行 El Primero Stratos Flyback Striking 10th 腕表立志成为快速、坚固、精确的代名词。同时，表款外形设计出神入化，将潜藏人们内心飞驰天地、纵横四海的冲动彻底释放。

这款腕表忠实再现1997年为法国空军部队研发的 Rainbow Flyback 军事飞返计时码表。当战斗机再空中执行任务时，为了方便飞行员重新计算航线路径，真力时计时码表的飞返功能实现了一键控制功能，按压一个按掣就可以暂停、归零和重启计时码表。真力时的飞返计时功能堪称完美兼顾速度和效率之典范，毫无疑问地肩负起作为军事计时码表的卓越功能。

真力时始终恪守着品牌创始人打造完全由表厂自行制造的品牌时计的坚定信念，Stratos Flyback Striking 10th 腕表搭载着自主研发的传奇机芯 El Primero。这款配备导柱轮的机芯每小时振动频率高达36000次。1/10跳秒功能令这卓越机芯的每次跳动清晰可见，从而红色秒针以每10秒一圈的速度在表盘上旋转。

这款精钢腕表的设计不仅符合航空导航仪器对于绝对效率的要求，同时也忠于1969年首款 El Primero 计时码表。真力时为了突出时间的显示功能，采用铑金属琢面指针，还分别在计时盘3时、6时和9时的位置采用经典的三色搭配方案。其中，60秒积算盘位于3时位置，60分钟积算盘位于6时位置，而小秒针则位于9时位置。

El Primero Stratos Flyback 腕表则推出了黑色 Alchron 铝合金款和玫瑰金款。Alchron 原是专为航空和赛车领域研制的特殊材质，其磁渗透性仅为精钢的1/50。运用在制表领域，Alchron 强化了对于机芯的保护。这一材质其维氏硬度高达210HV，抗腐性能十分突出。

在应用于 El Primero Stratos Flyback 腕表之前，Alchron 合金曾经受了一系列测试，包括在盐雾中进行抗腐蚀性测试，在热带条件下与人造汗水中进行测试，以及接收摆锤冲击试验机全力撞击测试。无须赘言，这些测试的目的皆为提供最坚固无比的合金，以保护El Primero 机芯，保证其最佳技术性能。

El Primero Stratos Flyback 腕表的玫瑰金款搭载 El Primero 405B 自动机芯，以其每小时36000次的振动频率运行着，保证了腕表运行的强度和精度。玫瑰金表壳和表圈配以镀金指针，表盘上则有三个副表盘，分别布置在3时、6时和9时的位置：日期显示位于6时位置，置放于同为6时位置的一个12小时积算盘之下，小秒针位于9时位置，30分钟积算盘位于3时位置。如此紧密布局充分体现了源于机舱仪表的审美哲学。

无论是 El Primero Stratos Flyback Striking 10th 腕表，还是 El Primero Stratos Flyback 腕表，均为真力时倾力打造的巅峰之作。秉承原厂打造的坚定信念，每一只腕表皆由真力时表厂工匠手工打造，传承着经过一百五十年岁月见证的精湛工艺。真力时 Stratos 系列共有五款腕表，将欧洲最大空军飞行编队驾驶舱中导航仪器的优良传统一脉相承。

El Primero Stratos Flyback 腕表
军用计时码表，采用 Alchron 铝合金，构造坚固，无所畏惧，为最具实力空军武装所采用。

ACADEMY CHRISTOPHE COLOMB EQUATION OF TIME

哥伦布时间等式腕表 参考编号: 18.2220.8808/01.C631

机芯：手动上链 El Primero 8808 机芯；直径37毫米，厚度5.85毫米；50小时动力储存；359个组件；28颗宝石；每小时振动频率36 000次；独特的陀螺仪系统确保调校机械（167个组件）保持完美的水平位置。

功能：偏心时、分显示位于12时位置；动力储存显示位于3时位置；自动调校式陀螺仪模件位于6时位置；时间等式显示位于9时位置。

表壳：18K玫瑰金；直径45毫米；双面防眩处理蓝宝石水晶表镜，并以弧形水晶玻璃覆盖陀螺仪模件；30米防水性能。

表盘：银色圆形“Grain d'Orge”麦穗纹饰刻格(guilloché)；黑色漆面刻度及数字；蓝色精钢指针。

表带：棕色短吻鳄鱼皮表带；18K玫瑰金三折叠式表扣。

备注：限量发行75只。

参考价：RMB 1 604 700
HKD 1 703 900

EL PRIMERO TOURBILLON

陀飞轮腕表 参考编号: 65.2050.4035/91.C714

机芯：自动上链 El Primero 4035 D 机芯；直径37毫米，厚度7.66毫米；50小时动力储存；381个组件；35颗宝石；每小时振动频率36 000次；18K金摆陀饰有“Côtes de Genève”（日内瓦波纹）图案。

功能：小时、分钟；小秒针和日期显示在陀飞轮位于11时位置；计时码表功能——12小时积算盘位于6时位置，30分钟积算盘位于3时位置，长计时秒针；陀飞轮在11时位置。

表壳：18K白金；直径44毫米；双面防眩处理蓝宝石水晶表镜；蓝宝石水晶玻璃表底；100米防水性能。

表壳：岩灰色太阳纹；铑金属琢面指针和刻度，覆有SuperLumiNova C1 超级夜光物料。

表带：黑色短吻鳄鱼皮表带；18K白金三折叠式表扣。

参考价：RMB 531 700
HKD 566 500

EL PRIMERO TOURBILLON

陀飞轮腕表 参考编号: 03.2051.4035/51.C715

机芯：自动上链 El Primero 4035 D 机芯；直径37毫米，厚度7.66毫米；50小时动力储存；381个组件；35颗宝石；每小时振动频率36 000次；18K玫瑰金摆陀饰有“Côtes de Genève”（日内瓦波纹）图案。

功能：小时、分钟；小秒针和日期显示在陀飞轮位于11时位置；计时码表功能——12小时积算盘位于6时位置，30分钟积算盘位于3时位置，长计时秒针；陀飞轮在11时位置。

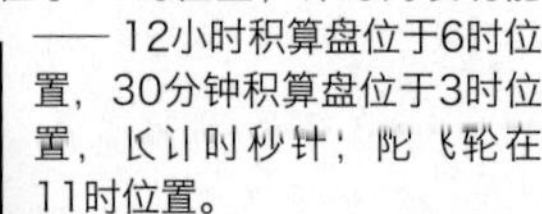

表壳：精钢；直径44毫米；双面防眩处理蓝宝石水晶表镜；蓝宝石水晶玻璃表底；100米防水性能。

表壳：蓝色太阳纹；铑金属琢面指针和刻度，覆SuperLumiNova C1 超级夜光物料。

表带：蓝色短吻鳄鱼皮表带；白金三折叠式表扣。

备注：限量发行250枚；致敬Charles Vermont。

参考价：RMB 390 600
HKD 418 000

EL PRIMERO RATTRAPANTE

追针计时腕表 参考编号: 51.2050.4026/01.C713

机芯：自动上链 El Primero 4026 机芯；直径30毫米，厚度9.35毫米；50小时动力储存；381个组件；35颗宝石；每小时振动频率36 000次；瑞士官方天文台(COSC)认证；18K金摆铊饰以“Côtes de Genève”（日内瓦波纹）图案。

功能：小时、分钟；小秒针位于9时位置；日期显示位于6时位置；双秒追针计时功能——30分钟计时圈位于3时位置，长追针指针和长计时秒针。

表壳：精钢和玫瑰金；直径44毫米；双面防止眩目处理蓝宝石水晶表镜；蓝宝石水晶玻璃表底；100米防水性能。

表盘：银色太阳光泽纹配镍质；镍金属圆纹缎光分区；镀金铑金属指针和刻度，覆SuperLumiNova C1 超级夜光物料。

表带：棕色短吻鳄鱼皮表带；精钢三折叠式表扣。

参考价：RMB 126 000
HKD 133 100

*价格如有变动，请以品牌公布价为准。

EL PRIMERO CHRONOMASTER OPEN

旗舰开心腕表 参考编号：18.2080.4021/01.C494

机芯：自动上链 El Primero 4021 机芯；直径30毫米，厚度7.85毫米；50小时动力储存；248个组件；39颗宝石；每小时振动频率36 000次；重金属摆陀饰以“Côtes de Genève”（日内瓦波纹）图案。

功能：小时、分钟；小秒针位于9时位置；弓形动力储存显示位于5时和8时位置之间；计时码表功能 —— 30分钟积算盘位于3时位置，长计时秒针。

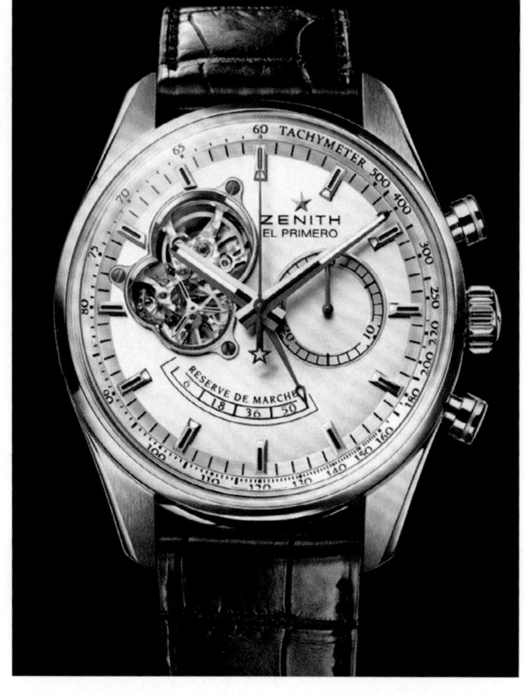

表壳：18K玫瑰金；直径42毫米；双面防止眩目处理蓝宝石水晶表镜；蓝宝石水晶玻璃表底；100米防水性能。

表盘：银色太阳纹；镀金铑金属指针和刻度，覆有SuperLumiNova C1 超级夜光物料。

表带：棕色短吻鳄鱼皮表带；18K玫瑰金针式表扣。

参考价：RMB 140 000
HKD 148 500

EL PRIMERO CHRONOMASTER OPEN

旗舰开心腕表 参考编号：03.2080.4021/21.M2040

机芯：自动上链 El Primero 4021 机芯；直径30毫米，厚度7.85毫米；50小时动力储存；248个组件；39颗宝石；每小时振动频率36 000次；重金属摆陀饰以“Côtes de Genève”（日内瓦波纹）图案。

功能：小时、分钟；小秒针位于9时位置；弓形动力储存显示位于5时和8时位置之间；计时码表功能 —— 30分钟积算盘位于3时位置，长计时秒针。

表壳：精钢；直径42毫米；双面防止眩目处理蓝宝石水晶表镜；蓝宝石水晶玻璃表底；100米防水性能。

表盘：黑色太阳纹；镀金铑金属指针和刻度，覆有SuperLumiNova C1 超级夜光物料。

表带：金属表带；三折叠式表扣。

参考价：RMB 68 900
HKD 72 900

EL PRIMERO 36,000 VPH

36,000 VPH 腕表 参考编号：03.2040.400/21.C496

机芯：自动上链 El Primero 400 B 机芯；直径30毫米、厚度6.6毫米；50小时动力储存；326个组件；31颗宝石；每小时振动频率36 000次；重金属摆铊饰以“Côtes de Genève”（日内瓦波纹）图案。

功能：小时、分钟；小秒针位于9时位置；日期显示位于6时位置；计时码表功能 —— 12小时积算盘位于6时位置，30分钟积算盘位于3时位置，长计时秒针；测速计。

表壳：精钢；直径42毫米；测速刻度在边缘；双面防止眩目处理蓝宝石水晶表镜；蓝宝石水晶玻璃表底；100米防水性能。

表盘：黑色太阳纹；镍金属圆纹缎光分区；镀铑指针及刻度，覆有 SuperLumiNova C1 超级夜光物料。

表带：黑色短吻鳄鱼皮表带；精钢针式表扣。

参考价：RMB 53 900
HKD 57 200

EL PRIMERO 36,000 VPH

36,000 VPH 腕表 参考编号：03.2041.400/51.C496

机芯：自动上链 El Primero 400 B 机芯；直径30毫米、厚度6.6毫米；50小时动力储存；326个组件；31颗宝石；每小时振动频率36 000次；重金属摆铊饰以“Côtes de Genève”（日内瓦波纹）图案。

功能：小时、分钟；小秒针位于9时位置；日期显示位于6时位置；计时码表功能 —— 12小时积算盘位于6时位置，30分钟积算盘位于3时位置，长计时秒针；测速计。

表壳：精钢；直径42毫米；测速刻度在边缘；双面防止眩目处理蓝宝石水晶表镜；蓝宝石水晶玻璃表底；100米防水性能。

表盘：蓝色太阳纹；镍金属圆纹缎光分区；镀铑指针及刻度，覆有 SuperLumiNova C1 超级夜光物料。

表带：黑色短吻鳄鱼皮表带；精钢针式表扣。

参考价：RMB 58 600
HKD 62 200

*价格如有变动，请以品牌公布价为准。

EL PRIMERO STRATOS

层云飞返腕表　　参考编号: 03.2060.4057/69.C714

机芯: 自动上链 El Primero 4057 B 机芯; 直径30毫米、厚度6.6毫米; 50小时动力储存; 326个组件; 31颗宝石; 每小时振动频率36 000次; 重金属摆铊饰 "Côtes de Genève"（日内瓦波纹）图案。

功能: 小时、分钟; 小秒针位于9时位置; 日期显示位于6时位置; 计时码表功能——60分钟积算盘位于6时位置, 60秒钟积算盘位于3时位置, 长计时秒针。

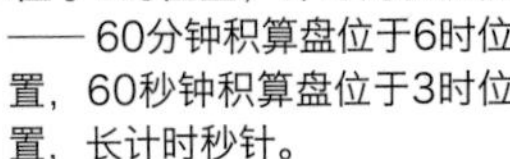

表壳: 精钢; 直径45.5毫米; 双面防止眩目处理蓝宝石水晶表镜; 蓝宝石水晶玻璃表底; 100米防水性能。

表盘: 银色太阳纹; 三色积算盘; 镀铑指针及刻度, 覆有 SuperLumiNova C1 超级夜光物料。

表带: 黑色短吻鳄鱼皮表带; 精钢折叠式表扣。

参考价: RMB 64 800
HKD 68 800

EL PRIMERO STRATOS

层云飞返腕表　　参考编号: 86.2060.405/23.C714

机芯: 自动上链 El Primero 405 B 机芯; 直径30毫米、厚度6.6毫米; 50小时动力储存; 331个组件; 31颗宝石; 每小时振动频率36 000次; 重金属摆铊饰 "Côtes de Genève"（日内瓦波纹）图案。

功能: 小时、分钟; 小秒针位于9时位置; 日期显示位于6时位置; 计时码表功能——12小时积算盘位于6时位置, 30分钟积算盘位于3时位置, 长计时秒针; 测速计。

表壳: 玫瑰金; 直径45.5毫米; 黑色 Alchron 铝合金表圈; 双面防止眩目处理蓝宝石水晶表镜; 蓝宝石水晶玻璃表底; 100米防水性能。

表盘: 黑色; 镀玫瑰金指针及刻度, 覆有 SuperLumiNova C1 超级夜光物料。

表带: 黑色短吻鳄鱼皮表带; 黑色三折叠式表扣。

参考价: RMB 156 200
HKD 167 000

CAPTAIN WINSOR

指挥官温莎腕表　　参考编号: 03.2070.4054/02.C711

机芯: 自动上链 El Primero 4054 机芯; 直径30毫米、厚度8.3毫米; 50小时动力储存; 341个组件; 29颗宝石; 每小时振动频率36 000次; 重金属摆铊饰 "Côtes de Genève"（日内瓦波纹）图案。

功能: 小时、分钟; 小秒针位于9时位置; 日期和月份显示位于6时位置; 计时码表功能——60分钟积算盘位于6时位置, 长计时秒针。

表壳: 精钢; 直径42毫米; 双面防止眩目处理蓝宝石水晶表镜; 蓝宝石水晶玻璃表底; 50米防水性能。

表盘: 中央银色刻格处理 (guilloché), 外圈采用银色染色; 镀铑指针及刻度, 覆有 SuperLumiNova C1 超级夜光物料。

表带: 棕色短吻鳄鱼皮表带; 精钢针式表扣。

参考价: RMB 66 400
HKD 70 500

CAPTAIN CHRONOGRAPH

指挥官计时码表　　参考编号: 51.2112.400/01.M2110

机芯: 自动上链 El Primero 400 B 机芯; 直径30毫米、厚度6.6毫米; 50小时动力储存; 326个组件; 31颗宝石; 每小时振动频率36 000次; 重金属摆铊饰 "Côtes de Genève"（日内瓦波纹）图案。

功能: 小时、分钟; 小秒针位于9时位置; 日期显示位于6时位置; 计时码表功能——12小时积算盘位于6时位置, 30分钟积算盘位于3时位置, 长计时秒针。

表壳: 精钢, 直径42毫米; 18K玫瑰金表圈、表冠和按掣; 双面防止眩目处理蓝宝石水晶表镜; 蓝宝石水晶玻璃表底; 50米防水性能。

表盘: 银色太阳纹; 铑金属琢面指针及刻度。

表带: 精钢和18K玫瑰金表带; 三折叠式表扣。

参考价: RMB 89 800
HKD 95 400

＊价格如有变动, 请以品牌公布价为准。

CAPTAIN CHRONOGRAPH

指挥官计时码表　参考编号: 03.2116.400/51.C700

机芯: 自动上链 El Primero 400 B 机芯; 直径30毫米、厚度6.6毫米; 50小时动力储存; 326个组件; 31颗宝石; 每小时振动频率36 000次; 重金属摆铊饰 "Côtes de Genève"（日内瓦波纹）图案。

功能: 小时、分钟; 小秒针位于9时位置; 日期显示位于6时位置; 计时码表功能——12小时积算盘位于6时位置, 30分钟积算盘位于3时位置, 长计时秒针。

表壳: 精钢; 直径42毫米; 双面防止眩目处理蓝宝石水晶表镜; 蓝宝石水晶玻璃表底; 50米防水性能。

表盘: 蓝色太阳纹; 铑金属琢面指针及刻度。

表带: 蓝色短吻鳄鱼皮表带; 精钢针式表扣。

备注: 限量发行1975只。

参考价: RMB 52 300
HKD 55 600

CAPTAIN MOONPHASE

指挥官月相腕表　参考编号: 18.2140.691/02.C498

机芯: 自动上链 Elite 691 机芯; 直径25.6毫米、厚度5.67毫米; 50小时动力储存; 228个组件; 27颗宝石; 每小时振动频率28 800次; 重金属摆铊饰 "Côtes de Genève"（日内瓦波纹）图案。

功能: 小时、分钟; 小秒针位于9时位置; 日期显示位于1时位置; 月相显示位于6时位置。

表壳: 18K玫瑰金; 直径40毫米; 双面防止眩目处理蓝宝石水晶表镜; 蓝宝石水晶玻璃表底; 50米防水性能。

表盘: 银色刻格（guilloché）处理; 镀金铑金属琢面指针及刻度。

表带: 棕色短吻鳄鱼皮表带; 18K玫瑰金针式表扣。

参考价: RMB 106 700
HKD 112 400

CAPTAIN POWER RESERVE

指挥官动力储备腕表　参考编号: 16.2120.685/02.C498

机芯: 自动上链 Elite 685 机芯; 直径25.6毫米、厚度4.67毫米; 50小时动力储存; 179个组件; 38颗宝石; 每小时振动频率28 800次; 重金属摆铊饰 "Côtes de Genève"（日内瓦波纹）图案。

功能: 小时、分钟; 小秒针位于9时位置; 日期显示位于1时位置; 弓形动力储存位于12时和3时之间。

表壳: 精钢; 直径40毫米; 镶嵌74颗明亮型（Brilliant）切割VS级钻石（总0.8克拉）; 双面防止眩目处理蓝宝石水晶表镜; 蓝宝石水晶玻璃表底; 50米防水性能。

表盘: 银色刻格（guilloché）处理; 铑金属琢面指针及刻度。

表带: 棕色短吻鳄鱼皮表带; 精钢针式表扣。

参考价: RMB 73 000
HKD 77 600

CAPTAIN CENTRAL SECOND

指挥官中央秒针腕表　参考编号: 03.2020.670/01.C498

机芯: 自动上链 Elite 670 机芯; 直径25.6毫米、厚度3.47毫米; 50小时动力储存; 144个组件; 27颗宝石; 每小时振动频率28 800次; 重金属摆铊饰 "Côtes de Genève"（日内瓦波纹）图案。

功能: 小时、分钟、秒钟; 日期显示位于6时位置。

表壳: 精钢; 直径40毫米; 双面防止眩目处理蓝宝石水晶表镜; 蓝宝石水晶玻璃表底; 50米防水性能。

表盘: 银色太阳纹; 镀金铑金属琢面指针及刻度。

表带: 深棕色短吻鳄鱼皮表带; 精钢针式表扣。

参考价: RMB 34 700
HKD 36 900

＊价格如有变动，请以品牌公布价为准。

CAPTAIN CENTRAL SECOND
指挥官中央秒针腕表　参考编号：03.2020.670/21.M2020

机芯：自动上链 Elite 670 机芯；直径25.6毫米、厚度3.47毫米；50小时动力储存；144个组件；27颗宝石；每小时振动频率28 800次；重金属摆铊饰“Côtes de Genève”（日内瓦波纹）图案。

功能：小时、分钟、秒钟；日期显示位于6时位置。

表壳：精钢；直径40毫米；双面防止眩目处理蓝宝石水晶表镜；蓝宝石水晶玻璃表底；50米防水性能。

表盘：黑色；镀金铑金属琢面指针及刻度。

表带：精钢表带；三折叠式表扣。

参考价：RMB 34 700
HKD 36 900

PILOT CHRONOGRAPH
飞行员计时码表　参考编号：03.2117.4002/23.C704

机芯：自动上链 El Primero 4002 机芯；直径30毫米、厚度6.6毫米；50小时动力储存；307个组件；31颗宝石；每小时振动频率36 000次；重金属摆铊饰“Côtes de Genève”（日内瓦波纹）图案。

功能：小时、分钟；小秒针位于9时位置；日期显示位于6时位置；计时码表功能——30分钟积算盘位于3时位置，长计时秒针。

表壳：精钢；直径42毫米；双面防止眩目处理蓝宝石水晶表镜；蓝宝石水晶玻璃表底；50米防水性能。

表盘：黑色；覆有 SuperLumi-Nova C1 超级夜光物料刻度及白漆指针。

表带：驼棕色鳄鱼表带有米色缝纹；精钢针式表扣。

参考价：RMB 48 800
HKD 51 800

HERITAGE ULTRA THIN
HERITAGE 超薄腕表　参考编号：18.2010.681/01.C498

机芯：自动上链 Elite 681 机芯；直径25.6毫米、厚度3.47毫米；50小时动力储存；128个组件；27颗宝石；每小时振动频率28 800次；重金属摆铊饰“Côtes de Genève”（日内瓦波纹）图案。

功能：小时、分钟；小秒针位于9时位置。

表壳：18K玫瑰金；直径40毫米；双面防止眩目处理蓝宝石水晶表镜；蓝宝石水晶玻璃表底；50米防水性能。

表盘：银色太阳纹；镀金铑金属琢面指针和刻度。

表带：棕色短吻鳄鱼皮表带；18K玫瑰金针式表扣。

参考价：RMB 85 000
HKD 91 200

HERITAGE ULTRA THIN
HERITAGE 超薄腕表　参考编号：18.2010.681/11.C498

机芯：自动上链 Elite 681 机芯；直径25.6毫米、厚度3.47毫米；50小时动力储存；128个组件；27颗宝石；每小时振动频率28 800次；重金属摆铊饰“Côtes de Genève”（日内瓦波纹）图案。

功能：小时、分钟；小秒针位于9时位置。

表壳：18K玫瑰金；直径40毫米；双面防止眩目处理蓝宝石水晶表镜；蓝宝石水晶玻璃表底；50米防水性能。

表盘：白色；黑色转印数字;.镀金铑金属琢面指针和刻度。

表带：棕色短吻鳄鱼皮表带；18K玫瑰金针式表扣。

参考价：RMB 85 000
HKD 91 200

*价格如有变动，请以品牌公布价为准。

HERITAGE ULTRA THIN

HERITAGE 超薄腕表　参考编号: 03.2010.681/01.C493

机芯: 自动上链 Elite 681 机芯; 直径25.6毫米、厚度3.47毫米; 50小时动力储存; 128个组件; 27颗宝石; 每小时振动频率28 800次; 重金属摆铊饰 "Côtes de Genève"(日内瓦波纹)图案。

功能: 小时、分钟; 小秒针位于9时位置。

表壳: 精钢; 直径40毫米; 双面防止眩目处理蓝宝石水晶表镜; 蓝宝石水晶玻璃表底; 50米防水性能。

表盘: 银色太阳纹; 铑金属琢面指针和刻度。

表带: 黑色短吻鳄鱼皮表带; 精钢针式表扣。

参考价: RMB 32 500
HKD 34 300

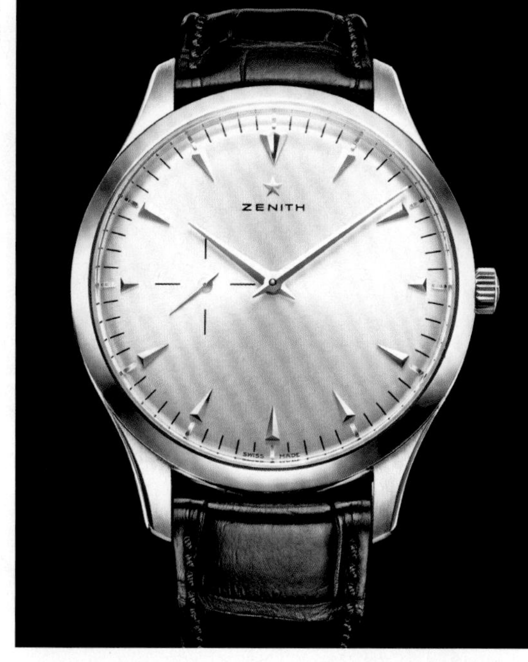

HERITAGE ULTRA THIN

HERITAGE 超薄腕表　参考编号: 03.2012.681/51.C503

机芯: 自动上链 Elite 681 机芯; 直径25.6毫米、厚度3.47毫米; 50小时动力储存; 128个组件; 27颗宝石; 每小时振动频率28 800次; 重金属摆铊饰 "Côtes de Genève"(日内瓦波纹)图案。

功能: 小时、分钟; 小秒针位于9时位置。

表壳: 精钢; 直径40毫米; 双面防止眩目处理蓝宝石水晶表镜; 蓝宝石水晶玻璃表底; 50米防水性能。

表盘: 蓝色太阳纹; 铑金属琢面指针和刻度。

表带: 蓝色短吻鳄鱼皮表带; 精钢针式表扣。

参考价: RMB 32 500
HKD 34 300

HERITAGE PORT ROYAL

HERITAGE PORT ROYAL 腕表　参考编号: 18.5000.2572PC/01.C498

机芯: 自动上链 2572PC 机芯; 直径25.6毫米、厚度5.63毫米; 48小时动力储存; 110个组件; 17颗宝石; 每小时振动频率28 800次; 重金属摆铊饰 "Côtes de Genève"(日内瓦波纹)图案。

功能: 小时、分钟、秒钟; 日期显示位于3时位置。

表壳: 18K玫瑰金; 直径38毫米; 双面防止眩目处理蓝宝石水晶表镜; 蓝宝石水晶玻璃表底; 50米防水性能。

表盘: 银色; 镀金铑金属琢面指针和刻度。

表带: 棕色短吻鳄鱼皮表带; 18K玫瑰金针式表扣, 也可配18K玫瑰金三折叠式表扣。

参考价: RMB 68 000
HKD 72 900

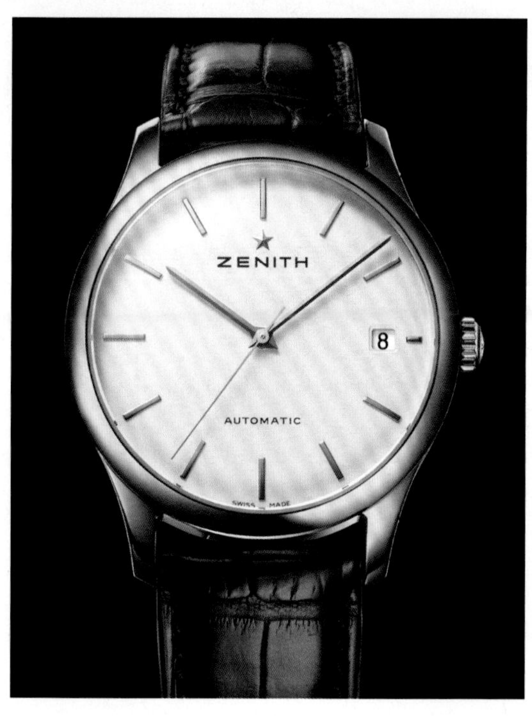

HERITAGE NEW VINTAGE 1965

HERITAGE 新复古1965腕表　参考编号: 03.1965.670/91.C591

机芯: 自动上链 Elite 670 机芯; 直径25.6毫米、厚度3.47毫米; 50小时动力储存; 144个组件; 27颗宝石; 每小时振动频率28 800次; 重金属摆铊饰 "Côtes de Genève"(日内瓦波纹)图案。

功能: 小时、分钟、秒钟; 日期显示位于4时半位置。

表壳: 18K玫瑰金; 32毫米x32毫米; 双面防止眩目处理蓝宝石水晶表镜; 蓝宝石水晶玻璃表底; 30米防水性能。

表盘: 岩灰色太阳纹; 手工镶嵌铑金属琢面刻度; 铑金属琢面指针。

表带: 黑色短吻鳄鱼皮表带; 精钢针式表扣。

参考价: RMB 36 100
HKD 38 600

*价格如有变动, 请以品牌公布价为准。

术语表 GLOSSARY

A

ACCURACY: 准确性 (参见 PRECISION: 精确度)

1

ALARM WATCH: 闹表（图 1 – 2）

置于手表内的响声机械结构，并在预设的时间自动发出声音。闹表配有第二表冠，专用于上链、设定、完成报时装置，并有一个长指针提示设定时间。机芯内用来支持报时装置工作的由一系列齿轮来连接发条盒、擒纵机构、钟表锤。运行方式类似于一般闹钟。

AMPLITUDE: 摆幅

平衡摆轮摆动的最大角度。

ANALOG, ANALOGUE: 指针显示

表盘采用指针显示时间。

2

ANTIMAGNETIC: 防磁

不会受磁场影响的手表。手表不会由于电磁场作用，导致游丝发条内两个或两个以上的游丝相互吸引，从而造成手表运行加速。防磁手表采用非磁性的金属合金，如 Nivarox —— 尼瓦罗克斯合金，制成游丝发条。

ANTIREFLECTION, ANTIREFLECTIVE: 抗反射／防反光／防眩光

浅玻璃处理，分散反射光。采用双面涂层处理会取得更优效果。一般而言，为避免刮伤上层，一般仅做内表面处理。

ARBOR: 心轴

齿轮或摆轮的支撑元件，其末端被称为枢轴，运行于宝石槽或黄铜轴套中。

AUTOMATIC: 自动上链（图 3）

手表的机械机芯自动上链。人体手腕的动作促使机芯内转子来回摆动，产生并通过齿轮系传递动力至发条盒，因而逐渐旋紧手表机芯的主发条以自动上链。

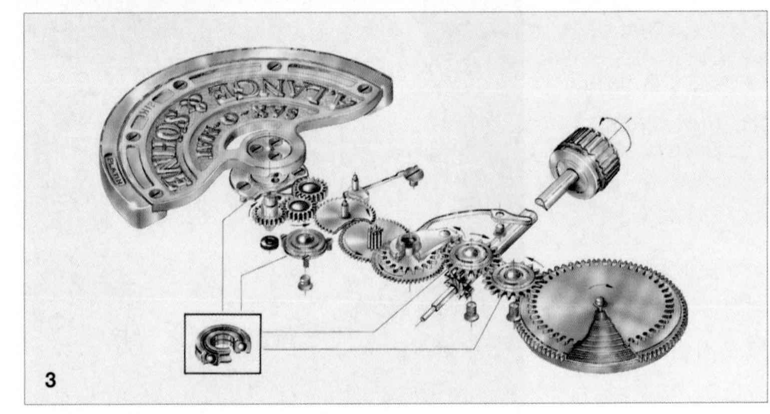

3

AUTOMATION: 自动人偶

自动人偶，置于表盘或表壳之上。自鸣装置与手表机身的部分或其他零部件同步移动。移动的部分透过表盘或表壳的小孔相互连接，并配合自鸣锤。

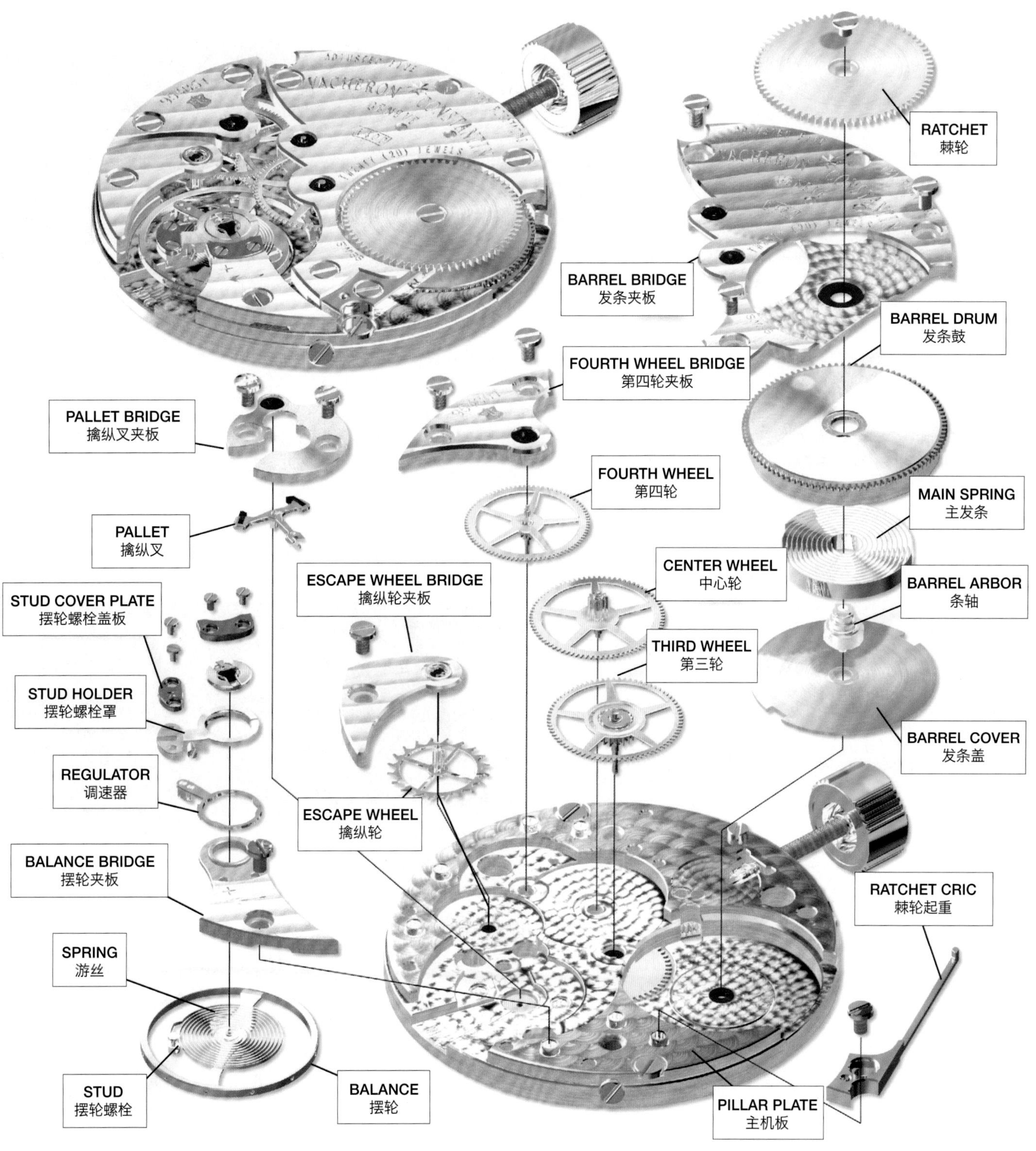
RATCHET
棘轮
BARREL BRIDGE
发条夹板
BARREL DRUM
发条鼓
FOURTH WHEEL BRIDGE
第四轮夹板
PALLET BRIDGE
擒纵叉夹板
FOURTH WHEEL
第四轮
MAIN SPRING
主发条
PALLET
擒纵叉
CENTER WHEEL
中心轮
ESCAPE WHEEL BRIDGE
擒纵轮夹板
BARREL ARBOR
条轴
STUD COVER PLATE
摆轮螺栓盖板
THIRD WHEEL
第三轮
STUD HOLDER
摆轮螺栓罩
BARREL COVER
发条盖
REGULATOR
调速器
ESCAPE WHEEL
擒纵轮
BALANCE BRIDGE
摆轮夹板
RATCHET CRIC
棘轮起重
SPRING
游丝
STUD
摆轮螺栓
BALANCE
摆轮
PILLAR PLATE
主机板

B

BALANCE: 摆轮（图 1）
摆动装置，连同游丝发条，组成机芯核心，以确定摆动，从而控制运转的频率和精确度。

BALANCE SPRING: 游丝发条（图 1）
用于制作游丝发条的材料一般是特性稳定的合金钢（如 Nivarox——尼瓦罗克斯合金）。考虑到整个系统重心的连续变化，厂家在手表各组成部分的加工工艺上进行了一些改进，包括通过对宝玑摆轮双层游丝发条的处理保证其位置居中，用菲利普斯曲线消除摆轮枢轴的外侧压力等。高品质的材料保证了钟表运行的精确性。

BARREL: 发条盒（图 2 – 3）
由于发条盒是整个钟表的动力系统。在发条盒内部，主发条以心轴环绕，由上链表冠提供动力来源。如果是自动上链，则由转子提供动力来源。

BEARING: 轴承
部分在枢轴上，在手表里多为宝石轴承。

BEVELING: 倒角（图 4）
对擒纵杆、夹板等的边角进行45度倒角处理，是高级机芯组件的手工打磨工序。

BEZEL: 表圈
表壳上部有时用来固定水晶表镜。表圈可能是表壳的一部分，与表壳中部相连，也可能独立于表壳被扣在或用螺丝固定在中间位置。

BOTTOM PLATE: 主机板
主机板支撑所有的夹板、夹片及其它机芯零部件。主机板及夹板构成手表机芯的架构。主机板下方是表盘部分，上方则是夹板部分。

1

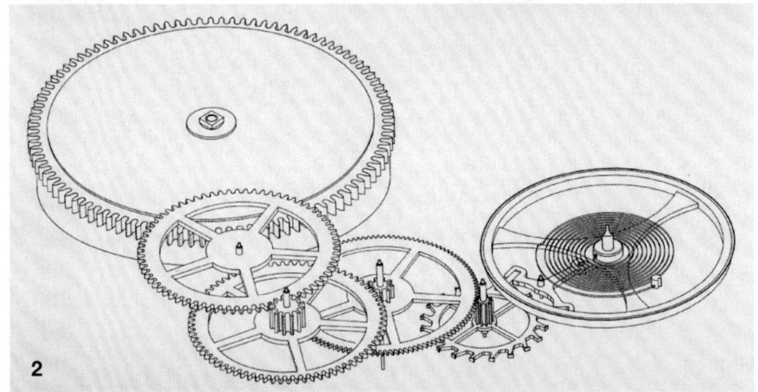
2

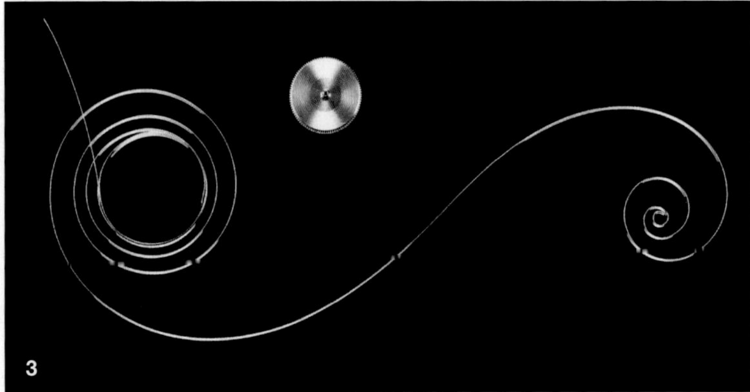
3

4

1

2

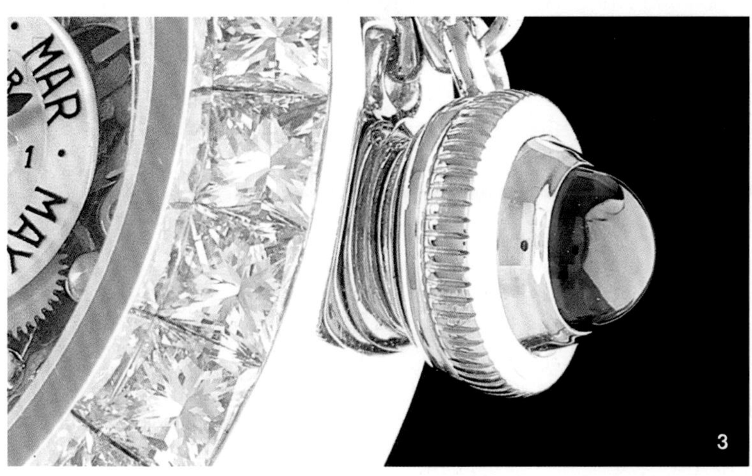
3

BRACELET: 表链

金属环状链条以连接表壳。在表壳和表链间如没有明显间断，则称为整体式表链。

BREGUET HANDS: 宝玑指针（图 1）

宝玑指针，由钟表大师宝玑发明，指针头部有圆洞型，也称为“月形”指针。

BRIDGE: 夹板（图 2）

机芯内部的结构性金属部件，支持齿轮组、摆轮、擒纵系统和发条盒的运转。夹板由两个以上插销或螺丝固定在主机板上的特定位置。在高品质的机芯内，夹板的可视部分有各式装饰。

BRUSHED, BRUSHING: 打磨

局部打磨，金属线条完美，外观简洁而统一。

C

CABOCHON: 圆宝石（图 3）

仅对未被切割的宝石进行抛光，如蓝宝石、红宝石或翡翠。这些宝石一般呈半球体，主要装饰上链表冠或部分表壳。

CALENDAR, ANNUAL: 年历

年历功能可正确显示大月（31日）和一般的小月（30日），遇到二月时需手动校正。该功能可显示日期、星期、月份，或仅显示日期、月份。

CALENDAR, FULL: 全日历

在表盘显示日期、星期和月份。但对于少于31天的月份在月末需要手动校正。此日历功能通常配有月相显示。

CALENDAR, GREGORIAN: 格里历

罗马教皇格里高利十三世在公元1582年对儒略历进行了历法改革，以消除儒略历中由于置闰导致的细微误差。格里历同儒略历一样，每四年在2月底置一闰日，但格里历特别规定，除非能被400整除，所有的世纪年（能被100整除）都不设闰日。这消除了原本需要在1700年，1800年，和1900年所置的闰日，但在2000年和2400年仍然置闰。

CALENDAR, JULIAN: 儒略历

儒略历由古罗马恺撒大帝创立，年平均长度为365.25日，每4年一闰。公元325年，此历法被教廷采用，但存在细微错误，它的每一年平均比地球公转周期长0.0078日，后来被格里历取代。

CALENDAR, PERPETUAL: 万年历（图 1）

万年历是钟表制造术中最为复杂和精密的日历功能。万年历可以显示日期、月份和闰年，无须手动校正。万年历功能可持续至2100年（此年在现行历法上并不置闰，可是手表的万年历却自动地四年一置闰）。

CALIBER / CALI.: 机芯号（图 2）

最初机芯号仅仅表示机芯的大小，但现在机芯号表示特定的机芯，包括钟表名称和系列代码。因此，机芯号成为识别机芯（Movement）的标识。

CANNON: 分轮

空心圆柱形状的小齿轮，也称为 Pipe 或 Bush，例如小时机轮的分轮用来支撑时针。

CAROUSEL: 卡罗素

类似于陀飞轮的装置，可是其框架由第三齿轮驱动，而非第四齿轮。

CARRIAGE / TOURBILLON CARRIAGE: 陀飞轮框架（图 3）

陀飞轮装置的旋转框架，承载摆轮和擒纵系统。尽管此框架的重量已减轻，但是作为结构性的装置对于整个钟表运行系统的平衡和稳定必不可少。如今的陀飞轮框架每秒钟旋转一次，纵向误差率已不复存在。而镂空表盘的广泛使用赋予了陀飞轮框架极强的视觉吸引力。

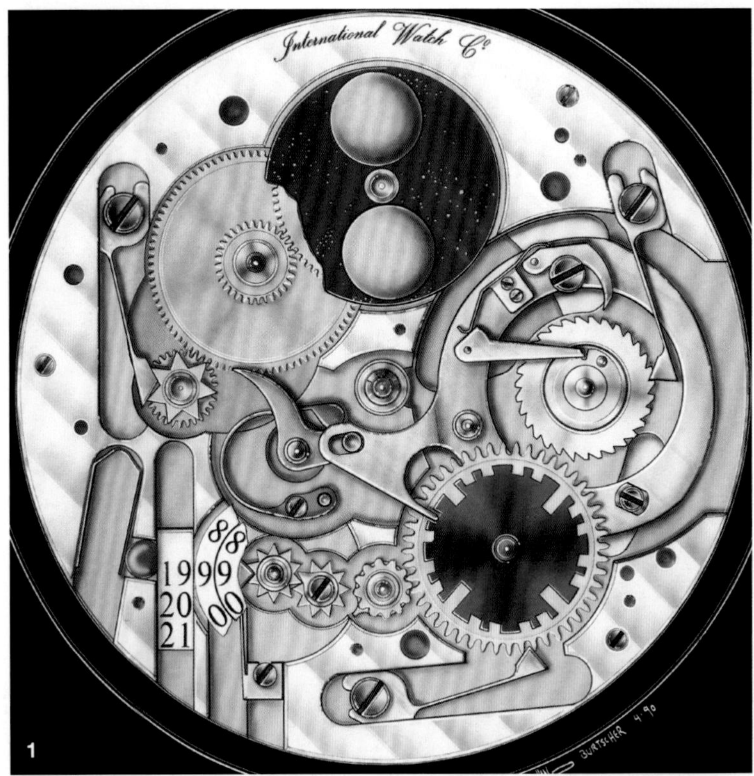

1

2

3

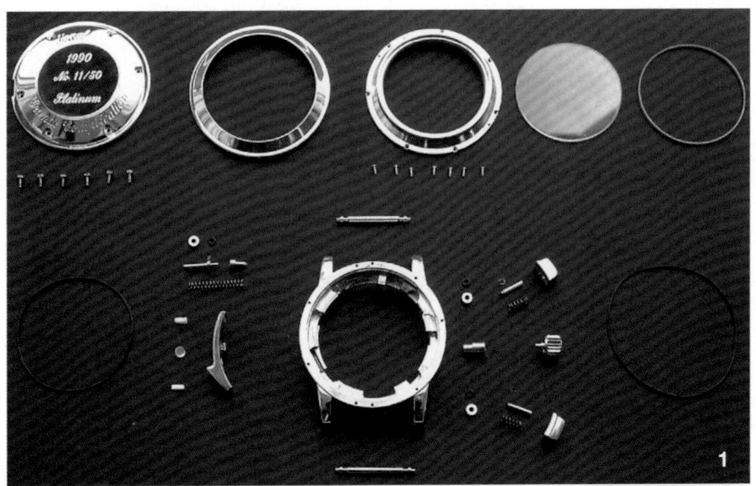

1

2

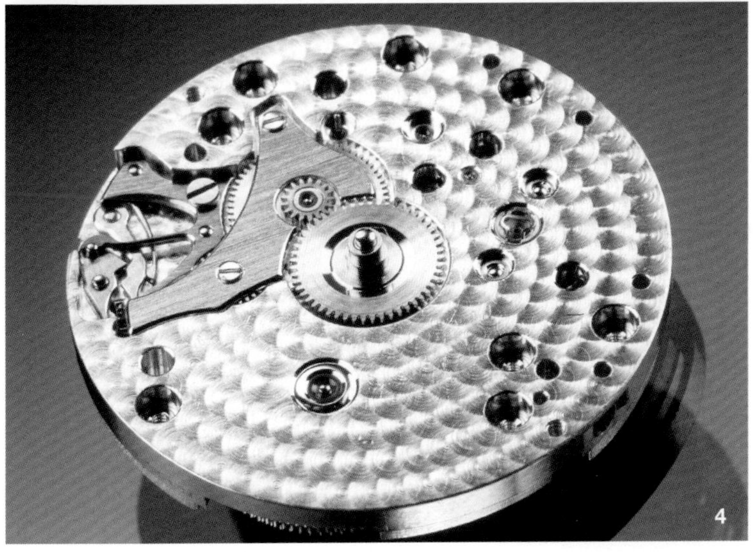
4

CASE: 表壳（图 1）
置放和保护机芯的容器。通常由三部分组成：表壳中层、表圈、底盖。

CENTER SECOND HAND: 中央秒针（参见 SWEEP SECOND HAND: 长秒针）

CENTER-WHEEL: 中心轮
在传动链上的分针齿轮。

CHAMPLEVÉ: 雕刻内填（图 2）
对于表盘或表壳表面的手工特别处理。用雕刻刀将金属表面镂空，以便形成可以填充珐琅的小室。

CHAPTER-RING: 标识圈
在表盘上显示小时的数字标识。

CHIME: 和旋
一种配备有一套能够完整地演绎出整套旋律的报时装置。具有此功能的手表为和旋表。

CHRONOGRAPH: 计时码表（图 3）
手表内置秒表功能，有启动、停止、归零的设定。计时码表有不同的形式。

CHRONOMETER: 天文台表
高精密时间仪器。根据瑞士法律，对于被称为“天文台表”的钟表来说，制造产商必须通过一系列的认证从而取得公告和证书后才能合法地使用这一术语。相关证书受瑞士官方的承认，如瑞士天文台认证。

CIRCULAR GRAINING: 圆纹处理（图 4）
用于对夹板、转子、主机板的表面装饰。数个细小的圆形纹路由削切和研磨生成。此处理也可称为 Pearlage 或 Pearling（珍珠圆点打磨）。

3

CLICK: 止轮具 (参见 PAWL: 棘爪)

CLOISONNÉ: 掐丝珐琅（图 1）
一种上珐琅的工艺，主要用于装饰表盘，主体的外部轮廓以扁平细金属线成型，而设置金属丝的表面则带着有待填充的珐琅小室。这些小室填充珐琅后再进行烧制。抛光之后，金属线产生出珐琅制的主题或图案。

CLOUS DE PARIS: 巴黎饰钉（图 2）
表盘上的一种扭索状装饰图案，由形成细小锥体形状的交叉空心线所组成。

COCK: 夹板 (参见 BRIDGE: 夹板)

COLIMAÇONNAGE: 铣花纹 (参见 SNAILING: 铣花纹)（图 3）

COLUMN-WHEEL: 圆柱齿轮（图 4）
计时码表机芯的部分，呈小齿钢柱形，管理不同擒纵杆的功能和部分计时码的运转。此部件通过推进器先抓住擒纵杆，然后放开。此部件用于确保高精确度，是计时码运行的首选部件。

COMPLICATION: 复杂功能
除指示小时、分钟、秒钟，以及手动链之外的任何功能都应该称为复杂功能。然而，今天，某些功能，如自动上链或者日期显示，已非常普遍。主要的复杂功能包括：月相显示、动力储备、GMT、全日历显示。这里还有一些称为超复杂功能，包括有：双秒追针计时码表、万年历、陀飞铃、三问报时等等。

CORRECTOR: 校正器
在表壳侧面的按掣。供特殊装备的工具迅速地调节各种显示，如日期、GMT、全日历或万年历。

C.O.S.C.: 瑞士天文台认证
全称为“Contrôle Officiel Suisse des Chronomètres”。位于瑞士的重要机构，负责对机芯的机能和误差度进行检测。每一块手表均在不同的位置下以不同温度进行测试，最大可容忍的误差度为每天正负4秒。检测合格的每一块手表均会被授予有效的公告和“精密计时器”的证书。

1

2

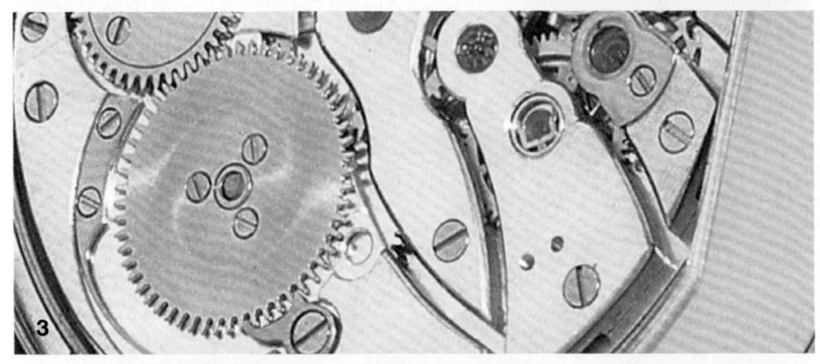
3

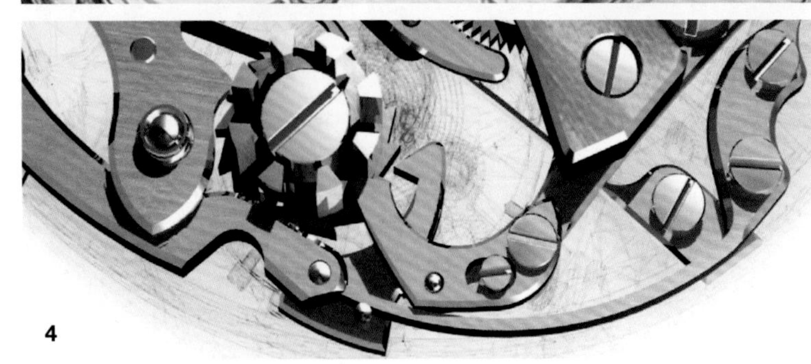
4

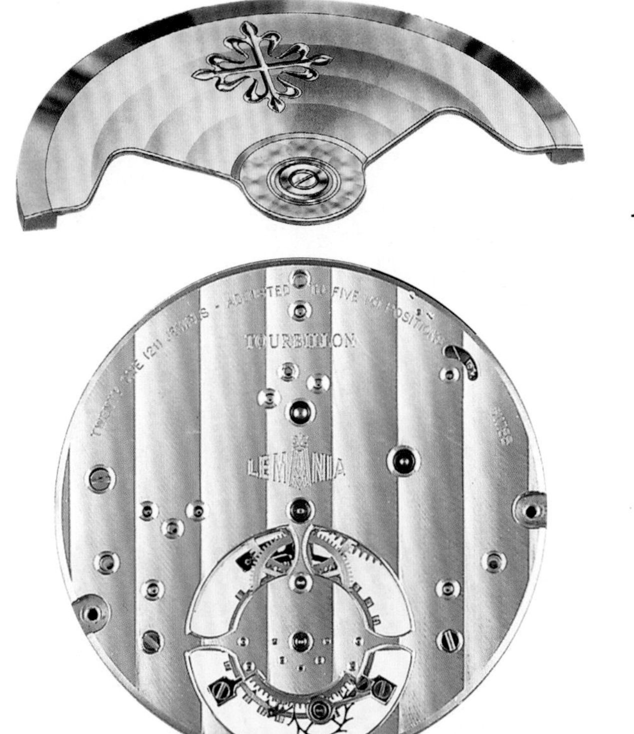

1

2

3

CÔTES CIRCULAIRES: 圆形波纹（图 1）
用于转子和擒纵杆的装饰，由一系列的同心罗纹组成。

CÔTES DE GENÈVE: 日内瓦波纹（图 2）
主要用于装饰高品质机芯。经过不断重复的打磨，由平行的细波浪线条组成 。

COUNTER: 积算盘／计时器（图 3）
在计时码表上的额外指针，用来计算从开始测量以来的累计时间。近来所产的手表，一般将计秒的积算盘放置在中央，而计算小时和分钟的积算盘放置在非中心的特定位置，也被称为副表盘。

CROWN: 表冠
通常被放置在表壳中部，具有上链、手调功能，如日期或GMT校正。表冠由通过表壳的一个小孔的上链条与机芯相连。为了达到防水的目的，防水表钟常使用一些简单的垫圈，而潜水表则采用螺丝固定系统。

CROWN-WHEEL: 立轮
与上链小齿轮和条轴中棘齿垂直咬合的齿轮。

D

DECK WATCH: 测天表
大型船只计时器。

DEVIATION: 误差
由于时间的积累，手表运转产生自然的变化。运转率偏快则为正误差，相反则是负误差。

DIAL: 表盘（图 3）
手表的正面，由刻度盘、指针、圆盘或窗口来显示时间和其他附加功能。一般采用黄铜制造，有时采用银或金。

DIGITAL: 数字型显示
表盘中，由孔隙或者窗口显示数字或字母来指示时间。

E

EBAUCHE: 手表套件（图 1）
未完工的机芯。此机芯不包括调速系统、主发条、表盘和指针。

ENDSTONE: 止推宝石轴承／托钻（图 2）
未钻孔的宝石。垫着摆轮心轴之枢轴，以减少支点的摩擦。有时候也用于擒纵叉轴和擒纵轮。

ENGINE-TURNED: 旋转车床雕刻（参见 GUILLOCHÉ: 刻格／玑镂）

EQUINOX: 昼夜平衡点（图 3）
当太阳直射赤道时，白天和黑夜的长度会相等。一年会出现两次，分别是春分（3月21日或22日），和秋分（9月22日或23日）。

EQUATION OF TIME: 均时差／时间等式（图 3）
显示传统平均太阳时和真太阳时之间的分钟差异。这种差异在两日之间为正负16秒。

ESCAPE WHEEL: 擒纵轮（图 4）
属于擒纵系统的齿轮。

ESCAPEMENT: 擒纵机构（图 4）
置于传动链条和摆轮之间的装置，以规则的间隔时间暂停齿轮的运动。杠杆式擒纵机构是迄今为止最常见的。历史上的擒纵机构的类型包括：机轴式、工字轮式、铆钉式、掣子式和双联式。最近，George Daniels 发明了“同轴式”的擒纵机构。

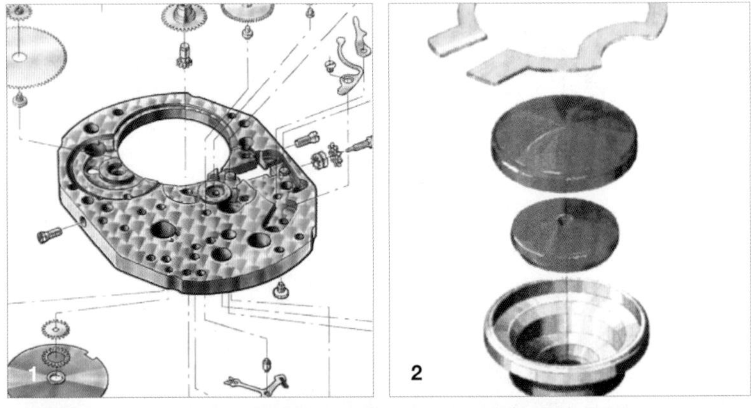
1 2

3

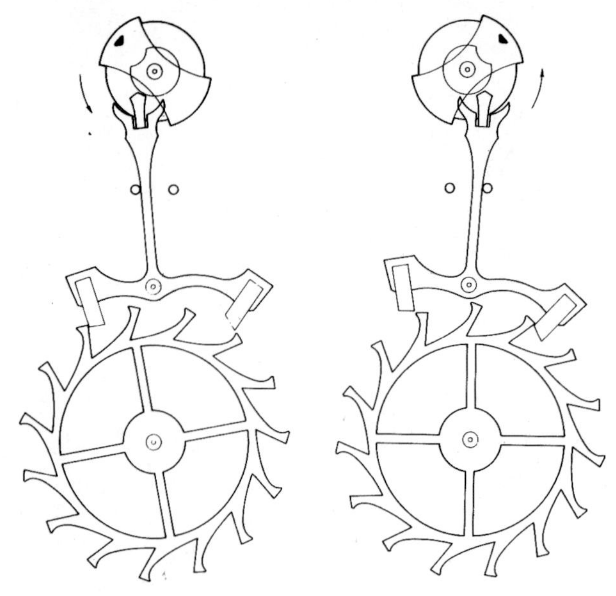
4

1

2

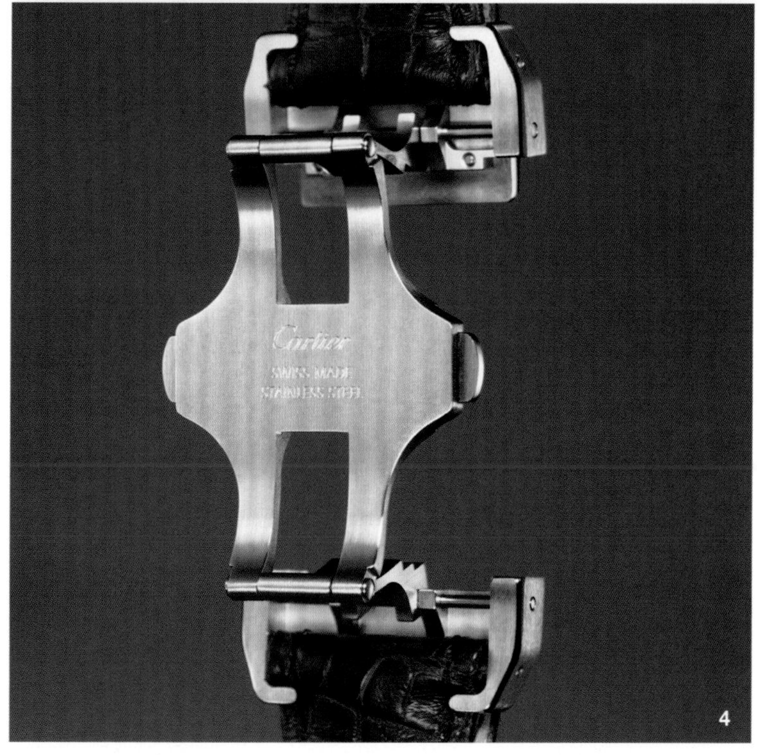

4

F

FLINQUÉ: 精雕珐琅（图 1）

表盘或表壳之上的雕刻，覆盖有珐琅层。

FLUTED: 凹槽（图 2）

表面有细小平行的凹槽，多出现在表盘、表圈或表冠上。

FLY-BACK: 飞返计时（图 3）

结合计时码表功能，飞返计时可以归零，再按压按掣一次即能立即重新启动，甚至可以打断一个正在进行中的计时。该功能专为飞行员开发。

FOLD-OVER CLASP: 折叠式表扣（图 4）

有铰链和接缝，通常与表壳采用同样的材料制成。此表扣可以简单地在手腕上将手链扣紧。经常配有扣进锁，也常搭配针扣和按掣。

FOURTH-WHEEL: 第四轮

在传动链上的秒针齿轮。

FREQUENCY: 频率（参见 VIBRATION: 振动）

通常定义为特定时间单位内的循环数。在制表业中为每两秒钟摆轮的摆动数或每秒钟的振动数。实际应用中，频率表述为每小时的振动数(VPH)。

FUSEE: 均力圆锥轮

呈圆锥形的部件，带有螺旋凹槽，透过凹槽内的链条连接到发条盒。此部件的目的是为了平衡传动链上的能量传输。

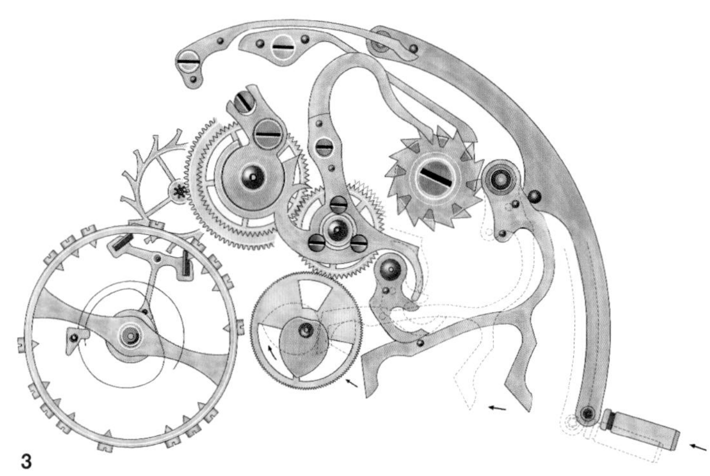

3

G

GENEVA SEAL: 日内瓦印记 (参见 POINÇON DE GENÈVE)（图 1）

GLUCYDUR: 铍青铜合金

铜和铍的合金，用于高品质的摆轮制作。这种合金保证了高弹性和高硬度，无磁、防锈、降低膨胀系数。此合金使摆轮稳定运转并确保机芯的精确度。

GMT: 格林尼治标准时（图 2）

全称为 Greenwich Mean Time。作为手表的功能，一般同时和其他一个到多个时区的时间一起显示。第二时区的时间会被一个全运转的指针在一个24小时的标识盘上提示，同时亦会指示第二时区是AM或是PM。

GOING TRAIN: 传动链 (参见 TRAIN: 传动链)

GONG: 音簧（图 3）

具有和声效果的铜合金扁铃，一般放置在机芯的圆周上，以击锤敲击产生声响以达到指示时间的效果。音簧的大小和厚度决定了所产生的音调和音色。一些具有三问报时功能的手表，往往有两个击锤敲击，第一个音调来指示每小时，两个音调仪一起来指示每一刻钟，另外一个音调单独来指示剩余时间。 在一些更为复杂的款式里， 音簧甚至配备有自动报时音铃，音簧可能多达4个，从而演奏出平和简单的旋律，例如伦敦大本钟的报时和旋。

1

2

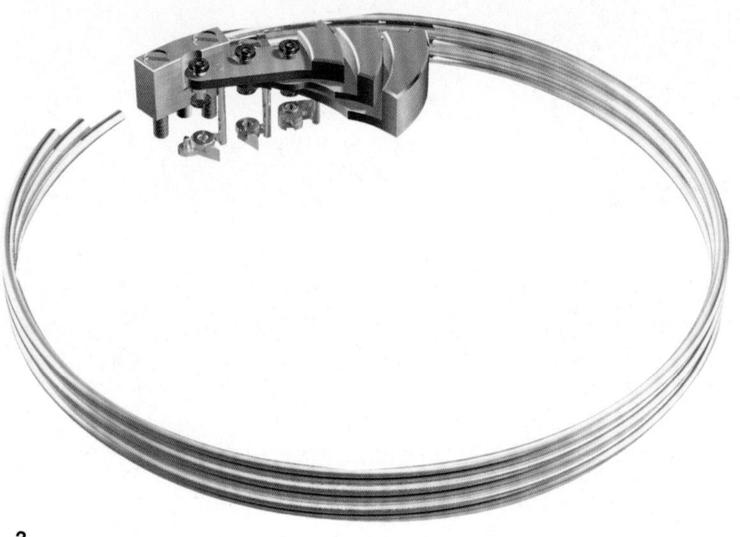
3

1

GRAND/GREAT COMPLICATIONS: 超复杂功能
（参见 COMPLICATION 复杂功能）

GUILLOCHÉ: 刻格／玑镂（图 1）
用于装饰表盘、转子、表壳某些部分。这种装饰由手工或者旋转车床雕刻产生纹路。较细雕刻产生的纹路多呈交叉交错状，也可能产生更为复杂的纹路状。用于刻格的表盘和转子一般是金或银。

H

HAMMER: 击锤
在机芯中敲击音簧并发声的部件，用于问表或闹响功能，由精钢或黄铜制成。

HAND: 指针（图 2）
指针指示型手表用指针来提示小时、分钟、秒钟，以及其他功能。一般采用黄铜制成（做镀铑、镀金或其他处理），也可以由金或精钢制成。指针的形状多种多样，关乎到整体表的审美效果。

HEART-PIECE: 心状轮（图 3）
心形状的轮轴，实现计时码表指针归零功能的装置。

2

3

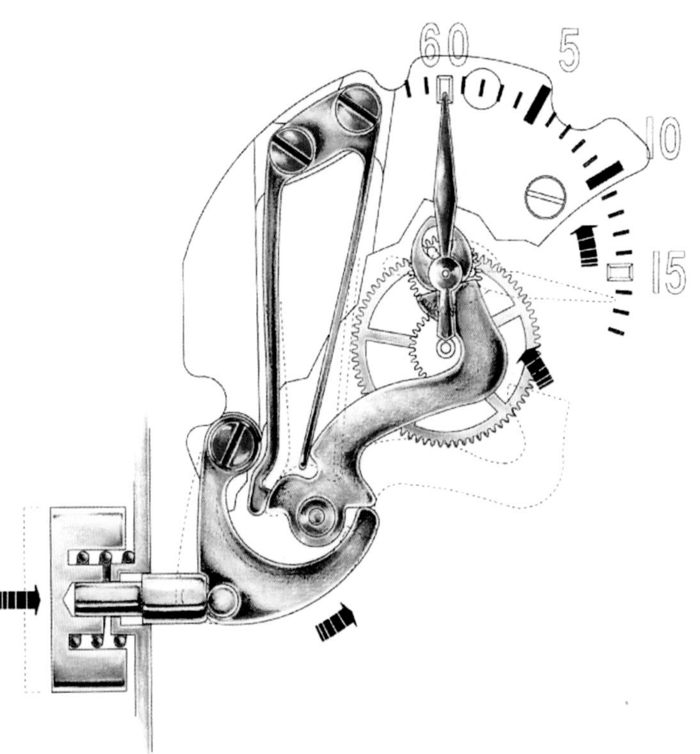

HELIUM VALVE: 氦气阀（图 1）

氦气阀将潜水员呼吸空气中存在的大量氦气释放，以免对手表造成过多压力。

HEXALITE: 蜂巢减震

由塑料树脂制成的人造玻璃。

HUNTER CALIBER: 猎人式机芯（图 2）

一种秒针与上链柄轴成直角的机芯结构。

I

IMPULSE: 冲击

机械部件传动的运动。在一个瑞士式杠杆擒纵机构中，冲击通过轮齿和棘爪的冲击表面而发生。

INCABLOC: 因加百禄防震系统（参见 SHOCKPROOF: 防震）

INDEX: 微调器（参见 REGULATOR: 调速器）

J

JEWEL: 宝石轴承（图 3）

机芯轴承表面所采用的贵重宝石。一般来说，齿轮的精钢制枢轴的内转部分会有带有润滑剂的合成宝石（主要是红宝石）。宝石的硬度将摩擦损耗机率降到最低，甚至可以使用50年到100年。手表的质量很大程度上取决于宝石轴承的形状和修整，而非数量。最精密的宝石轴承有圆孔和壁垒，大大降低了宝石和枢轴的接触。

JUMPING HOUR: 跳时显示（图 4）

一种数字显示方式，透过一个视窗显示时间，每小时瞬跳一次。

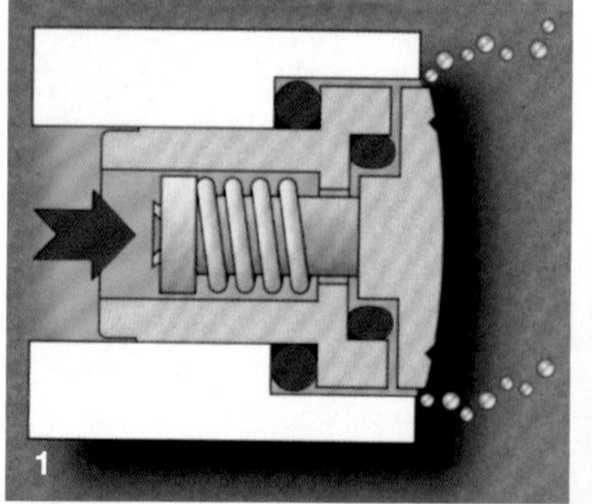
1

2

3

4

2

L

LEAP-YEAR CYCLE: 闰年周期（图 1）
每4年出现一次的闰年，有366天（有些历法例外，如格里历）。有些手表以此基准提示闰年。

LÉPINE CALIBER: Lépine 机芯（图 2）
用于怀表的机芯，是一种秒针与上链柄轴一致的结构。

LIGNE: 莱尼（参见 LINE: 法分）

LINE: 法分
在钟表业中采用的一个法国旧制测量单位，也称为莱尼。通常的缩写是数字之后的一个三撇号 (''')。以一法分等于2.255毫米。法尺单位不用小数表示。对于指示为到达整数的法分单位，采用分数形式，如13'''¾，10'''½。

LUBRICATION: 润滑
为了减少齿轮和其他部件运转产生的摩擦，有些接触点都需要采用低密度的润滑油，例如，支点内侧的宝石轴承、擒纵杆之间的下滑区域（需要使用特别的动物脂膏）以及其他的机芯零部件。

LUG: 表耳（看图 1）

表壳中层双向的延展，用于连接手表表带和表链。一般来说，表带和表链由可拆卸式表耳连接。

LUMINESCENT: 荧光／夜光（图 2）

用于标记或指针的材料，由于吸收了电磁光线而具有发射光线的属性。制表业曾经使用的氚已经被取代。目前使用的材料具有相同的发光能力，却不会有任何的辐射，譬如 SuperLumiNova 和 Lumibtite。

1

M

MAINSPRING: 主发条（图 3）

主发条和发条盒组成了机芯的驱动系统。主发条储存和传递机芯运行所需要的能量。

2

MANUAL: 手动（图 4）

需要人工手动上链的机械机芯。动力由使用者通过上链表冠进行手动上链。动力由上链条开始，经过一系列的齿轮组传动到发条盒，再最终到达主发条。

MARINE CHRONOMETER: 航海天文钟

被放置在固定于平衡环上的封闭盒子中的大型钟表仪器，所以亦被称为盒式航海钟。在航海中，用于确定经纬度。

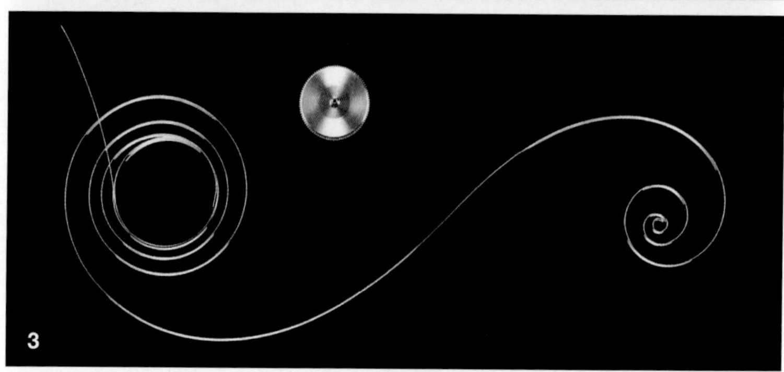

3

MARKERS: 标记

表盘上印有的刻度，有时采用荧光。刻度用来作为指针提示每小时，每五分钟，或每十五分钟的参考标记 。

MEAN TIME: 平太阳时

经过英国伦敦郊外的皇家格林尼治天文台的子午线被认为是本初子午线。以午夜至下一午夜时间计算，此子午线的平太阳时是世界民用时系统参照的标准。

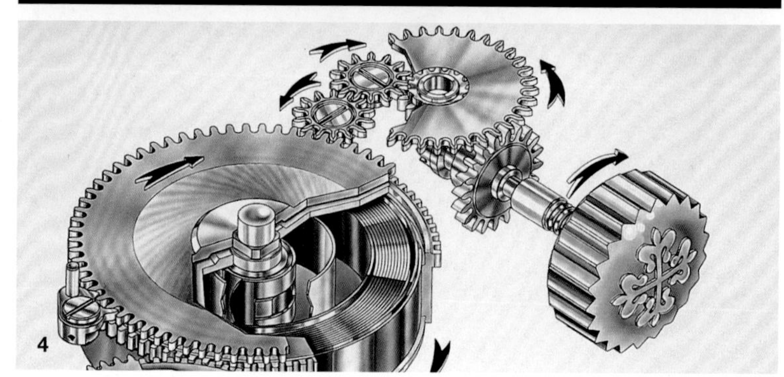

4

1

2

3

MICROMETER SCREW: 螺旋测微计（图 1）

在调节器上的零部件，使其以最小转向校准测量范围，从而获得机芯运转的精确调节。

MICRO-ROTOR: 微转子（参见 ROTOR: 转子）（图 2）

MINUTE REPEATER: 三问报时（参见 REPEATER: 报时器）

MODULE: 模块

独立于基本机芯外的自含式机制，通常被装在机芯上以提供附加功能，包括：计时码表、动力储备、格林尼治标准时、万年历或全日历。

MOONPHASE: 月相显示（图 3）

许多手表都具有的功能，通常与日历相关的功能接合。每24小时，月相显示向前进一个轮齿。一般而言，一共有59颗轮齿，以保证与朔望月近乎完美的同步。完整的阴历月为29.53天。实际运行中，月相的圆盘在一次完整的轮转中显示了2次月相。然而，月相显示和实际的朔望月之间存在0.03天的误差，既每月44分钟的误差，这意味着每隔两年半（32个月）的时间，月相显示需要手动校正一次，以校正月相显示累计所失去的一天，从而恢复月相显示对于真实朔望月的反映。在一些罕见情况下，控制月相的齿轮系之间的传动比率被精确计算，从而使对月相显示的手动校正期限扩展到100年。

MOVEMENT: 机芯（图 1）
整个手机的机构与装置。分为两大家族：石英机芯和机械机芯。机械机芯使用自动或手动上链。

MOVEMENT-BLANK: 半成品机芯（参见 EBAUCHE: 手表套件）

N

NIVAROX: 尼瓦罗克斯合金
产品名称，名称与原产者同名。防磁性，用于制作的自动补性游丝发条。此合金的质量由此商品名称后紧接着的数字1－5表示，5为最优。

O

OBSERVATORY CHRONOMETER: 天文台表
获得天文台认证并颁发相关评级证书的精密计时器。

OPEN-FACE CALIBER: 开面机芯（参见 LÉPINE CALIBER）

OSCILLATION: 摆动
摆轮完成一个完整的摆动或旋转活动，一次摆动等于两次振动（Vibration）。

OVERCOIL: 摆轮双层游丝（参见 BALANCE SPRING: 游丝发条）

P

PALLET: 擒纵叉
擒纵机构中传输部分动力。通过每次释放擒纵齿轮一个颗齿的位置，用来保证摆动的摆幅不变。

PAWL: 棘爪 (止轮具)
带“喙”的杠杆，由游丝所触发，与齿轮上的轮牙啮合。

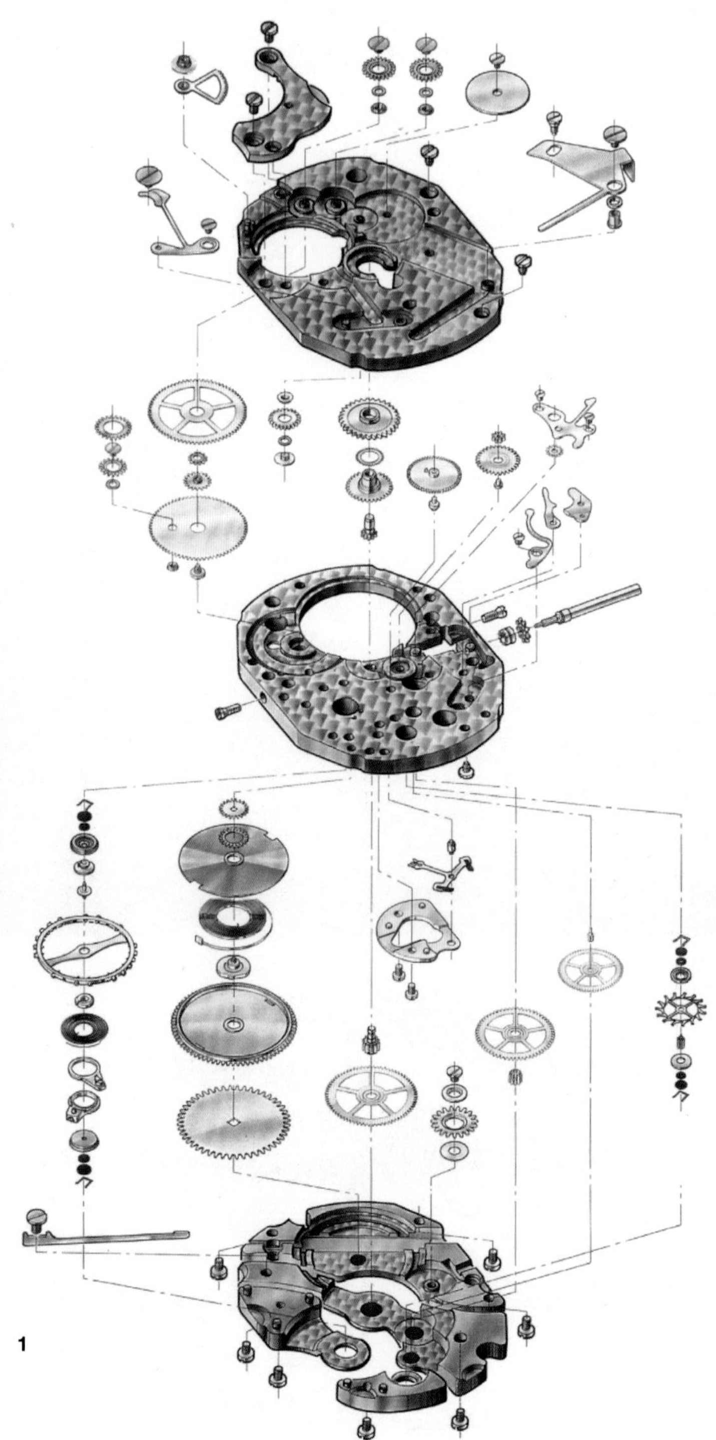

1

1

2

PILLAR-PLATE / MAIN PLATE: 带柱夹板／主机板
(参见 BOTTOM PLATE：主机板)

PINION: 小齿轮
一种手表部件，和齿轮、心轴一起组成齿轮系。小齿轮一般比一般齿轮（Wheel）少10颗轮齿，小齿轮向齿轮传送动力。小齿轮拥有6到14颗轮齿，被精细地打磨加工，以将摩擦降低到最低点。

PIVOT: 枢轴
连接宝石轴承的心轴的末端。枢轴的形状和大小对带来摩擦有很大的影响，所以摆轮系统的枢轴都非常细小和易碎，因此需要手表的防震装置加以保护。

PLATE: 主机板 **(参见 BOTTOM PLATE：主机板)**

PLATED: 镀金
采用电镀工艺，在黄铜或精钢底之上镀上浅层金或另一种贵重金属，包括：银、铬、铑、钯。

PLEXIGLAS: 塑料玻璃表镜
用于钟表水晶表镜的合成树脂。

POINÇON DE GENÈVE: 日内瓦印记（图 1）
一种以日内瓦盾徽为图案的独特印记，由日内瓦州官方机构认证并颁发给那些生产机芯，并符合全部高级制表准则的当地手表制造产商。标准包括有：手工艺、作坊生产、运转质量、精准组合和安装。此印记至少会被印在一个夹板面上展示日内瓦州的盾徽，双面盾上分别有雄鹰和巨匙。

POWER RESERVE: 动力储备（图 2）
在机芯运作上链之后，机芯自行运转的剩余时间会被显示。这个时间值会被一个可见的指示器提示：指针型手表会在表盘上的区块进行显示，数字型手表会通过窗口进行显示。此功能由上链发条盒和柄轴连接一系列的齿轮运转从而产生。而近来开发的一些具有特殊功能的模块或许会被一些流行的机芯所采用。

PRECISION: 精确度
钟表运行的准确度。通常，精密钟表是被一些钟表权威机构认证的计时器，而高精密钟表则是被天文台认证的精密时间仪器。

PULSIMETER CHRONOGRAPH: 脉搏计

计时码表或运动秒表的表盘所包含的一个脉搏仪刻度，用以计量每分钟的心跳数。观测者在开始测量时启动指针，根据刻度的设置，通常在第15次、20次或30次跳动的时候停止；表面则显示每分钟的频率。

PUSHER / PUSH-PIECE / PUSH-BUTTON: 按掣（图 1）

表壳上的机械部件，是控制某种功能的按钮。一般是用于计时码表，同时也应用于其他功能。

PVD: 物理气相沉积

全称是 Physical Vapor Deposition，是一种金属镀层技术，通过电子的分裂使物理物质发生转移。

R

RATCHET (WHEEL): 棘轮

一种锯齿齿轮。手表中的棘轮是用方孔固定到发条匣轴上的齿轮。止轮具(棘爪)则防止棘轮向松链的方向转动。

RATING CERTIFICATES: 评级证书（参见 CHRONOMETER: 天文台表，COSC: 瑞士天文台认证）

REGULATING UNIT: 调速系统（图 2）

由摆轮和游丝发条组成，在机械机芯中控制时间部分，保证其正常运行和精确度。当摆轮如钟摆一样运行时，游丝发条的功能包括了弹性恢复和启动新摆动。这种活动决定频率，如每小时的振动，并影响到不同的机轮的转动。实际上，由于摆动，在每一次振动时（由擒纵叉作业），摆轮都会运转擒纵机构的一颗轮齿。从这里开始，动力被传递到第四轮，使其在一分钟内完整地运转一圈；接下来，动力传输到第三轮和中心轮。动力可以让中心轮在一小时内完整地运转一圈。虽然如此，摆轮摆动的正确时间长度严格地控制着以上所有的运转。

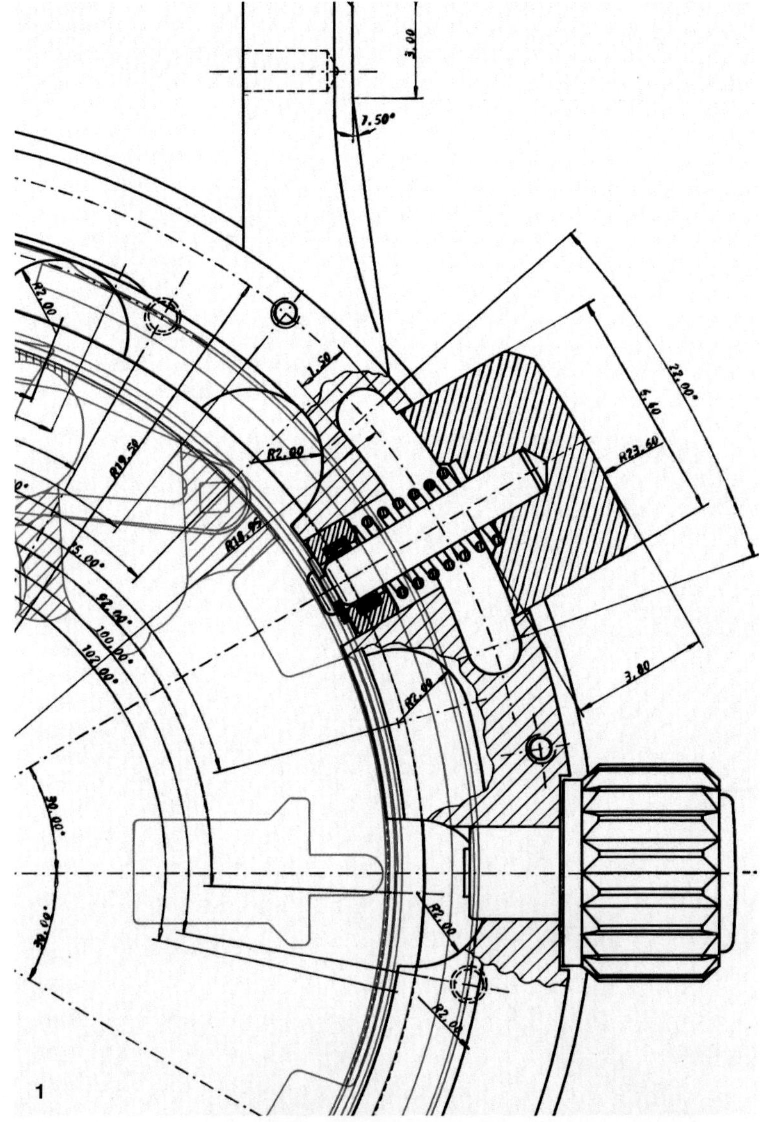
1

2

1

REGULATOR: 调速器（图 1）

通过增长和缩短游丝发条的活动部分而对于机芯功能进行调解。放置于摆轮夹板，包含游丝发条和发条固定于此夹板上的两个小插销。通过转动微调器，插销跟着也被移动；这一部分游丝发条能够带回摆轮的能力由于它自身的弹性，会被延长或缩短。越短，反应越快，带回摆轮的能力越强，也使机芯运转更快；相反的状况发生在游丝发条活跃部分被延长。尽管今天钟表表现出极高频率运行，但是非常之轻微的微调器变化也可能带来每日数分钟的误差。最近，更精致的微调器系统已被业界所采用(由偏心轮到螺旋千分尺，将每日误差控制在几秒钟以内)。

REMONTOIR, CONSTANT-FORCE: 摆锤均衡键，恒动机制

过时的术语，用来指任何不间断地提供给擒纵轮的能量机制。

2

REPEATER: 问表（图 2）

问表机制是发出声响来报时。有别于每小时自动敲击报时的自鸣（单问）报时表装置，问表装置通过激活一个安置在表壳侧面的按掣或滑动块按需要进行报时。问表配置有两个击锤和音簧：一个音簧用于分钟，而另一个用于小时。刻钟报时由两个击锤同时工作。此报时装置可以说是最为复杂的报时机制之一。

RETROGRADE: 逆跳

指针不做完整圆周旋转，而沿着某一刻度移动（90度或180度），在到达其刻度末端时，会瞬间归零，然后再开始。一般而言，逆跳在万年历中用于显示日期、星期或月份；但是，逆跳提示小时、分钟、秒钟的情况也存在。不同于360度的完整圆周旋转，逆跳需要在基本的机芯内添置特殊的机制而达成。

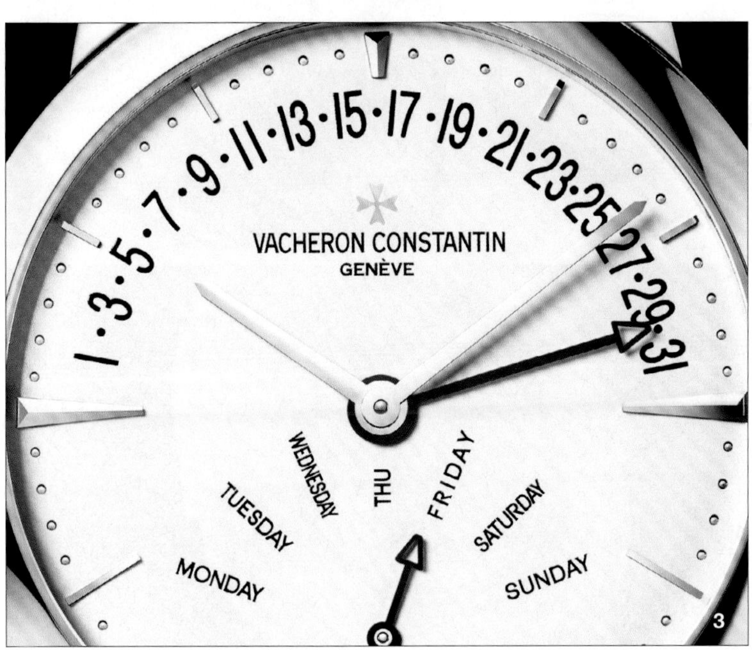

3

ROLLER TABLE/ROLLER: 滚盘（图 3）

擒拿机构的一部分，配备于摆轮系统中，呈圆盘形。圆盘带有冲击销，传送由擒纵叉撞击摆轮产生的冲击力。

ROTOR: 转子（图 4）

在自动上链的机芯中，使用者手腕活动产生的动力使转子完全或部分地进行旋转，能自动将主发条上链。

4

S

SCALE: 刻度（图 1）

在表盘或表圈上的数字渐进测量仪器。在钟表制造业，刻度计通常应用在如下的测量仪器：测速计（测量平均速度），遥测计（测量同一发光和发声事件到达距离，如炮弹、雷震或闪电），脉搏计（用测量一定时间段里的脉搏跳动去计算出每分钟心跳数）。以上所有的刻度，事件开始的时候既启动测量，事件结束测量也相应结束。阅读计时码表的第二指针即刻得知测量数据，无须进行进一步的计算。

SECOND TIME-ZONE INDICATOR: 第二时区指示
（参见 GMT: 格林尼治标准时，WORLD TIME: 世界时区表）

SECTOR: (参见 ROTOR: 转子)

SELF-WINDING: 自动上链 (参见 AUTOMATIC: 自动上链)

SHOCKPROOF/SHOCK-RESISTANT: 防震（图 2）

手表配备有震动吸收器，如因加百禄（Incabloc）防震系统，枢轴防止因震动带来的损坏。归功于止动的游丝系统，保证了宝石轴承的弹性运转；因此，当手表遭到强烈撞击的时候，震动吸收器会调整摆轮枢轴的运动。撞击之后，由于发挥回归效力所有的摆轮枢轴会回到撞击前的位置。如果在不具备防震功能的情况下，通常摆轮枢轴会由于震动的破坏力而弯曲或者彻底损坏。

SIDEREAL TIME: 恒星时

传统的时间标准是以恒星时为参照（一年有365.25636天）。这个标准直到最近都被认为是最合理的选择。作为一个时间值，恒星时一般被天文学家用来定义子午圈与天球的春分点之间的时角。

SKELETON, SKELETONIZED: 镂空（图 3）

手表的夹板和主机板都被切割掉以达到一种装饰的效果。因此，可以清楚看到机芯每一个部件。

SLIDE: 滑动块（图 4）

能沿着表壳中央滑动以上紧的滑块或引板。

SMALL SECOND: 小秒针

在小表盘显示时间的秒针。

1

2

3

4

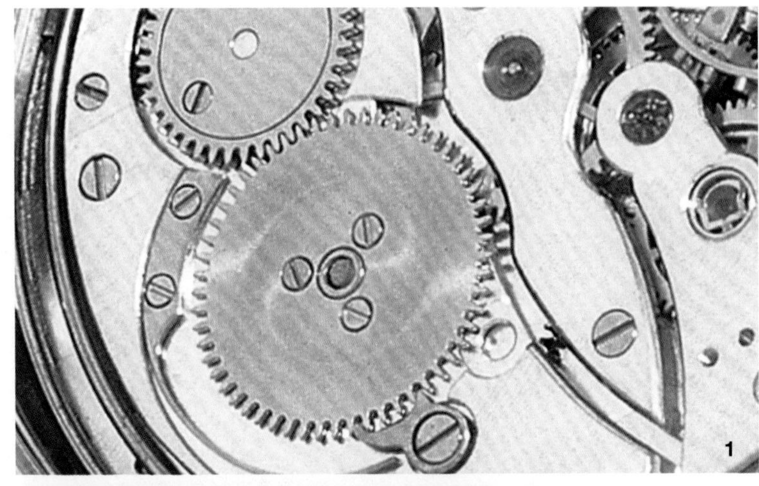

SNAILING: 铣花纹（图 1）
通常雕刻在发条盒机轮或大型全机轮上的螺旋形纹路。

SOLAR TIME: 太阳日
一般而言，这个时间标准是依据太阳和地球相对运动结果而出现的昼夜时间。真实的太阳日的测量是对太阳两次出现在该观测点的时间间隔。由于太阳与地球之间不规则的运转，太阳日并非规则数据。作为一个不变的测量数据，平太阳日被引进，指全年所有太阳日的平均值。

SOLSTICE: 至点
太阳在一年之中距离地球赤道最远的两个时间中的任何一点。六月二十一日（夏至点），十二月二十一日（冬至点）。

SONNERIE (EN PASSANT): 自鸣（单问）报时表
功能包括由设定时间报时装置（两个击锤和两个音簧），有小时、一刻钟和半小时选择。有些装置能发出和旋（配备三个或者四个击锤和音簧）。表壳会有滑动块或附加按掣来停止报时装置和选择大自鸣模式。

SPLIT-SECOND CHRONOGRAPH: 双追针计时码表（图 2）
双追针计时功能是用来测量两个同时发生的事件（同时开始，并不同时结束），如同一项多个运动员参与的体育赛事。在这种计时码表中，副指针被叠放在主指针之上。在双追针功能启用的情况下，按下控制按掣会启动两个指针。这个双追针机制的原理就是副指针停止，主指针会继续计时。在开始计时之后，按下同一个按掣，副指针会被启动并瞬间加入还在移动的主指针与其同步，并为下一次计时准备。在双追针功能启用的情况下，在按下返回按掣会让两个指针同时归零。在双追针功能关闭的情况下，按下只能控制副指针的副按掣，只会让副指针立即加入主指针进行计时。

SPRUNG BALANCE: 游丝摆轮（图 1）
调速机构，包括摆轮和相关的游丝。

STAFF/STEM: 柄轴 （参见 ARBOR: 心轴）

STOPWORK: 限紧装置
传统装置，现已过时。用来防止上链过度造成发条盒损坏，包括一个固定在发条盒上的棘爪和一个形状为马耳他十字的小轮，整个装置安装在发条盒盖之上。

STRIKING WORK: 报时装置
（参见 SONNERIE: 自鸣报时表 或 REPEATER: 问表）

SUBDIAL: 小表盘 （参见 ZONE: 小表盘）

SUPERLUMINOVA: 超级夜光涂层 （参见 LUMINESCENT 荧光／夜光）

SWEEP SECOND HAND: 长秒针
位于主表盘中央的秒针。

1

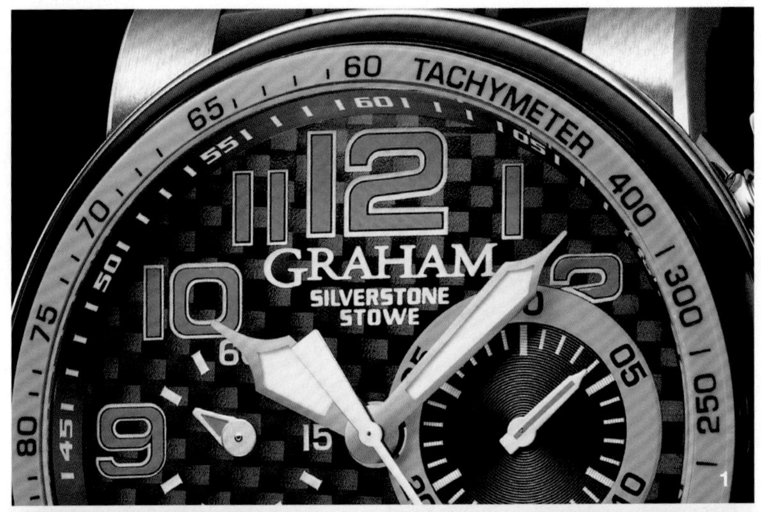

1

2

3

T

TACHOMETER / TACHYMETER: 测速计（图 1）

用于测量物体在一段距离中的运动速度。测速计的刻度值显示了在一段已知距离中移动物体（如汽车）的运动速度。标准的距离长度在表盘上的计量刻度值上已清楚显示，如1000米、200米或100米，有时也会有1英里。例如，行驶中的车辆通过了刻度值给出的测量距离起点，使用者立即启动测量仪的指针，然后当汽车驶过测量距离的终点时按下停止键。测速计上指针所指出的数字代表了公里／小时或英里／小时。

TELEMETER: 遥测计

对于某一事件的声音源进行距离的测量。计量的指针会在声音源进入视线的瞬间被释放，当声音传到的时候停止，最后在计量标识上显示出事件的声音源到达观测者的距离（英里或公里）。此测量是通过声音在空气里传播速度作为基准，大约340米或者1115英尺每秒。此计量装置可计算出雷雨中闪电和打雷之间的时间差。

THIRD WHEEL: 第三机轮

被置放在分钟齿轮和齿轮机轮中的齿轮。

TIME ZONES: 时区

地球表面被人为地平分24个弓形区域。每一个区域限于两个子午线之间。两个毗邻时区相差15度或1个小时。除了一些具有众多时区的国家，每个国家都有自己的时区。世界标准时是零时区，中间轴为本初子午线。

TONNEAU: 酒桶形表壳（图 2）

一种特别的表壳形态，以仿拟发条盒的形态，上下两面短直线条，左右两面则是长曲线条。

TOURBILLON: 陀飞轮（图 3）

由制表大师宝玑于1801年发明并注册专利的系统，可以均衡表类不同位置由地球重力所导致的误差。擒纵机构、调速装置（摆轮）、游丝发条都被安装在每分钟全圆周转动一次的陀飞轮框架之中，通过这种方式来补偿360度以内各种可能性的误差率。尽管今时今日，陀飞轮的装置对于手表的精确运行不再必不可少，可是陀飞轮始终被认为是高级制表业中最精密复杂的机构。

TRAIN: 传动链

所有在发条盒与擒纵机构之间的机轮。

TRANSMISSION WHEEL: 小钢轮 （参见 CROWN-WHEEL: 立轮）

U

UNIVERSAL TIME: 世界标准时

经过格林尼治天文台的子午线的平太阳时，从正午到另一个正午所计算，常与平太阳时混淆。

VARIATION: 变差（图 1）

制表学中用来表述钟表的日变差，也就是经过一段时间段，手表的时间误差率发生了变化。

VIBRATION: 振动

限于两个连续端点之间的钟摆运动。一个轮替的运动中 (钟摆或摆轮)，一个摆动等于两个振动。每小时振动数对应手表机芯的频率，而此频率受摆轮质量和直径的影响，亦被游丝发条的弹力制约。每小时振动数（VPH）决定了手表时间的进度（秒针的移动）。例如，每小时18000次振动等于五分之一秒的振动持续。以此类推，每小时21600次振动等于六分之一秒，每小时28000次振动等于八分之一秒，每小时36000次振动等于十分之一秒。直到1950年，腕表一般拥有每小时18000次振动。之后，高频率手表的引入降低了振动的误差。如今，最常见的频率是每小时28800次振动。这个频率保证了手表精准地运行，同时比较起极高频率的手表，如每小时36000次振动，较少有润滑问题。

WATER RESISTANT / WATERPROOF: 防水功能（图 2）

表壳设计得具有防范水渗透的能力。3个物理大气压的防水能力一般是30米深防水，而相应的5个大气压的防水能力则是50米深防水。

WHEEL: 机轮

圆部件，多数呈齿状，与心轴和小齿轮组成齿轮组。机轮一般由黄铜制成，而心轴和小齿轮采用钢制。在擒纵机构和发条盒之间的机轮称为传动链。

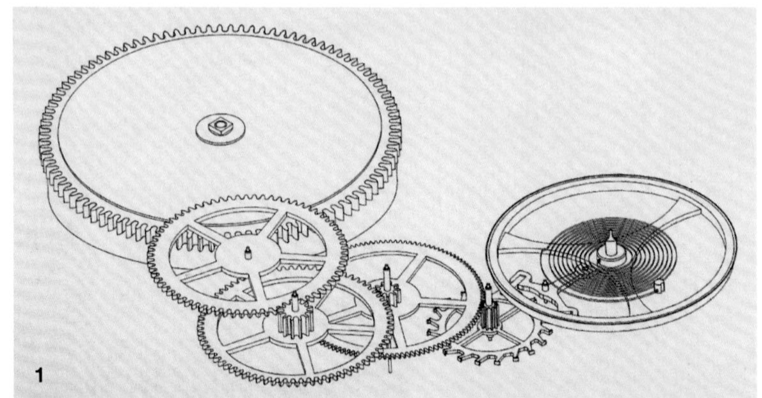

1

2

1

WINDING, AUTOMATIC: 自动上链（参见 AUTOMATIC: 自动上链）

WINDING STEM: 上链柄轴

衔接表冠与手表机芯，将动力从表冠传动入控制手动上链装置的齿轮组。

WINDOW: 显示窗（图 1）

表盘上的窗口，让使用者阅读窗口内的提示，主要是日期显示，也包括第二时区时间显示和跳时显示。

WORLD TIME: 世界时区表（图 2）

手表的复杂功能之一。提供格林尼治标准时间，以及在表盘或表圈上提示全24时区的时间的手表。每个时区引入一个城市，使用者可以掌握全世界不同地区的时间。

Z

ZODIAC: 黄道十二宫

太阳在一年时间内在天球上经过黄道带上的十二个星座区域。

ZONE: 小表盘

被镶嵌入或置放在主表盘的非中心区域小表盘，用来显示各种复杂功能，如积算盘 。

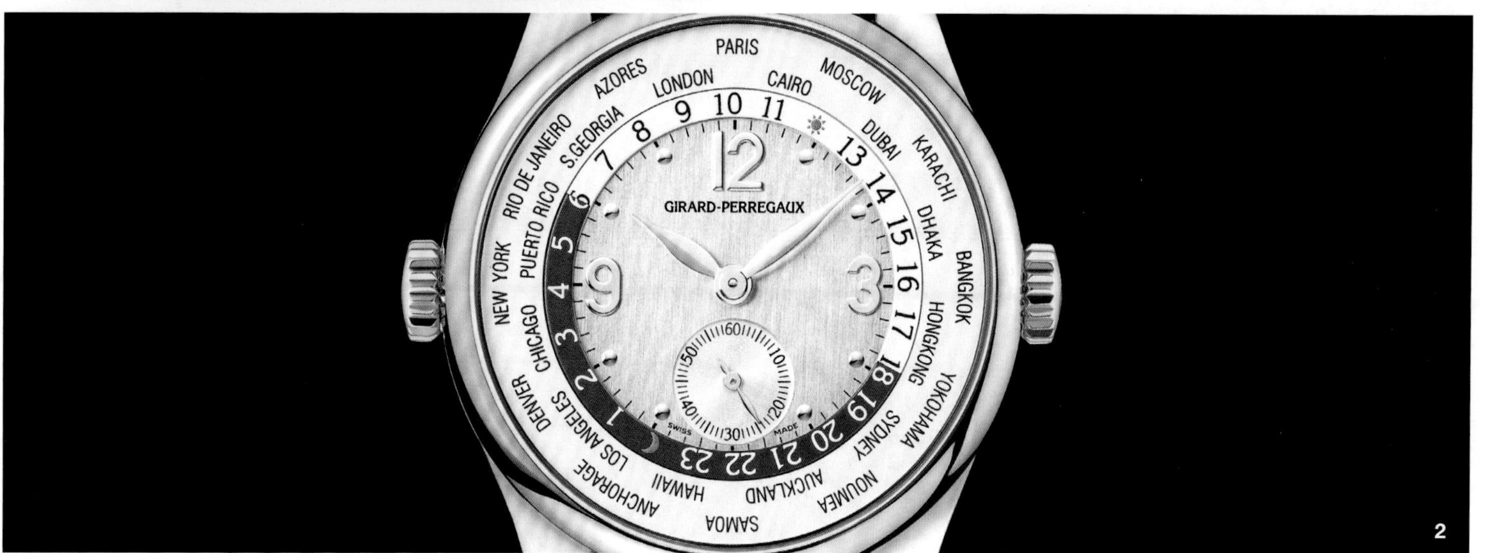

2

品牌索引 BRAND DIRECTORY

A. LANGE & SÖHNE
朗格

上海市淮海中路796号
2号楼3楼
电话: +86 6323 2109

香港中环康乐广场1号
怡和大厦913室
电话: +852 2532 7628

AUDEMARS PIGUET
爱彼

上海市南京西路388号
仙乐斯广场2101室
电话: +86 21 6334 5050

香港湾仔轩尼诗道314-324号
W Square 19楼
电话: +852 2732 9138

BEDAT & CO.
宝达

香港鲗鱼涌海湾街1号
华懋广场1402室
电话: +852 3521 0990

BLANCPAIN
宝珀

上海市天钥桥路30号
美罗大厦5楼501-505室
电话: +86 21 2412 5000

香港北角电器道169号
宏利保险中心40楼
电话: +852 2140 6668

BREGUET
宝玑

上海市天钥桥路30号
美罗大厦5楼501-505室
电话: +86 21 2412 5000

香港北角电器道169号
宏利保险中心40楼
电话: +852 2311 1891

BVLGARI
宝格丽

上海南京西路1168号
中信泰富广场40层4001室
电话: +86 21 5116 5836

香港中环遮打大厦地下铺G3铺
电话: +852 2523 8057

CHANEL
香奈尔

上海市南京西路1266号
恒隆广场62楼
电话: +86 21 6321 5066

香港中环遮打道10号
太子大厦地面层
电话: +852 2869 4898

de GRISOGONO
德•克里斯可诺

176 bis Route de St. Julien
1228 Plan-les-Ouates
Switzerland
电话: +41 22 817 81 00

香港湾仔港湾道18号
中环大厦5402-03室
电话: +852 2506 1868

DeWITT
迪菲伦•帝威

2, Rue du Pré-de-la-Fontaine
1217 Meyrin 2 Geneva
Switzerland
电话: +41 22 750 97 97

DIOR HORLOGERIE
迪奥高级腕表

上海市南京西路1266号恒隆
广场一层
电话: +86 400 122 6622

FREDERIQUE CONSTANT
康斯登

香港尖沙咀弥敦道132号
美丽华大厦21楼2112-2113室
电话: +852 2581 4000

GIRARD-PERREGAUX
芝柏表

香港北角英皇道510号
港运大厦2308室
电话: +852 2506 2666

GUY ELLIA
简依丽

21 Rue de la Paix
75002 Paris, France
电话: +33 1 53 30 25 25

391 Orchard Road
#1-12 Ngee Ann City
Singapore 238872
电话: +65 6733 0618

HERMÈS
爱马仕

上海市南京西路1038号
梅龙镇商厦2609室
电话: +86 21 6218 9966

香港皇后大道中9号
嘉轩广场地下06－09店
电话: +852 2525 5900

澳门外港镇填海区仙德丽街
永利澳门酒店18店
电话: +853 2878 3389

HUBLOT
宇舶

上海南京西路1266号
恒隆广场（一期）17楼1701-05室
电话: +86 21 6288 1888

香港中环德己笠街世纪广场1号铺
电话: +852 2166 3708

IWC
万国表

上海市淮海中路796号2号楼3楼
电话: +86 21 3395 0900

香港中环遮打道10号
太子大厦G29室
电话: +852 2532 7693

JEANRICHARD
尚维沙

香港铜锣湾勿地臣街一号
时代广场二座二十四楼
电话: +852 2907 2129

LONGINES
浪琴表

上海市天钥桥路30号
美罗大厦501-503室
电话: +86 21 2412 5096

香港北角电器道169号
宏利保险中心40楼
电话: +852 2510 5154

LOUIS VUITTON
路易威登

上海市南京西路1266号
恒隆广场40楼4001室
电话: +86 21 6133 2888

香港鲗鱼涌太古坊益盛大厦22楼
电话: +852 8100 1182

PANERAI
沛纳海

上海市浦东世纪大道8号
上海国金中心L1－16号铺
电话: +86 21 5012 1680

香港九龙尖沙咀广东道2号
电话: +852 2992 0175

RALPH LAUREN
拉尔夫•劳伦

1, chemin de la Papeterie
1290 Versoix Geneva
Switzerland
电话: +41 22 595 59 00

RICHARD MILLE
理查德•米勒

香港金钟太古广场3楼328店
电话: +852 2918 9696

STÜHRLING ORIGINAL
斯图灵

449 20th Street
Brooklyn, NY 11215, USA
电话: +1 718 840 5760

TAG HEUER
豪雅

上海市南京西路1266号
恒隆广场（一期）17楼1701-05室
电话: +86 21 6133 2688

香港铜锣湾希慎道33号
利园宏利保险大厦901室
电话:+852 2881 1631

VACHERON CONSTANTIN
江诗丹顿

上海市淮海中路796号
电话: +86 21 3395 0800

香港尖沙咀广东道
1881 Heritage
电话: +852 2301 3811

澳門外港填海区仙德丽街
永利澳門酒店
电话: +853 2870 7207

ZENITH
真力时

上海市南京西路1266号
恒隆广场（一期）17楼1701-05室
电话: +86 21 6133 1888

香港铜锣湾希慎道33号
利园宏利保险大厦901室
电话: +852 2881 1631